当代中国建筑文化学术体系建构研究

中国建筑文化论坛二〇二二论文集

The Construction Research of the Academic System of Contemporary Chinese Architecture Culture

中国建筑学会建筑文化学术委员会 ／编著

东南大学出版社·南京

Southeast University Press·Nanjing

Collected Papers of
Chinese Architectural Culture Forum 2022

图书在版编目（CIP）数据

当代中国建筑文化学术体系建构研究 / 中国建筑学
会建筑文化学术委员会编著 . -- 南京：东南大学出版社，
2024.8. -- ISBN 978-7-5766-1484-8

Ⅰ. TU-092

中国国家版本馆 CIP 数据核字第 2024KM701 号

当代中国建筑文化学术体系建构研究

Dangdai Zhongguo Jianzhu Wenhua Xueshu Tixi Jiangou Yanjiu

编　　著：中国建筑学会建筑文化学术委员会
责任编辑：魏晓平
责任校对：张万莹
封面设计：杨于莺
责任印制：周荣虎
出版发行：东南大学出版社
出 版 人：白云飞
社　　址：南京市四牌楼 2 号
邮　　编：210096
网　　址：http：//www.seupress.com
印　　刷：南京凯德印刷有限公司
经　　销：全国各地新华书店
开　　本：889 mm × 1 194 mm　1/16
印　　张：21
字　　数：650 千字
版　　次：2024 年 8 月第 1 版
印　　次：2024 年 8 月第 1 次印刷
书　　号：ISBN 978-7-5766-1484 -8
定　　价：98.00 元

序

  中国建筑学会建筑文化学术委员会是中国建筑学会领导的，由全国范围内具有建筑文化学术传统的高校教师和专家、具有区域建筑文化代表性的建筑师和建筑设计单位、各类设计机构的优秀建筑师和管理者，以及关心中国建筑发展的文化学者等自愿组成的专业性社会学术团体。

  建筑文化学术委员会的宗旨为团结广大建设行业从事城市规划、建筑设计等领域的相关学者、设计者与技术人员，以建筑文化研究、设计理论研究、价值体系建构等为主要内容，开展建筑文化研究的相关学术交流、研究探索、社会服务，充分发挥专业委员会的社会纽带作用，通过委员会平台凝聚各方资源，积极推进建筑文化事业的发展。同时，建筑文化和价值体系的建构也离不开整个社会认知的提高，也将联合社会、文化、艺术等相关领域学者进行共同探讨，开展跨学科交流，并开展科普等工作，为我国城市发展做出贡献。

  2022 年 9 月 17-18 日，中国建筑文化论坛 2022 暨中国建筑学会建筑文化学术委员会学术年会在南京召开。本次会议由中国建筑学会、东南大学、江苏省住房和城乡建设厅指导，中国建筑学会建筑文化学术委员会、东南大学建筑学院、东南大学建筑设计与理论研究中心主办，由东南大学建筑设计研究院有限公司、江苏省建筑设计研究院股份有限公司、华东建筑设计研究院有限公司、同济大学建筑设计研究院（集团）有限公司、筑境设计协办。论坛的主题为"当代中国建筑文化学术体系建构"，分别从理论和建筑实践两方面开展学术研讨，推动中国建筑文化学术体系的建构。

  本论文集由主题论文和入选征文组成。主题论文包括建筑媒体"有方"对本次论坛总发起人、中国工程院院士程泰宁的专访，以及多位论坛演讲嘉宾的学术报告整理汇编，共计 11 篇。入选征文来自论坛征文，建筑文化学术委员会秘书处与《新建筑》杂志编辑部承担了征文的评审及筛选工作。本次征文共收到论文摘要及详细提纲投稿 64 篇，经匿名评审，论坛录用论文摘要及详细提纲 39 篇。其后提交全文 26 篇，再经匿名评审，全文录用 23 篇，最终本论文集刊登的入选征文为 20 篇，并分为"建筑文化的学术探究"、"传统文化的相关思考"两部分。本书汇集了专家学者们对中国建筑文化的深入思考，希望本论文集的出版能为推动我国建筑文化学术体系的建构提供思考与借鉴。

目　录

主题论文

入选征文

主 题 论 文

让中国建筑堂堂正正地走向世界 | 有方专访

Propelling Chinese Architecture onto the Global Stage with Dignity | Position Interview

程 泰 宁[1]

CHENG Taining

摘要：程泰宁院士接受"有方"专访，就建立中国建筑理论体系的主题讲述了自己的观点，包括其"回归自然"的建筑设计思想、传统与现代的关系、中西文化之间的交流与互鉴，以及对中国当代建筑设计领域现状与未来发展的看法等等。

Synopsis：Academician Cheng Taining accepted an exclusive interview with "Position" and talked about his views on the establishment of China's architectural theory system, including his architectural design concept of "returning to Tao", the relationship between tradition and modernity, the exchanges and mutual learning between Chinese and Western cultures, and his views on the current situation and future development of contemporary architectural design in China.

关键词：建筑设计；文化；自然；文明
Key Words：architecture design; culture; Tao; civilization

2022 年 9 月 17—18 日举办的"中国建筑文化论坛 2022：当代中国建筑文化学术体系建构"，是这次专访的契机。一周后，我们以视频连线的方式采访了论坛总发起人、中国工程院院士、东南大学教授、筑境设计主持人程泰宁。

"让中国建筑堂堂正正地走向世界"，是程泰宁自年轻时起就有的心愿。在数十年研究与实践历程里，他的心愿不曾改变，但不同的是"问题和方向更清楚了，自己也更有底气——敢讲这句话，也能做下去"。

1 程泰宁，中国工程院、东南大学建筑设计与理论研究中心；ctn@acctn.com。

图1 受访人：程泰宁院士之一

从自身谈到中国，程泰宁细致地分享了自己对理论建构如何影响实践、中国建筑师使命感与自信心的建立以及当下中国设计环境的观点。以下为有方专访全文。

有方： 在本次论坛上，您提出以"回归自然""自然而然"的思维模式诠释建筑，并以此建构中国建筑文化的体系。您认为这两个关键点与中国建筑文化的根源有何相关之处？

程泰宁： "回归自然"，就是回归建筑学的本体。这可以从四个层面来理解：哲学层面，或者说认识论层面，"道法自然"的"道"，指的是一种规律性，而"自然"，就是建筑学所蕴含的内在规律；思维方式层面，用一种自然而然，而不是用工具理性的思维方式去解决问题，可能会取得更好的结果，因为很多问题都不是通过"分解—还原"的方式能解决的；美学层面，"自然之美""美在自然"，应该是中国建筑师的文化基因吧；再就是技术层面，技艺为术，自然为道，我们经常讲的可持续发展，就是技术与自然的关系。

因此，"回归自然"不是一个笼统的话题，而是至少可以从以上四个层面来理解，且与建筑文化直接相关。

有方： 当我们谈起日本现代建筑的起点，即它们开始脱离西方话语体系、走自己的现代之路时，常见的一种说法是确立伊势神宫与桂离宫为"日本建筑的原点"，在这两个传统建筑群身上找到了某种"日本性"。您认为中国建筑是否有这样的、能代表"中国性"的"原点"或"原型"？

程泰宁： 我们在南京会议上讲"现代性反思"，实际上日本也一直在关注这个问题。但日本建筑师的路走得比我们好。桂离宫也好，伊势神宫也好，日本建筑师从里面学到的不是屋檐、斗拱、柱式，而是文化的精神。几十年前，日本在走现代之路时就提出了"和魂洋材"，即大和之魂与西方技术，这里的"魂"，是一种精神层面上无形的文化心理。

图 2 桂离宫新御殿 图片来源：石元泰，Kochi Prefecture，Ishimoto Yasuhiro Photo Center

槙文彦讲过，他从日本传统建筑中悟到的一个字是"奥"，空间的层次感；黑川纪章看到的是"縁"，是边界和灰空间；矶崎新则注意"间"，即空间的分割与转换；而安藤忠雄在他极其"几何"的建筑中，极力想表达的却是"禅"……这些都是他们从传统建筑中悟到的文化精神，不是某种语言形式。而我们过去所提的却是"中国固有之形式""民族形式"，以及现在的"新中式"等等，都是在"式"或风格层面上兜圈子、做文章。这是在借鉴传统建筑时，我们和日本建筑师思考的区别。而正是这个区别，让日本现代建筑走得比我们快、比我们好，我们应该承认这一点。我们现在向传统建筑文化学习，应该将哲学、美学和文化精神，放到手法层面之上的更重要的位置。

如果一定要找能代表"中国性"的中国建筑文化的"原点"，我认为，不是寺庙园林，而是民居。像浙江的民居往往依水而建，水、天与建筑浑然一体，建筑形态也是根据生活功能需求，以木构搭建生成的，没有什么"形制"的束缚，比较自然。1950 年代，浙江的民居还被保存得不错。当时许多人都专程前去考察，《人民日报》曾用了两整版的篇幅（当时一共就八个版）来展示建筑技术研究所傅熹年、尚廓等人画的白描透视图，这是至今仅见的。大家都觉得民居跟中国文化特别契合。可惜后来浙江民居基本被拆完了，1980 年代后期，一位日本建筑师专程来杭州，拿出《浙江民居》一书按图索骥，要我指认这些书本上画的民居建筑现在在哪里，我无言以对。但现在我们还可以去看云南、川西、贵州以至西北地区的民居，它们与自然结合得特别好。我认为在民居里面能找到我们对中国文化、特别是"回归自然"的一种理解。

有方：这种"回归自然""自然而然"的思维模式，落实到具体项目时会呈现为什么样的设计方法？

程泰宁：做设计时当然有科学理性层面的思考，但不应遵循甚至强求某种类型或范式，而是应该根据项目的不同特点、不同条件，自然地生成设计方案。如果你开始就有一种思维定式，根据任务书把影响设计的元素拆解开来分出主

图 3 浙江水乡民居 图片来源：ngader

次，划分哪个因素是"基本范畴"或"派生范畴"（《建筑理论》，大卫·史密斯·卡彭），这是我所不能接受的。因为我们接触的项目条件有时非常复杂，不同的项目面临如此多问题，怎么能用"三要素""四原则"去概括呢？做设计，我从来不这么想。

所以我提出"自然而然"的方法，把不同项目的不同条件和要求看成是一个由多个节点形成的多维网络，建筑师可以根据项目特点和个人素养，去选择适当的切入点，从而激活整个网络，对所有相关问题加以整体解决，而不是运用单点逻辑去解决问题。

举个例子：近 40 年前做黄龙饭店时，一起竞争的还有美国建筑师和中国香港地区的建筑师，他们的思维方式都很清晰：把建筑本身的功能、经济、造型等放在第一位，很"理性"；而我当时想得更多的是环境，我不想在城市和风景区之间竖起一片"大墙"，而是希望处于两者之间的建筑能够"留白"，让城市与风景区之间互相渗透；但因为黄龙饭店的容积率很高（容积率为 1.1），不能直接做成香山饭店那种低层分散式布局（容积率为 0.3）。另外，我很清楚，一个现代化的酒店的功能、经济以及运营的要求必须被仔细考虑，否则在这个双方不对等的竞赛中，我们的方案只要在运营使用层面稍有瑕疵，就必然会被业主否定。因此我们选择把环境和酒店本身方方面面的问题放在一起加以解决。我们琢磨了很久，最后提出了"单元—成组—分散"这种新的酒店建筑模式，算是综合整体地解决了所有问题。

其中有一个小插曲：最后在国家旅游局主持的审查阶段，香港团队把酒店管理公司请过来，想找出我们这个方案在经营管理上可能存在的问题。其中一点是分散式酒店从前台到电梯的距离肯定很远。但我的前辈、当时北京市建

图 4 杭州黄龙饭店鸟瞰 图片来源：筑境设计

图 5 杭州黄龙饭店内部路径 图片来源：筑境设计

筑设计研究院的张铸总建筑师拿出比例尺在两个方案的图纸上量来量去，发现香港团队的方案从前台到电梯要走 88 m，我们是 81 m；而且他们的方案是在封闭的走廊里走，我们的方案是穿过庭院、在美丽的景色中走，结论很清楚。其实我们做设计时，已仔细考虑过包括流线组织在内的种种问题。面对管理公司问的所有问题，我们很好地进行了回应，最后全票通过审查。其实另外两个团队的设计水平都很高，酒店设计的经验更是比我们丰富，而帮助我们赢下竞赛的不是技术，而是中国的文化精神和整体性的思维方式。

又如，我们最近参加了一项会展中心国际招标，投标团队中，只有我们的联合体是"全华班"，其余是国际"大咖"。最后定标阶段就剩下我们和另一个国际团队。项目的场地为方形，南边临城市干道，其余三面都是城市支路。国际团队采用了鱼骨式布局，中间一条观众通道，两边排列一长串展厅。他们遵循的就是一种国际通行的大型展馆的经典范式，但你可以设想，在方形地块上排一个长条状鱼骨式平面，问题实在太明显了，最大的问题是无法充分利用场地，为了排够所需的展厅数量，展馆需要排得很紧，展厅长宽比例过窄，不利于展陈，且近乎一半展厅短边面向主要干道，而这恰恰是展品进出的货运通道，这对沿主要干道的建筑形象有很大影响。

我们没有用鱼骨式，而是充分利用场地特点，做了个"冂"形的庭院式方案：由于展厅可以沿三边排列，在展厅数量和面积要求相同的情况下，展厅可以排得相对宽松，展厅长宽比例也较好。最大的好处是货运出入口放在两侧和北面，不沿主路，而"冂"形开口临城市干道，可以做一个很气派的主入口。

更重要的是，目前任何会展建筑的排展时间利用得最好的也只有 40% 至 50%，展后空置、资源浪费，是一个极为严重的问题。我一直有一个想法，当前会展建筑乃至所有公共建筑，都不应只有单一功能。城市在发展，建筑功能都应该是复合的。而且这个项目地处待开发区域，城市活力不足，所以我们植入了商业休闲等其他功能，特别是内部庭院与之结合，可以大大提升人们的空间体验感和吸引力。我们没有单纯按照任务书来做，更没有受"鱼骨式"这种"经典模式"的限制，不被范式束缚，而是根据这个项目的特定条件，自然而然地去做，反倒创造出一个好方案、一种新模式。

有方：在本次论坛的发言中您强调，在"科学理性"之外，"整体性、模糊性"在建筑创作中同样重要。然而当建筑师面对判断，"科学理性"往往因其客观而更显"安全"，更容易得到信赖与选择。因此请问程先生，尤其对于经验未丰的年轻建筑师，如何锻炼其对"整体性、模糊性"的掌控？

程泰宁：这个问题非常好，但不知道我的回答能不能让你满意，因为我认为"把握"跟"思路"是两回事。要求一名学生或年轻的建筑师很好地把握整体，这是不现实的；但在建筑教育和价值导向方面，首先须帮助学生和年轻建筑师学会怎么去思考——重点在于，我们应该向年轻建筑学人传授什么。

这也是我对当下一些建筑教育方式有很大意见的原因。西方的建筑理论

图 6 某会展中心竞赛效果图　图片来源：筑境设计 + 东南大学建筑设计研究院

如"建构""类型学""模式语言"等方法论要教，但同样重要的，是结合课程设计，让他们懂得一些哲学、美学的概念，懂得如何用一种宏观的整体的思维方式去思考问题。学生一开始做设计，可以找范式、类型；但在方法论外，你要告诉他们，这只是起步，设计还有很大的创作空间。我认为，相较于"能否把握"，更重要的是他们在做设计的时候脑子里有没有"整体性""自然生成"的理念。有了这种意识，随着时间的增长，我相信他们肯定能把握，而且会比我这种自己摸索的人要把握得更早、更好（笑）。

有方：可以看到，参与本次会议讨论的，大多是经验履历丰富的建筑师、学者。而更多基层普通的建筑师，可以如何参与中国建筑文化体系的建构？

程泰宁：这次南京的会议是一场多维度、多层面的讨论，每个人的切入点是不同的。我和李翔宁讲得可能稍微系统一点，刘克成也有比较完整的论述，而像张永和、刘家琨、李兴钢等，都是讲自己的作品，从创作角度提出自己的想法，而这些不同的论述方式都是围绕建筑理论体系建构展开的，年轻建筑师可以选择自己能够把握的任何角度、任何层面的问题来讨论"体系"。

年轻建筑师的实际体会，是建构中国建筑理论体系的重要构成。我希望有更多年轻人可以参与，所以在这次开会前我提议，增加了一批年轻的、三四十岁的委员。我到了这种年龄，还能做多少事（笑）？以前我常常讲"路漫漫其修远兮，吾将上下而求索"，现在还这么讲就有点可笑了。这漫长的求索之路还是要靠年轻的建筑师一代代做下去，我们只不过起个头而已。

通过你提的这个问题，我可以跟大家多讲讲，所谓"体系建构"其实并不神秘。我从二十几岁就在想这件事，也是一步一步在思考；我相信，现在也会有其他年轻的建筑师跟我当时一样，在不同层面上思考这个问题。

有方：潜藏在本次会议的讨论背后的，是大家对于"理论自信"的不同体悟。在您的观察中，当代中国建筑师是否已达成了"理论自信"？如果尚未，则您认为的阻力以及可能行之有效的具体努力方式，分别是什么？

程泰宁：对这个问题都会有一个认识过程。以我的经历来说，2011年我在中国工程院做了一个课题，叫"当代中国建筑设计现状与发展"，当时我曾提出理论体系建构，但受到质疑。10年后，我们面对的问题更多了，但现在提理论体系建构，至少有相当一部分人是赞成的。比如在这次论坛的预备会上，我提出会议主题是"当代中国建筑文化学术体系建构"，崔愷院士就讲，这应

图7 中国建筑文化论坛2022会议现场

该是我们建筑文化委员会长远的题目；他这么讲我就很开心——大家有了共识，我们就可以从不同角度、不同层面来谈这些问题，这是比10年前进步的地方。

当然，我也感觉到：真正认识到这一点的人还不够多。而当我们还没有自己的话语体系的时候，何谈理论自信？在这里我想引用加拿大女王大学一位华裔教授，梁鹤年先生，在其《西方文明的文化基因》一书的序言中的一句话：这本书"是想帮助中国人看清楚被人家同化了百年的自己"。我们现在确实处在"被人同化而不自知"的境况，特别是建筑领域。建筑可能不像文学、舞蹈、音乐那么敏感，它毕竟还有物质性的一面，所以对此的觉察就比较晚。然而，现在是提出这个问题的时候了，"是建构中国建筑文化体系的时候了"。

有方：在您的论述中，一直有一种强烈的使命感。而在过去40年间，您对中国建筑师使命感的认知，是否产生过变化？

程泰宁：让中国建筑堂堂正正地走向世界，是我从年轻时起一直的理想，40多年来对此我发表过多篇文章。而现在与40多年前不一样的是，问题和方向更清楚了，自己也更有底气敢讲这句话，也能做下去。

1950—1960年代是西方现代主义建筑的鼎盛时期，当时我看了很多，也特别喜欢西方建筑大师的那些作品，一对照，就觉得中国建筑与它们比确实有明显的差距。所以当时就想，什么时候中国建筑师也能靠作品站到世界建筑的大舞台上。然而，此后的路并不平顺，"文革"时期政治导向是第一位，那时也只能谈谈风格、形式，难以触碰价值观这类更深的问题。后来到改革开放的1980年代，我在《建筑学报》发表过两篇文章：第一篇是1986年的《立足此时 立足此地 立足自己》，当时的观点还很笼统，只是一个态度；而后有1988年写的《在历史和未来之间的思考》，当时我认为，中国建筑在解放后多年没有长足进步，就是因为缺乏横向交流，所以我写道"如果中国建筑师不加强跟西方的横向交流，中国现代建筑要取得突破性进展，绝无可能"。但是在发表这篇文章后没过几年，随着改革开放敞开国门，强劲的西风一下子刮了进来，

图8 受访人：程泰宁院士之二

我原来想的问题就完全不是那回事了。由此才有我在 1994 年建筑技术研究所作品集序言中说的，"当中国向世界打开大门的时候，西方建筑文化以其巨大的落差汹涌而来"。面对这种"侵入"，确实压力很大：中国建筑师一方面背负着自身沉重的历史包袱，同时又面临着西方有着极高位差的文化冲击，彼此之间已不是横向"交流"，而是"覆盖"。不过这种困境也反倒给我带来了一种极强的激励。

40 多年过去了，尽管我们现在走的道路还不是很顺，但是第一，很多人已经清楚面对的是什么问题，路径是明确的。第二就是更有了底气——40 多年间我做了 100 多个项目，特别最近几年参加了不少国际招标，跟国外一流团队竞标，很清楚彼此的优势在哪儿。我还经常跟胡新（筑境设计董事总经理）说，给我找最高平台的国际投标，因为我就想在高平台的投标上和国外同行同场竞技、互相学习，我不认为我们做不出好东西。跟 40 年前相比，我觉得最大的不同就在于自己有底气敢这么讲，也能把东西做出来、能印证。

在中国的同台竞技之外，我在国外做的项目比如加纳国家大剧院也得到了当地人民的认同，并成为加纳货币上的"图腾"。有一次，胡新去美国旅游，给他孩子买书，看到有一本讲建筑的少儿读物《世界建筑地图》，其中收录了长城、雅典卫城、金字塔、悉尼歌剧院等 100 多个项目，把加纳国家大剧院也收进去了，而且上面清楚地写着中国建筑师名字。当然，这只是一本少儿读物，但它确实让人看到了中国建筑的世界影响，这些都是底气的来源。此外，前两年，也是在我事先不知情的情况下，国际知名出版机构 Images 主动邀请我把我的作品结集出版，并收入该机构的"世界建筑大师系列"，这些对我都是一种激励。

有方：您对身边中国同行的信心呢，是否也增强了？

程泰宁：当然。所以你能看到我经常在问：为什么中国建筑师不能独立参加某些竞赛？为什么一定要跟国外团队组成联合体？我在很多场合都呼吁过，要给中国建筑师，特别是中国年轻建筑师发展的空间，让他们也能参与公平竞争，而不是受限于国别背景和资质。

在当下的中青年建筑师中，我有很多很好的朋友，比如李兴钢、柳亦春等一批人，我对他们是非常有信心的。他们中有的人出头了，但还有很多人没被看到——我们需要继续发掘，中国建筑的进步靠少数人是绝对不行的。

有方：随着中国设计在实践层面的成熟，在项目机会、决策机制等层面的中外区分，您认为在不久的未来是否也会向一个更平等的方向发展？

程泰宁：我不确定，因为阻力很大。阻力一方面来自中国建筑师本身，我们对自己的文化看得还不够清楚、不够自信；另一方面来自体制与机制，在某种程度上，这是一个更大的阻力。在制度方面，中国建筑师今日的创作环境，比 10 年前甚至是更差了。1980 年代刚开放评标时，我记得一个厦门的项目，下午 3 点评委评完，4 点就宣布结果，现在看来这简直不可思议。后来就变成评委选三个方案，然后交给领导定。现在就更不对了，叫"评定分离"，评归评、

图 9 浙江美术馆 图片来源：筑境设计

图 10 南京博物院改扩建 图片来源：筑境设计

图 11 加纳国家大剧院 图片来源：筑境设计

定归定，专家评审不就成为一个可有可无的环节了吗？这明显是退步的，不是建筑文化应该有的发展方向，也并不基于对当下西方和中国现状的了解。

这也是为什么，我要在这次会议上讨论"现代性的困境"。西方包括建筑在内的文化，已经走入他们自己所说的"现代性困境"，提出了价值取向混乱和碎片化等问题：比如对人文层面的忽视，比如过于强势的视觉中心主义，等等。我谈这些，是希望中国建筑文化学术体系的建构，对我们的领导、决策层、开发商都能有所影响，让他们知道目前中国建筑、西方建筑是怎样一个现状，不必盲目地迷信国外。

图 12 专访现场　　　　　　　　　　　　图 13 发表文章 图片来源：陈佳希摄

有方：文明之间的对话，往往是知识分子的恒长期盼，无论具体学科。在我们围绕"全球化—逆 / 反全球化"已进行了数十年的讨论后，当下，您对文化间的对话、互补，是否依然乐观？

程泰宁：我在 1988 年发表的《在历史和未来之间的思考》一文中谈到，人类文化是在一个由纵向（历史传承）和横向（外来文化）所构成的十字坐标系中发展演变的。任何一种文化都需要在这个坐标系中不断调整自己的运动轨迹以求得发展。西方文化在独领风骚 300 年后，如果不能调整自己的运动轨迹，就无法挽回它"下滑"（亨廷顿语）的颓势；反过来，中国文化也只有在与外来文化的"相反相成、互补共生"中，不断转化创新，才能更快地成为一种能够推动世界文化发展的新文化，这是规律。历史上的四大文明已去其三，乃是断裂性文化观产生的恶果。所以我认为，也许会有曲折，但我对不同文化间的对话互补一直持乐观态度。人们只要懂一些历史，就不应在文化交流中持"零和思维"的想法。

采访、撰稿 | 原　源　李菁琳；视觉 | 李茜雅；校对 | 原　源　李菁琳

传·承 —— 一个展、一本书、一卷名册

Carrying Forward Culture and Spirits—An Exhibition, a Book and a Staff List

崔 愷[1]

CUI Kai

摘要：中国建筑设计研究院在成立70周年之际，以"一个展"——院史陈列馆、"一本书"——《重读经典》，以及"一卷名册"——员工名录这三项内容，向老一辈建筑师留下的作品与思想表达敬意，力求传承中国建筑设计研究院的设计文化与前辈们的创新精神。

Synopsis：China Architecture Design & Research Group (CADG), in celebration of its 70th anniversary, has presented three events, namely the opening of an exhibition hall for CADG's history, the publication of the book of *Re-reading Classics* and the printing of a list of all staff, to pay tribute to the older generations of Chinese architects and carry forward both CADG's design culture and the innovative spirit of the predecessors.

关键词：中国建筑设计研究院；企业文化；传承；重读经典
Key Words：China Architecture Design & Research Group; enterprise culture; inheritance; re-reading classics

　　尊敬的程院士、各位专家、各位同行、线上朋友，大家下午好！每次听完程泰宁院士的演讲都觉得又上了一课，程院士今天的演讲又比之前有更深的思考和研究。确实，程院士已经86岁高龄，还在引领我们晚辈建筑师一起思考建构中国建筑文化的理论体系，我觉得，这特别让我们感动。

　　今年很多中国国有大型设计院都在纪念70周年，这个时候我们会想到我们的前辈，包括程院士，包括可能比程院士年纪更大的那一辈中国建筑师，十分怀念也十分尊重他们创下的设计作品和留下的设计文化思想。事实上我们是

1 崔愷，中国工程院，中国建筑设计研究院；cuik61@aliyun.com。

站在这些先贤大师的肩膀上立起来的。

以往我们纪念 50 周年、60 周年都开过大会，出过一套书，但是最后轰轰烈烈地庆祝完以后，这些书、这些活动好像都被慢慢淡忘了。就像程院士说的，每次思考设计问题还都去西方建筑理论或实例中寻找自己的答案，这当中总好像缺少接上我们前辈设计思想、不断探索的这口气。今年，因为疫情，不能举办大的活动，包括大的展览、大的报告会议，我们就商量能不能做点儿更实的事，所以我们办一个小的展览、写一本书和整理一卷名册。今天我利用一点儿时间给大家做一个简单的介绍。

展览陈列在刚刚开幕的院史陈列馆中。展览的规模不大，但通过工程图片、人物工作笔记和手稿，老照片和场景再现，以及获奖名单和奖杯奖牌，把中国建筑设计研究院（以下简称"中国院"）的历史浓缩展示出来，得到来访者们的高度评价，被评为全国科学家精神教育基地。

名录收录了在中国院工作过的全部员工的姓名。虽然仅仅是一个名字，但这不是一件很不容易的事情。因为中国院历经了那么多变迁，不同时期的人事记录并不完整连续，甚至有的阶段，员工离职了，在人事登记上就被除名了。所以从严格意义上来说，全名录是不可能的。但明知不可为，还要努力为之，这是张广源馆长力求留给中国院人的一个念想，已让分布在各地的老员工们凭着这一册名录找到自己曾经的同事，想起曾经难忘的岁月，追忆青春年华。中国院的历史因为有他们而更精彩，他们的人生因为在中国院的时光而没有虚度。

第三件事就是这本书——《重读经典》。院史陈列馆墙上挂着的一排黑白建筑照片，展示的是我们的前辈为刚刚诞生的中华人民共和国设计的建筑作品。这些建筑历经六七十年，依然矗立在城市当中，为人们所喜爱，成为城市历史的标志和文化遗产，堪称经典！我们这些晚辈虽然一直以此为豪，也时常提起这些建筑的名字，但我们真正了解它们吗？真正用心阅读过它们吗？还有没有机会向我们的前辈们讨教和致敬呢？

我们决定利用 70 周年的契机，挑选 17 个经典作品让大家认真研究学习。我们不仅收集资料，还到现场观摩；不仅看建筑本体，还回溯那段历史场景，设想自己跟在先贤大师的身后，顺着他们的目光，缕着他们的思路，抑或向大师发问讨教，去更深入地理解他们的设计思想和内在追求。

这是一次难得的阅读，对我们来说也是一次很有意义的学习。写作过程中有中期讨论，有多次反复，数易其稿，终于交出了每个人的答卷，尽管分数有高有低。我不认为这些文章是对经典的权威评价，我们之前也不是如此定位。我想只要用心地阅读，用建筑师的方式去向先贤们讨教，就一定能有所收获，不仅仅能了解设计的智慧，更能感悟到文化中的精神。

　　这是我今天想和大家报告的内容。建筑文化实际上有不同层面，我们今天说的是设计文化，是在中国国有设计院发展历史上，如何看待我们前辈的工作和他们的思考，传承中国院设计文化，传承先贤创新精神，担负起这个时代的责任。谢谢大家！

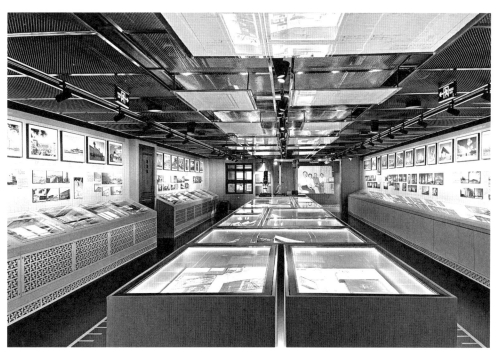

图 1 院史陈列馆

图 2 几十年前的珍贵手稿

图 3 几十年前的绘图工具和珍贵手稿

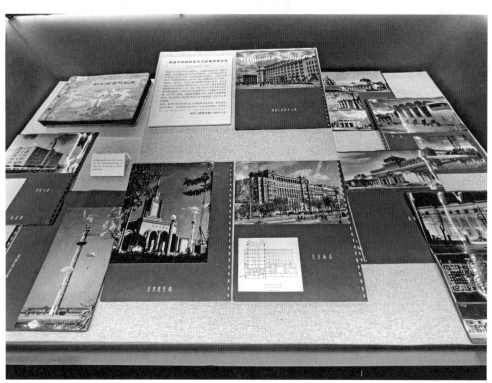

图 4 几十年前的珍贵影集

图 5 曾经的时光

图 6 一座座经典建筑

图 7 与会嘉宾在院史陈列馆两位策展人——崔愷院士和张广源馆长的陪同下参观馆内展览

图8 收录七千多位奋斗者姓名的名录

图9 《重读经典》内文之一

图10 《重读经典》内文之二

竞争领导权，重建文化自信，探索活的保护与去异化的设计

Contesting Hegemony, Reconstructing Cultural Confidence, Exploring Dynamism of Preservation and De-alienated Space of Design

夏 铸 九 [1]

HSIA Chu-joe

摘要：本文首先以百年巨变下的网络都市化中国作为起点，在当前国际形势下思考竞争领导权与重建文化自信；其次，由于保护已经成为政策，以意大利博洛尼亚都市保护的成果与教训作为案例，提出反思；最后，通过模式语言与其都市设计探索在长三角落地与在执行过程中再次中国化的理论，尝试推动活的保护与去异化的设计，是为作者之拟议。

Synopsis：Firstly, taking the networked urbanization in China under a century of great changes as a starting point, the paper thinks about the contesting hegemony and reconstructing cultural confidence in the current international conjuncture; then, considering the present policy of preservation, takes the contributions and lessons of Bologna urban conservation as a case and proposes for reflection. Finally, through theoretical exploration of pattern language and its urban design to localize in the Yangtze River Delta as well as to implement in China, attempting to foster the dynamism of preservation and the de-alienated space of design, are the author's proposal.

关键词：网络化中国；都市中国；领导权斗争；遗产保护；模式语言；异化的空间；文明国家
Key Words：networking China; urbanizing China; hegemonic struggle; heritage preservation; pattern language; alienated space; civilization state

1 夏铸九，东南大学建筑国际化示范学院；hchujoe@ntu.edu.tw。

一、百年巨变，网络都市化中国——竞争领导权与重建文化自信

1. 百年变局的历史时势

2022 年中国面对的都市经验，首先是网络化中国（networking China）。都市中国（urbanizing China）的快速变迁，启动于 1970 年代末，这是资本主义再结构与有竞争力的太平洋经济浮现的时刻，而后加速的"新型城镇化"过程，也就是网络都市化（networked urbanization）。科技竞争上，一学、二批、三改、四创，仍然是由制造到创新必须经历的过程。技术升级、产业转型，突破美国发动的技术遏制与脱钩断链。其实，美国政治先行于市场，处处国家安全挂帅，兜售友岸外包（friend-shoring），加强供应链弹性等。2022 年，可谓是"中国制造"向"中国创造"的升进过程，这时，文化自信要成为主动性的力量。

其次，避免将都市化视做都市集中过程人口比率的自然史的片面宣示，仍然必须面对资本的都市化造就的悖论性负面阴影：市场神话造就都市空间异化无处不在。在都市政策上，城市快速发展与巨量房地产开发的泡沫阴影、住宅市场化与社会住宅、小轿车堵车与都市公共交通轻轨落后、摊大饼式都市蔓延与大规模都市更新、城市的片断化与环境的不可持续，以及市中心大面积拆除与高层建筑物竞立，都是必须面对的日趋严重的新都市问题（new urban questions）。与以前不同，都市与区域政策开始以保护（或保存，preservation, conservation）为优先价值，值得市民继续观察执行的成效。上述都市问题都关乎都市建筑与规划相关专业的职责！

2022 年的中美"新冷战"说词，伪装成"民主与威权"意识形态较量的大国竞争，华盛顿在亚洲策动"去全球化"政策。在亚洲的经济发展中，中国可以提供的已不只是雄厚的财力。从高铁到 5G，再到可再生能源、特高压电网，中国都是世界领先者，远远领先于美国。现在急需一些时间，在都市与区域政策执行中再加诸一些具反思性的政策的"社会空间"，深化国家与社会之间的正当性认同（legitimizing identity），而这关乎下述全球治理的领导权竞争。

这种信息使得保持全球化经济与信息化开放网络的中国社会的网民们（netizens）为网络信息瞬间触动，已很难被诱惑再次相信第二次世界大战后美国治下的世界和平（Pax Americana）走向终结时的自由主义原则。这原是冷战之后美国领导权建构的核心价值与支配性经验，却在全球信息化资本主义的变局中逐渐失去了正当性。

2. 考量网络化中国都市经验的变迁

在昂西·列斐伏尔（Henri Lefebvre）对资本主义"全面都市化"的批判与揭发的基础之上，在理论上从重构空间（space）视角提供的空间发问（space problematic），可以深化当前领导权的质疑和竞争，以及文化的能动性与城市的重建。列斐伏尔的空间理论包含了三种不同层次的空间：首先，空间实践（spatial practice），强调空间知觉的感知性（perception）层面，指涉一种外

2 这里试举长三角的例子以帮助理解列斐伏尔都市与空间理论，我们可以将苏州市（宋平江府）的常熟、吴县（今吴中区）、吴江、太仓、昆山，周边无锡的宜兴、江阴，与包含其间的江南古镇周庄、同里、角直、千灯、锦溪、沙溪、震泽、黎里、凤凰、七都等，以及吴县太湖滨西山岛金庭镇的村落明月湾、东村、东蔡、西蔡、角里、植里、堂里、后埠等空间与社会组织的层级作为相关实例。作为作品而不是产品，作为空间的表征与再现，由元代倪瓒到明代文徵明，由唐王维陕西蓝田《辋川图》到南派山水表现江南地景，山水想象类型与地方表现魅力，就在一方水土之中。清代吴绮的七律《程益言邀饮虎丘酒楼》言："新晴春色满渔汀，小憩黄垆画桨停。七里水环花市绿，一楼山向酒人青。绮罗堆里埋神剑，箫鼓声中老客星。一曲高歌情不浅，吴姬莫惜倒银瓶。"从"绮罗堆里埋神剑，箫鼓声中老客星"中，可联想到金庸的《射雕英雄传》将清代七律"穿越时空"使用在南宋武侠传奇人物郭靖初访桃花岛的空间场景，太湖深处隐逸岛居、壮志消沉英雄年迈的这种空间再现，在 1970 年代华人知识分子日常生活世界里发挥了强大的感染读者效果。难怪白居易在《夜泛阳坞入明月湾即事，寄崔湖州》中留下诗句："湖山处处好淹留，最爱东湾北坞头。"穿过河埠、码头、村口、老桥、古樟、石板路、更楼……的真实空间元素，到达太湖最幽处，号为明月湾。而太湖深处跨过西山岛一侧的东山岛的湖水对岸就是七都庙港（吴江区），跨过南公堤沿湖西路就可以走进时习堂，这里是一处向传统文化致意、致力创造力升进的异质地方。

3 在空谈误国、多难兴邦的危机文化里培养的专业者，容易忽视言词话语论述与其对专业制度权力的作用。空间实践（spatial praxis）的空间再现，是现代专业者养成与专业论述话语的习性惯行（habitus）的组成部分。在专业学院（professional school）中，相较医学院医疗科技要求更根本与直接地关系"生命"的存在，对"习气"更容易产生深层与紧迫的质疑，暴露的是"心"的败坏，这是支持资本主义剥削贪婪的现代制度的异化（alienation），或者说是"邪性"对生命的伤害。

4 参见：列斐伏尔. 空间的生产 [M]. 刘怀玉，等译. 北京：商务印书馆，2021（La production de l'espace. The Production of Space. 1974 法文出版，1991 英译本）.

5 见：TAFURI M. There is no criticism, only history[J]. Design Book Review, 1986(9): 8–11.

部的、物质的、能够感知的物理环境。物质生产，即商品、物体、交换物（如衣物、家具、房屋、住宅等）的生产，是由必需性支配的生产。其次，空间再现（representations of space），强调空间的构思性（conception），指涉引导实践的概念模型，包括了对时间的空间想象。而知识生产或知识积累，渗透到物质生产的劳动中，在其中发挥作用。最后，再现的空间（representational space），强调空间的生活经验性（life experience）层面，指涉使用者与环境之间互动生活出来的社会关系。空间经历过其相关意象与象征，成为居住者与使用者的空间，也就是象征的空间（symbolic space）。象征空间的表现是最自由也最有创意的过程，它预示了"自由王国"（kingdom of freedom）的到来。当支配劳动的直接必然性终结之后，创造真正作品、意义以及快乐的过程就开始了。列斐伏尔的这种理论取向也再现了动人的、有魅力的、马克思主义式的、朝向明天的空间实践，这种再现的空间，是另外一种真实的地方，提供的镜像关系产生的反身性（reflexivity）效果，使主体看到自身 / 重构自身，也建构了自我，朝向异质地方（heterotopias）的营造[2]。

因此，列斐伏尔对建筑空间（architectural space）与建筑师的空间（space of architects），提出细致的理论区分，有助于反思认识现代专业分工的问题。列斐伏尔指出，建筑师与都市规划设计师是资本主义分工下的专业者，由于受制于社会或生产关系与其施加的秩序，以及工程制图的视觉图绘与管理理性取向的文字言词有关符号、法令等组织起的支配性空间的符号系统，为专业论述话语的空间操作左右，是专业"习气"的表现，也是必须被批判的空间表征与再现[3]。

相较于对建筑与规划的专业者期待利益众生的全才要求之反思，资本主义分工后偏科训练的专业者，其实已经是一种"偏执的"技术工具，经常以大师之名建构垄断利益的文化商品威望，却是一种在空间现实里不断制造"灾难"的"现代废品"。至于像屋顶漏水与摔伤居住者，以至于在城市里迷路或感觉无聊，这样的日常生活小问题，均不足以挑战作为现代艺术家角色的大师及其专业傲慢，以至于当都市社会（urban society）浮现，建筑师竟然会被当做说话不能信的职业说谎者。这些众多的经验事件可以说是对既有现代专业建筑师与规划师最直接的批判论点，而关键词在于专业论述话语（discourse）的建构[4]。换句话说，作为国家与社会关系里领导权（hegemonic）建构一部分的现代建筑与城市主义论述话语（the discourse of modern architecture and urbanism），是意识形态再生产的"妄想"，是"空想"建构，是空间再现的乌托邦（Utopias）。这是建筑史家历史写作的解密计划（a historical project of demythification）的研究对象，而不是过去的设计学院里站在专业者身旁、伪装历史学者的操作性批评（operative criticism）激励创造性破坏（creative destruction）的结构性共谋。这也就是说，建筑批评家有如寻找松露的嗅犬、追逐明天的明星建筑师（starchitects），迎新换旧，为了无法控制的"时间加速"，向"谋杀明天"再三致意[5]。

就是这个历史循环的知识对照之光，照亮了西欧启蒙主义理性模型里的机器隐喻，表现的是 20 世纪初先锋派现代艺术再现的抽象美学与追求创新的视觉经验，由史学家 / 评论家扮演了鸣锣开道的鼓吹者角色，如从尼古拉斯·佩夫斯纳（Nikolaus Pevsner）到西格蒙·基提恩（Sigmond Giedon），他们推崇英雄主义式大师，引领形式的风潮但陌生而冰冷，压迫性信息和权力的体量巨大，个体孤独而不体贴，远离情感上熟悉与身体上亲密的地方感（sense of places），形式创新刻意断裂传承，很难也无意在文化形式上召唤身份认同（identity）[6]。由于与使用者（users）存在空间享用上的差距，弱势者与影子市民（shadow citizenry）是被忽视的存在，遑论以此建立市民之间的归属之感（sense of belonging）。以至于发展中国家的"传统"，在现代发展的光辉照耀之下等于被切断的落后文化，现代性就是断裂（break）。这是资本积累的饥渴，持续推动的创造性破坏的贪婪，要取代社会落后角落的空间再现。抵抗它的政策与社会行动之一，就是保护，经常表现为都市社会运动的形式，以遗产保护（heritage preservation），诉诸市民保卫文化认同（cultural identity），也是 1970 年代西欧都市运动新都市价值（new urban values）建构不可或缺的部分。自此，专业论述话语的字典里，保护与保存的价值，就已经由现代主义建筑与城市生产制造管理者没有历史与记忆的机器隐喻，转化为必须捍卫公共空间质量的专业者天职了。

列斐伏尔贡献了理论反思，他在 1974 年的著作《空间的生产》历史地指陈空间的作用：苏联的城市规划仅仅是"现代专业者"，去历史与去社会地对实质物理空间的论述话语进行干预，他们未能充分掌握"社会空间"。革命后苏联新的社会关系其实要求一种新的空间，若非如此，政治上的"反挫"是历史必然的结果，尤其在戈尔巴乔夫离世后的 2022 年，回溯历史，反思的道理更是清晰。

所以，克服疫情，对朝向重建的中国特色的社会主义而言，"空间化过程"不能再继续重复美国强权维持美式和平（Pax Americana）下现代主义建筑与规划作为西方支配阶级领导权的"社会关系的再生产"了，不能再是西方中心的形式主义移植，而应该是"社会空间生产的创新"，"新的社会关系"与"新的空间形式"必须同时并举。换句话说，新的结构性空间会期待新空间功能与新都市形式的象征表现[7]。

接着，反思现代主义论述话语透露，空间的文化形式的权力与信息的理论逻辑是现代性（modernity），必须延伸扩及 1970 年代开启的文化转向与后现代性状况（condition of postmodernity）。而"后现代主义建筑论述话语"的浮现，正是改革开放后中国大陆的学院与专业由西方建筑论述话语里"形式主义移植"的时刻，也是相较陌生而不容易理解的道理与方法。尤其，若是在认识论层次将社会与生活上的断裂，简化为风格（style）上的改变，后现代主义的形式化标签，将误导问题，掩饰真实的社会转化[8]。

针对新浮现的全球经济情境下的后福特主义模型，展现对"后现代性"（postmodernity）之解密，与于尔根·哈贝马斯（Jürgen Habermas）对未尽的

6 举例而言，纽约市立大学教授马歇尔·伯曼（Marsall Berman）指出，作为勒·科布西埃（Le Corbusier）的现代主义门徒，西格蒙·基提恩认为罗伯·摩西（Robert Moses）具有乔治-尤金·奥斯曼（Georges-Eugène Haussmann）男爵的能量，对纽约高速公路网赞美有加，将其视为规划与建设的明日模型。见：BERMAN M. All that is solid melts into air: The experience of modernity[M]. New York: Verso Books, 1988: 169. 又见于中译本：伯曼·一切坚固的东西都烟消云散了：现代性体验 [M]. 徐大建，张辑，译. 北京：商务印书馆，2003: 217.

7 见：列斐伏尔. 空间的生产 [M]. 刘怀玉，等译. 北京：商务印书馆，2021（La production de l'espace. The Production of Space. 1974 法文出版，1991 英译本）. 夏铸九. 怎么办？：再思考南京学派的空间实践，Nanjing School 如何"做"到 [R]. 网上报告文字稿，2022；夏铸九. U 派下午茶：再谈《空间的生产》[R].《国际城市规划》系列讲座 1，2021 年 7 月 30 日。

8 在建筑领域，敏感的建筑评论家查尔斯·詹克斯（Charles Jencks），受到撰写《建筑的古典语言》一书的老一辈英国建筑史学者约翰·萨莫森（John Summerson）提醒，首先使用了"后现代主义"这个措辞。这个形式的标签十分有吸引力，其冲击早就超过了被贴上标签的"后现代主义"的建筑师们自己的意志，如罗伯特·文丘里（Robert Venturi）、查理·摩尔（Charles Moore）等等，他们也都"身不由己地"接受了这个原来他们并不认同的形式主义标签。詹克斯用美国圣路易的普鲁蒂-艾戈（Pruitt-Igoe）于 1972 年 7 月 15 日下午 2 时 45 分被炸毁事件作为象征，以"现代风格"作为攻击点，却隐藏了美国社会严重而深刻的阶级与族群上的"分裂"。如左翼的建筑学院教师罗杰·蒙哥马利（Roger Montgomery）十分不以为然，认为是误导问题，为文批评；以及有思想深度的建筑史学者，如斯皮罗·科斯托夫（Spiro Kostof）亦不以为然，认为詹克斯作为历史研究者之所为，竟然浮浅如同美国超市中为商品分类的贴标签工作。

现代性有不同视野，大卫·哈维（David Harvey）则认为，必须放回资本主义的弹性积累方式与时空压缩之中，重新看待这种历史转变的文化逻辑。作为历史状况的后现代性，是带着镜子的经济学（魔法经济学）加上战争国家（warfare state）的展现，美国出兵全世界，由尼加拉瓜、格林纳达……到阿富汗，在一个杂乱喧闹、充满幻觉、幻想和伪装的世界里，无家可归者的声音却无人听闻……也就是说，后现代性体现了一种新的对时间与空间的体验方式，是对时间与空间的高度"压缩"，表现为文化拼贴社会，其生活本身却是急促而空虚的。越界生产网络与弹性积累的资本主义，流动空间表现的后现代性，尽显其刻薄手段之后的工作压力与社会隔离。自以为是历史终点的世纪末狂欢，网络社会虽不是一种全新结构的社会浮现，却是人类历史上前所未有的新挑战。后现代主义城市反对现代主义的理性规划，空间的文化形式的"美学范畴"，倾向个性化的追求，偏爱嘲讽的语言[9]。对一般市民日常生活中表达的都市经验而言，就是感觉生活压力大，居大不易也。从2018年互联网公司的过度工时造成"996"的网上声讨，到2021年初某电商公司22岁女孩熬夜透支而下班猝死，都是全球信息化资本主义的悖论性时间与空间经验弹性积累下对劳动者人身的伤害。

最后，继续前文对都市实践的思索，提出现代主义支配性美学观的黑格尔右翼美术史家海因里希·沃尔夫林（Heinrich Wölfflin）认为，以艺术形式召唤的、单一面向的、伪装中性的"时代精神"（Zeitgeist），是一个破坏性的规范性措辞，左右了作为时代刽子手建构现代专业者价值的文化偏见。质疑现代性价值的1960年代社会运动的动力与保卫地方文化认同，转身关心乡土建筑、非正式聚落、反思文化的出路，则推动了另外一种对抗破坏的空间实践角度，即遗产保护、都市保存（urban conservation）。他们认为规划与设计的价值倾向是不可化约、不可伪装中立的人文价值，肯定老的城市中心，拒绝对大都市朝向无限制发展的市场憧憬，转往小镇风情、怀旧情绪，支持小规模、类似生命体一般的片段零星成长（piecemeal growth），追求"有机模型"（organic model），以保障社会和谐、鼓励社区精神，因为它们已经被现代工程排除，被大型规划消灭了。对弹性积累异化倾向的历史反弹，回归前现代城邑的有机体，以为有机会重返天真无邪的乡镇生活，就像对现代主义教条反感而转向复古的某些后现代主义建筑师的乌托邦想象。其实，建筑与都市问题的根源，不在于形式与风格本身，它们只是结果，若是看不到社会结构性问题与空间深层潜藏的道理，"迷己为物"，势必徒劳，误导社会。

大部分对发展中国家都市化观点的分析性误谬的认识论预设就是：不自觉地将"发展""工业化""现代化""都市化"，甚至"西化"视为相等之物。这种观点认为，有"一种"人类发展的模型，为西方工业资本主义的经验所吸收，为西方文明所吸收，这种文明有一种空间的形式，被理解为人口与活动的空间集中过程，即城市（cities）[10]。所以西方城市是文明的物质形式，任何其他的发展模型都是传统的（traditional），而现代建筑、都市设计与规划（modern architecture and urbanism），就是这种没有受到检验成见的固化了的技术的单一形式，甚至是唯一形式的空间再现。

9 见：HARVEY D. The condition of postmodernity: An enquiry into the origins of cultural change[M]. Oxford: Blackwell, 1989. 又见于中译本：哈维. 后现代状况：对文化变迁之源起的探究 [M]. 阎嘉，译. 上海：商务印书馆，2003.

10 见：夏铸九. 由马克思主义重新发问：重构认识都市中国的起点假说 [C]// 全国都市马克思主义理论研讨会，2020 年 6 月 13 日. 南京，2020.

我们可以将之用在都市保护中。经常会被视为城市之所以成为城市而且与市井市民日常生活烟火气紧密相关的文化传统元素，如都市开放空间的"传统市场"，其与美式超市量贩店的竞争与区分，是一个比较经济发展过程与政府的都市治理的关系中具有经验研究价值的对象。传统市场既是市民日常购物消费取得生鲜食物的都市空间，也是市民社会交往互动沟通的公共性空间，以及市民与周边农民／市民身份转换、"成为市民"的社会与历史过程发生的场所，甚至是表现都市聚集的热闹生机的地方。传统市场聚集了小吃店、茶馆、夜市等等，为其周边活动与联结空间，一直是现代都市计划不可或缺的、提供都市服务的公共设施的一部分。可惜在发展中国家，"现代市场"的执行过程经常为地方政府的规划设计与建设的技术官僚，没有反思的为现代主义的功能主义技术绑架，使其不仅成为消灭脏乱差、社会排除低阶市民的政绩工程，还经常因为工程体量巨大与管理行为粗糙简化而造成破坏，牺牲了都市开放空间的开放性（the openness of urban open space），其实，传统市场就是传统文化[11]。

这时，中国人民大学公共管理学院何艳玲的《人民城市之路》以成都的社区经验为基础，指出城市中的人们时常经历着"回不去的乡，融不入的城"的双重拉扯。人们之所以怀恋乡村生活，本质上是因为他们在城市生活得不如意，即"乡愁本质上是城伤"[12]。城市伤痛助长乡愁，历史遗产保护就成为具有文化抵抗意义的空间实践。

然而，乡愁显示的都市问题，不在于满足城里人的乡愁、游客们的乡愁。乡村不是都市后花园的补偿性副产品。乡村振兴是社会主义中国的扶贫大业，现代化不是一条发展的单行道，它在挑战西方现代经验的唯一性。特色产业助力美丽乡村建设，有些乡村应用了水稻杂交、生物除虫与诱捕、智能灌溉系统等农业科技，生产出多元化的农特产品，有些乡村有条件吸引旅游，还有些乡村则经由网络电商的社交媒体卖货助力脱贫，"精准扶贫"的目的就在于识别地方那些有真实需要的人[13]。在湖南湘西土家族苗族自治州石堤镇猕猴桃生产基地，有意识的作用者推动了中国邮政邮递系统反向补贴邮费的电子商务，信息技术发挥了综合平台作用，快速联结起生产者与消费者，形成一个良性的生产循环，避免了普遍压低的生产批发价格，使得生产单价由 1 元／斤跃升到 3 元／斤。甚至，有些乡村还拥有更多的社会空间条件，可以通过参与社区营造的过程，摸索美丽乡建之路，这是获得保护政策目标最积极的手段了。

现实的经验告诉我们，人们对社区参与的深层需要没有城市与乡村的差异，也没有聚落、建筑、地景之分。在长三角龙头的中心城市上海，社区花园与社区营造的诸多案例中，跨过不同年龄、性别、阶级，市民们的活力已经表现在刘悦来所称的"共治"的景观（from community garden to community planning）之中了[14]。

所以，当资本逻辑驱动都市吞噬乡村，现代性的创新追求与传承断裂，创造性破坏与破坏性创造模糊了城市与乡村、城市与郊区的传统聚落区分，跨过城市和乡村两元对立的思考限制，都市更新与保护计划研拟必须面对都市与

11 在新冠疫情后被国际媒体污名化的传统市场，可以参考：goldolive. 女博士 6 年逛遍全国菜市场，我一不会做饭的人竟看得津津有味…[EB/OL].（2022-06-03）[2024-02-23]. http://www.360doc.com/content/22/0709/12/845819_1039190780.shtml.

12 见：半月谈."乡愁本质上是城伤"：城伤该如何疗治 [EB/OL].（2022-06-03）[2024-02-23]. https://weibo.com/ttarticle/p/ow?id=2309404776240040247325；可参考：何艳玲 . 人民城市之路 [M].北京：人民出版社，2022.

13 可以参考报道：贝纳维德斯 . 湖南农村：中国消除绝对贫穷的第一年 [N]. 参考消息，2022-08-14（8）；成玮 . 中国农村依靠帮扶脱贫 [N]. 海峡时报，2022-08-13；新加坡媒体：中国的乡村振兴让农民更富裕了 [EB/OL].（2022-08-15）[2024-02-23]. https://baijiahao.baidu.com/s?id=1741179187349655352&wfr=spider&for=pc.

14 参考：刘悦来 . 共治的景观 [R].浙江杭州中国美术学院美丽中国研究院 . 美丽中国·未来社区论坛：参与的力量，2022 年 8 月 20 日 .

区域现实，它们处于同一个历史过程。2022 年中国面对网络都市化中国的百年巨变，以及"中国制造"向"中国创造"的转化，这直接关乎全球政治竞争领导权定义文化话语与重建文化自信，甚至是创造力与中国文化能动性提升，运用生命智慧创新与制造，以至于城市重建的新课题[15]。

有反省性、任教于加利福尼亚州大学伯克利分校的建筑史教授斯皮罗·科斯托夫（Spiro Kostof），在他有生之年确诊癌症的最后几个月里，以全部心血投入《聚众为城：历史过程中的都市形式元素》（*The City Assemblaged: The Elements of Urban Form through History*）一书的写作中。该书的最后一章"都市过程"（Urban Process），提出了宽广有历史视野的文字。在"都市过程"之中，科斯托夫论及城市的兴衰、大自然水火无情的灾难、战争的破坏与重建、奥斯曼式城市改造（Haussmanization）[外科手术刀的切口（percées）、开膛破肚（éventrement）都是都市病理上除去内脏的术语]，以及其执行限度和与渐进式改造的区分、在欧洲以外的伊斯兰世界追求西方化的影响之后不意外的反弹，还有西方的都市更新（urban renewal）（对市中心的破坏，现代主义城市规划与设计的绿色城市象征符号被停车场中的高塔这种灰色城市要素所替代）、增量变化（包括罗马的中世纪化、"有机"变化、城市填充等）。

其最后一节"对比保护的过程：都市形式的生命"（Process against Conservation: The Life of Urban Form）意味深长地指出，根据历史上不同城市的变迁经验，历史过程中始终存在一个不可预测且具有显著特征的都市行动。在都市积极分子与开发者、保守主义与自由主义之间的众多争论之下，我们仍要质问"为什么要保护"，以及什么是"历史性"（historicity）的课题。如同他在本书前一年出版的姊妹版《塑形造城：历史过程中的都市模式与意义》（*The City Shaped: Urban Patterns and Meanings through History*）一般，在被塑造成形的城市里，拒绝以形式主义的建筑风格作为历史研究的分类范畴和规划设计的主要工具，却与他的同事克里斯多夫·亚历山大（Christopher Alexander）和其麻省理工学院的好友凯文·林奇（Kevin Lynch）分享与掌握同样的不可被化约的都市形式的措辞。他们以模式（patterns）作为认识空间与社会关系的范畴，而不是过时的 19 世纪黑格尔艺术史形式主义取向的建筑风格，他们以模型（models）与原型（prototypes）作为规划设计操作的准则（guidelines），塑造城市，向都市模式（urban patterns）与意义（meanings）再三致意。科斯托夫尤其提醒，相同的都市形式并不一定会表达相同的人的意图。所以形式主义的操作为何总是不适当的？我们必须理解意义，知道自己所为何事，才能有所作为[16]。

科斯托夫在历史中检视都市过程的真实状况，但历史有时是虚假的、欺骗性的、庸俗的，以及是游客们眼光注视的消费对象。精明城市美国加利福尼亚州圣塔芭芭拉，以"美洲的新西班牙"为主题，完全无视美西战争的帝国历史，强势要求新建设接受西班牙式风格的复兴；新墨西哥州圣塔菲（Santafe）以"古代圣塔菲"与"近代圣塔菲"两种风格严格要求建筑设计；1760 年大火后的芬兰波夫（Porvoo）重建木构造城市，将其视为都市象征；以营造类型

15 创造性转化能量的培育、关系传统文化的能动性，不只是理念上突破现代性移植的论述话语的范型转移与语词限制，更关系践行实修主体内心内在地景（internal landscape）的流动，可以参见：登琨艳. 创造力的升近与修持[R]. 苏州庙港时习堂，2022 年 4 月 22 日。

16 见：KOSTOF S. The city shaped: Urban patterns and meanings through history[M]. London: Thames and Hudson, 1991: 9–28. 又可见中译本：科斯托夫. 城市的形成：历史进程中的城市模式和城市意义[M]. 单皓，译. 北京：中国建筑工业出版社，2005.

（building typologies）作为认识范畴的意大利博洛尼亚（Bologna）则像保护政策的里程碑一般等等。作为历史学者而不是建筑与规划专业者的科斯托夫最后告诉我们，当集聚的力量"聚众为城"，在历史的过程中变异为常，流动为王，居住的模式总是暂时的，静态保护的形式主义执行成效往往经不起检验。对比"保护"的是"过程"，"都市形式"之下的"生命"才是主人。科斯托夫的结论是："在保护与过程之间，过程终究有决定性作用，最终，都市的真理存在于流动之中。"[17] 我们可以说，乡愁与保护，亦即面对全球都会区域的崛起中都市与区域的再定义、都市与区域意义的生产，是对城乡关系的重建，面对的正是城市与乡村的意义生产。

面对发展中国家的殖民与创新困境，面对文化殖民，如何跨过文化买办的限制，如何重新提问与致力创新，确实是根本的问题。拒绝通过西方有色眼镜，以欧美的优越感看待发展中国家的自身，并不意味着故步自封、拒绝开放。相反地，保护而非更新的国际经验与市场中的"缙绅化"（gentrification）教训仍然值得借鉴，以少走弯路，最后提出合适于自身实践经验的建议。这就是我们下面的内容。

二、保护的里程碑与实践教训的反思

科斯托夫提及的意大利博洛尼亚保护计划是保存的里程碑，它的成功与教训值得借取。与都市有关的专业者在面对都市中心已发展地区的态度时，过去大体上使用更新（renewal）与保护或保存（英译 conservation，美译 preservation）两种手段。更新，这种以推土机作为市中心空间清除隐喻的典型再发展计划，在现实上，遭到了强烈的社会抵制。反都市更新的社会运动（anti-urban renewal movement）曾经造成了藏身在都市更新机器之后的政治和经济模型的危机。事实上，都市更新（urban renewal）在全世界都几乎停止了，目前，只有在很少的例子里还有大规模的拆除与重建。在某种程度上，都市政策已经转向，转移到以一种新的态度与途径来应对在社会与实质空间上恶化了的城市核心地区，就建筑与规划方面而言，这种倾向确实说明了专业者对既成的城市核心地区的观点有了重大转变。空间的专业论述话语（discourse）对都市核心的新倾向的产生其实早有预兆，它以 1970 年代的意大利博洛尼亚为滥觞[18]。博洛尼亚保护计划对建筑与都市设计、规划，以及研究的论述话语（discourse of architectural and urbanism）的文化影响十分深远。

博洛尼亚是一座十分特殊的城市。在地方政治方面，博洛尼亚是一座十分"左倾"的城市，一座红色城市（the red one, la rossa），这里有意大利共产党最重要的地方政府，由 1960 年起掌政了 30 年。

博洛尼亚的一套主要计划在 1960 年形成了。1969 年又从它的架构内发展出了另一套历史保护计划。意大利都市计划史上的两位举足轻重人物都与博洛尼亚保护计划有关。1960 年主要计划的首席规划师为诸塞佩·坎普斯·韦努蒂（Giuseppe Campos Venuti），他重视的是城市边缘地区，可以说是对现代主

17 以上文字见：KOSTOF S. The city assembled: The elements of urban form through history[M]. London: Thames and Hudson, 1992: 245-305. 又可见中译本：科斯托夫 . 城市的组合：历史进程中的城市形态的元素 [M]. 邓东，译 . 北京：中国建筑工业出版社，2008.

18 以下意大利波隆尼亚都市保护的资料主要引用自：夏铸九 . 意大利波隆尼亚的经验 [J]. 汉声，1995（76）：41-73.

义价值观进行了空间再现。而 1969 年历史保护计划的首席规划师是皮埃尔·路易吉·切维拉蒂（Pier Luigi Cervellati），他关心的是城市中心。十年之中，博洛尼亚保护计划可以说是两位专家不同观点的展现与角力。

1969 年的历史保护计划在 1972—1973 年之间被执行。它反对拆除博洛尼亚的历史中心；赞成避免迁置博洛尼亚历史中心原有的人口；同时，提升实质环境的质量与这个地区住宅的舒适程度，因为历史中心区大部分是贫穷人口。博洛尼亚保护计划在规划史上第一次要求两件事同时并举——人与住宅一同被保护。保护是一种要求不被破坏的干预手段，而这其实是一种文化保护，也被称为"整合性保护"（integrated conservation）。这个工作是一个挑战，它挑战了资本主义社会与城市的深层矛盾。

博洛尼亚保护计划首先强调的就是文化，整个的分析针对城市的文化。这是意大利左翼传统观点的表现。他们认为在特殊的城市中，除了阶级之外，最有价值的事物就是文化，而城市的文化孕育在空间的实质结构之中。有别于英、美现代建筑主流的机能主义思想，他们有意拒绝形式与机能间的简单关系，认为都市文物与建筑并非机能的建构。城市的历史就在于研究都市文物的现实构造与结构本身。都市形式的象征表现不只是美的问题，还涉及集体记忆（collective memory）的课题。

博洛尼亚历史核心区在 19 世纪工业化之前形成，它的外轮廓为不规则的六边形，它的中心是由格子路网划分的罗马古城，即围绕着放射状道路的中世纪城市，表现了与日后资本主义工业化过程截然不同的经济规律与文化价值。博洛尼亚保护计划避免讨论什么是美的建筑。博洛尼亚保护计划认为，以黑格尔右翼自由主义美学如佩夫斯纳那种角度区分建筑（architecture）与营造（building）的观点来区分是否具有保存的价值，是一种不全面的提法，因为在传统的提法下，城市不是美的地方就是居民的贫民窟了。由这种常规性的保存评估角度很难保护大部分的历史核心区，为了执行保护这些关乎都市肌理的次要建筑物，必须把保护的要求转译为规划与设计的观点，将保护的价值与都市实践的指导概念在方法论层次上做理论结合。规划师拟定了一系列的建筑物类型 [也就是营造类型（building typologies）]。

博洛尼亚保护计划的分析工作有三项：建筑物类型的界定、每一类型容许使用的指标及每一类型容许修复的指标。然后就这三项分析，建立技术性的规定。

有些建筑物原本已经破败了，然而却被仔细地修复起来。最具象征性的地方是，他们修复了一个工人阶级居住的地区，圣·李奥纳多区（Quartier San Leonardo），建筑上平凡，但仍然在同样地方，以同样色彩，完全同样地重建每一部分。他们以十分仔细、十分困难也十分昂贵的方式重建了 600 个单位。可以想象，许多人不能接受这种保存修复的方式。

在上述保护技术有关的简介之后，博洛尼亚保护计划执行之政治过程，是认识保护与都市过程最重要的环节。它包括了公共住宅与缙绅化[贵族化、高级化、上流化（gentrification）]、商品市场压力与土地投机、辞退首席规划师、确定城市与地主之关系、文化理想大于实际运作的可能性等过程。

这是一个被放大了的进步的都市保存政策，成为博洛尼亚公共关系的好素材，是建筑期刊、演讲、会议、集会等报道和学习博洛尼亚的焦点。博洛尼亚保护计划成为意大利共产党的橱窗。而在不同的政治系统中，像博洛尼亚这样的计划是否可以被执行呢？很明显，博洛尼亚保护计划作为一种文化的理想远大于其实际上可以运作的性质。而都市后果是房地产市场中受害的学生，学生被市场压力放逐到边陲的低租金住宅，这造成了1977年的学生动乱。由于对抗市府，一名学生死亡，在政治上引起了轩然巨波。

博洛尼亚保护计划的形成与执行在于政治的动力。博洛尼亚是意大利共产党执政的最大城市。由于意大利政治的特殊性，特殊的意大利共产党意图经由选举而执政。作为欧洲共产主义的重要支柱，对意大利共产党而言，这条路线有国际性的政治含义，也有强大的人民支持与都市表现。意大利共产党面对意大利的国内政治做出了历史性的妥协，促成劳工与工业资本共同合作，合力除去了经济的落后部门。

也就是说，意大利共产党有意显示其对经济成长方面的实际能力，显示阶级对抗并不必然会破坏全部市场，劳工与中小工业资本通过生产组织上的民主合作，以先进技术除去落后部门，这被称为"第二次工业分工"（The Second Industrial Divide）与"第三意大利"（The Third Italy），从而取得了国际市场中的竞争力，也可以说早于其他世界一步，主动进入后福利国家的弹性积累模型了。

所以，他们集中建筑与规划的技能，集中财务、金融分析的技能，将其应用于博洛尼亚保护计划。富有的意大利共产党要建立一个知识、专业、文化取向上有对抗意义的领导权团体。在那样的年代，他们明白地宣示：资本主义会破坏文化的价值，而共产主义将保存文化的价值。博洛尼亚保护计划正是一个历史性的计划（historical project），在资本主义的政治环境中宣示了不同的政党对憧憬中的社会与明日的城市的替代性另类（alternative）出路。

但是博洛尼亚的劳工文化却对保护计划缺乏真正的兴趣，虽然规划过程中的参与和动员所造成的社会学习效果是不容否认的，但这种矛盾的结合造成了博洛尼亚保护计划的两难，这是在他处学习博洛尼亚经验的重要教训。作为一个西欧1970年代都市改革（urban reform）的历史计划，意大利博洛尼亚的都市保存经验是进步的计划，可以说是历史保护的转折点与历史典范，也是反省发展主义的先驱。至于其计划执行过程中的挫折与社区缙绅化趋势，却也说明了它所揭示的整合性保护暴露了当时意大利的经济、政治结构、先行的制度改革之间的历史落差。意大利博洛尼亚升起了进步的大旗，以昨日的记忆展望更美好的明日的城市，也铭刻下都市的冲突。我们只有吸取其教训，才能更稳健地在我们的城市中推动保护的工作。

最后，针对保护计划执行的政治过程与保护的价值观两者和都市过程与都市形式两方面，做进一步讨论：前者是一般性的，关乎意大利的政治情境；后者则是设计与规划专业者的特殊性，保护计划本身的实践经验。

首先，意大利的一般政治情境是意大利共产党葛兰西主义（Gramscian）的实践，企图在资本主义国家内执行非资本主义政策。这关乎意大利本身的政治特殊性，1970 年代的都市改革，就是意大利共产党运用地方政府的自主性开拓的"到执政之路"，也有其本身历史条件的限制。

认识博洛尼亚保护计划，或是在政治立场上恰恰相反的保护主张，如 1980 年代英国保守主义清除现代主义建筑史与其建筑美学、回归古典主义价值观的空间主张[19]，以及饱受批评的对市中心拆除式的美国都市更新"联邦推土机"等等，对政治与社会的都市过程的分析，都是必须具备的，这是最重要的分析角度，与既有的意识形态立场无关。

19 为避免离开讨论主线过多，只能这样一提英国的经验，具体表现在保守主义的建筑历史学家大卫·沃特金（David Watkin）与建筑哲学家罗杰·斯克鲁顿（Roger Scruton）的著作与对英国现代主义强烈批判的建筑主张上。我称之为：对抗自由主义现代主义的最后古典城堡——从查理王子到罗杰·斯克鲁顿爵士的保守主义建筑和美学。

其次，博洛尼亚的规划师十分关心政治的产出与结果，关心人口中的社会群体特殊的生活条件，所以他们建造了劳工阶级邻里的基础，同时期望更进一步扩大其政治基础。他们关心历史保护的价值，因为这种文化价值触动了知识分子与中间阶级，所以其保护计划不只是地方性的，而且是国际性的。他们气度非凡，眼光与格局不可谓不大。诚如博洛尼亚保护计划所明言的，保护的传统主题与其所依赖的传统美学确实过于狭窄，不足以承担整个博洛尼亚历史核心区保护的理论任务与现实政治情境的挑战。

然而，博洛尼亚保护计划方法的基础仰赖的类型学疑旨 / 发问（typological problematic），预设了一种普同的、永恒的结构，其实更靠近的是新柏拉图主义，而与他们的政治立场所坚持的马克思主义关系不大。这种普同的类型学，联结了历史分析（historical analysis）与设计方法（design method），有待成为历史研究与设计实务之间的桥梁。类型学提供了由专业实践联系社会与历史的捷径，不但暴露了在特定历史脉络下，进步的意大利知识分子不自觉地仍然借取了传统唯心论艺术史的黑格尔假设，而且说明了博洛尼亚保护计划的形式主义根源。他们在具体修复技术的个案上问题不大，然而，不得不承认在创新的设计与规划项目上，相较博洛尼亚既有的纪念性历史建筑或是乡土建筑（vernacular architecture），却显得没有"生气""死板而形式化"。与他们共享美学基础的意大利后现代主义建筑师，像阿尔多·罗西（Aldo Rossi）与卡诺·安莫尼洛（Carlo Aymonino）等，在设计与执行过程中，看不到社区、看不到市民、看不到劳动者，其实是当前都市实践中，最缺少社会关怀、过多地向形式主义取向的学派借取灵感的代表。

理论反思的意义是：不论是意大利结构主义的新理性主义，还是德意志现象学的中世纪共同体，它们异形同质的共同阴暗面，同样纠缠法西斯主义的幽灵不放。这是最不愉快的现实，却是必须面对且不能回避的黑暗。这是作为人的西方人必须面对的西方文化深处的阴影，也暴露出日本明治维新、脱亚入欧以后始终不敢与无能拥有"反省"的能力。作为"人"的真正的人文主义地理学者段义孚，勇于面对"新人文主义"的历史阴影，其勇敢诚实的心灵让人尊敬[20]。

20 见：夏铸九.人文主义地理学者段义孚的理论意涵[J].旅游学刊，2023，38（3）：6-8.

意大利葛兰西主义实践哲学看到能动性潜力，看到了市民社会的双重性，看到了现代性的异化与通过实践而去异化的可能性。社会主义的左翼建筑师，必须是组织型知识分子（organic intellectual），不能全然仰赖而普同永恒形式的结构，追求建筑师孤立的优越感，获得美学的崇高感。与此相对地，需要更多一些社会参与空间，允许工人阶级、使用者、市民在经验的过程中去寻找意义，去寻找尚未异化的社会性和物质性。这也就是说，通过集体行动确保个人能力和权利的自由发展，去寻找通向"人类自身的全面实现"的出路。

再来，这里并不是说，专业者追求城市质量与城市的劳工阶级利益之间有必然的矛盾存在，而建筑的创新、环境质量与人民的权力之间也并非必然有一个不可跨越的鸿沟。事情往往是更复杂的，特别是当我们考量由谁决定、什么是美与质量、审美的标准如何产生，以及如何度量等课题时。即使当以"集体记忆"的提法试图取代传统美学的观点时，更根本的方法论发问应该进一步探索的就是：即便是"集体记忆"，我们仍然需要分析是"谁的集体记忆"？它是在什么脉络下，如何建构的"集体记忆"？有了这样的知识基础，我们实践的空间才有机会得到进一步解放。因此我们得以了解"集体记忆"的提法，为的是帮助意大利共产党从工人阶级与一般社会人民日常生活的角度，重新界定保护的准则与过程。

用中国熟悉的话语就是从"人民群众喜闻乐见"的角度去界定设计的准则与过程，而"人民"的定义与作用，则是在面对百年巨变、网络都市化中国、竞争领导权与重建文化自信之时，展现中国的特殊性。

所以，城市与乡村里空间的质量与草根人民的生活空间体验和文化认同之间的复杂关系，在"参与式设计"的过程中，需要被小心细致地处理。而参与过程，才使得大规模的都市创新成为可能。都市社会学家曼纽尔·卡斯特尔（Manuel Castells）在评论博洛尼亚保护计划与当时欧洲的参与式设计经验的论文里说得很清楚："在私人房地产的利益与政府官僚自我肯定权力的逻辑所支配下的都市发展模式，造成了极端负面的效果，使城市在社会、使用功能与实质空间上均发生恶化。除非社会的力量能反制资本与国家的权力，否则敏感的规划与大尺度的建筑创造力不可能实现。"[21]

21 CASTELLS M. Participation, politics, and spatial innovation: Commentary on Bologna, Orcasitas, SAAL[M]//HATCH R. The scope of social architecture, columns. New York: Van Nostrand Reinhold, 1984: 285.

那么，在专业的规划设计工作与居民日常生活的社会参与过程之间，进步的专业者基于意识形态与政治的理由，愿意投身于参与的过程。居民们了解这点，这就是居民们为何如此地信任他们的建筑师与规划师的原因。但同时，当前的建筑师与规划师却又往往无法符合、满足他们的期望。由于专业者对他们的深情无以为报，居民们的失望是可以想象的。这时我们可以发现，专业者政治的、专业的以及鼓吹性的角色，是如此需要进一步建构其知识与实践的技能。专业者要去了解居民们特殊的文化需要，去了解居民们无法以口语表达却强烈地感觉到的基本需要，专业者要去了解与接受这些需要并为他们战斗，为他们规划、设计。

将参与放在政治过程中加以考量，居民参与不是一种使万事均能自动解决的万灵丹。真正的参与不是一个简单的过程，它要求事先的组织，自发性的动员，但又不是一个由上至下的过程。只有当问题来临、人们体验到他们有能力改变城市时，他们才会参加。自发的动员过程是成功地参与的基础，所以社会运动是参与形成的时机。参与，关系着自发性的社会运动以及政治代表性的过程间的互动，这是目前公共政策最复杂与最关键的问题。问题的关键，在于草根性的动员组织与国家制度之间的矛盾是被吸纳，还是被进一步地深化为冲突。这里没有一般性的答案，但必须形成对社会与历史的认识，以作为实际抉择的知识基础。实践的成效自然须由历史回答。假如我们只在既定的途径上要求管理的效率，则不可能接受参与，参与就成为不可预期的麻烦之源。然而，假如我们要改变游戏的规则，自发性的草根动员以及其在体制内的表现就是基本要件了。没有这样的社会权力的新来源，空间创新的突破程度是极其有限的。至于参与，它在既存国家体制之外，却又突显的是体制之内的都市与社会改革目标。它提供了改变都市政策、塑造空间的机制[22]。

基于对博洛尼亚保护计划方法的基础仰赖的类型学的形式主义反思，值得进一步审视科斯托夫的都市历史研究中不可被化约的都市形式的措辞，即城市的塑造，审视都市模式与意义的经验。

三、模式语言与都市设计的理论探索——在长三角落地与再次中国化

选择克里斯多夫·亚历山大（Christopher Alexander, 1936—2022）的设计理论、建筑论述话语与设计措辞作为说明，并不是因为他属于 1968 年之后有批判性的设计理论者，质疑与对抗现代主义范型，如《城市不是一棵树》（*A City Is Not a Tree*），在设计方法（design method）领域早就获得过人之誉，也不是因为如弗雷德里克·詹姆逊（Fredric Jameson）所说，在商品拜物教的精神分裂意象的文化中再生产出精彩画面：纽约狂言呓语的错乱和加利福尼亚州的反文化并存的对抗文化画面，而是因为亚历山大的社区取向与马克思主义小生产单位产生联想，加上他在 1970 年代后有意选择老子哲学、佛家禅宗与相关的文化措辞，使我们容易了悟，适合掌握模式语言"入门"。先以下面两段文字简要说明[23]。

首先，模式语言"入门"，在于掌握通往"无名"特质之"道"。这种空间模式是生活经验中令人感到美好、生机勃勃的事物，也是会一再重复出现的形式。而无名的特质，比言语更为确切。《道德经》，"道可道，非常道"。

22 对于西欧社会，1960 年代与 1970 年代的都市社会运动开启了由下而上、自发性草根民众动员的契机，使得这些城市的都市改革与包容性的宜居城市，取得了在都市形式上表现出来的成果。

23 关于克里斯多夫·亚历山大的众多出版物，从《建筑的永恒之道》《建筑模式语言》《俄勒冈实验》，以至于《城市设计新理论》《秩序的本质》等此处不一一明列。关于对亚历山大的理论讨论，可以参见：夏铸九. 理论建筑：朝向空间实践的理论建构 [J]. 台湾社会研究丛刊，1992（2）：84-125. 我自己之所以得以离开长年不自觉接受的现代建筑论述话语教条的权力羁绊，真实感受到建筑设计的"学习之乐"，就在于懂得"模式语言"，学会如何操作。若是对照笛卡尔主义、现代主义、实证论……的学习经验，会更容易体会与了解模式语言的特性。列斐伏尔在《"后技术"社会机制》一章中，也提及1972年会议的小组讨论，克里斯多夫·亚历山大总是有智慧地先于同时人一步，转身离开美国文化而接受佛家禅宗，并将其联结上空间实践，见：列斐伏尔. 空间与政治 [M]. 李春，译. 上海：上海人民出版社，2015：72. 原版：LEFEBVRE H. Espace et Politique: Le droitnà la ville II[M]. Paris: Anthropos, 1972; 2 ed. Editions Economica. Paris, 2000.

"无名，天地之始。有名，万物之母。故常无欲，以观其妙。常有欲，以观其徼。此两者，同出而异名，同谓之玄，玄之又玄，众妙之门。" "三十辐共一毂，当其无，有车之用。埏埴以为器，当其无，有器之用。凿户牖以为室，当其无，有室之用。故有之以为利，无之以为用。" 虚实、有无、长短、前后、阴阳……，辩证关系，最后，阴阳和合……。这个道理不只是中国文化，包括印度文化的佛家，都讲"空"能生"有"。佛学讲真空妙有，妙有真空；一切存在的东西最后总是归"空"，空并不一定是没有。佛学翻译成中文叫做"空"，中国道家叫做"无"、叫做"虚"，不叫做"空"。两个用字不同，但是道理一样，表达方式不同而已[24]。而模式的目的，在于寻找空间与事件活动的特殊关系，借以产生"好质量、素质、特质"的空间环境，这就是《建筑的永恒之道》（*The Timeless Way of Building*）。

24 关于儒释道的一体共论，引自：南怀瑾．我说参同契 [M]．上海：东方出版社，2010.

其次，用理论的措辞简要说明，模式语言是营造空间的表征措辞。先把地方变得舒服起来，恢复空间的使用价值。模式语言是一种深层的空间与社会的关系，是原本具有的一种相当稳定的"关系"，注意，此处拒绝了形式主义，模式语言不只是西方的、古典的、形式的语汇而已。模式语言是一种空间的想象，换句话来说，它让地方（place）的"精灵"重现，让"精气神"重建，让地方之所以能是地方，成为活起来、无可名状、莫名感动的要害所在。模式语言与中心化过程密切相关。营造空间是一种建构行为，是一种改变生活环境的劳动，用营造措辞把空间（space）具体化为我们的地方（place）。在设计劳动中，营造空间好操作，在设计／营造完成时效果好，好用。就这个观点，模式语言是适当的、有用的设计"理论"，以及模式语言也是一种另类营造，它是现代建筑与工业时代产物的技术专家和有破坏力又不友善的营造方式的对立面。模式语言肯定因地制宜原则，作为负责任的营造者有能力生产无名的地方质量，可以说是另类营造的两个重要原则。注意，这种学习不是像一般通过书本的静态技能学习，而是像工匠师傅一般通过不断实践娴熟掌握，"习得"一种解决问题的专业技能的能力。这也是作为建筑系资深的设计教学教授克里斯多夫·亚历山大从不说自己是建筑师，而是营造者、营造的小包工头的道理。

最后，针对现代设计与规划在塑造建筑与城镇"整体性"的专业能力方面力有未逮，这只有在"城市成形的过程发生根本改变"时才能获得解决。

亚历山大在 1970 年代末已经理解到深藏在模式语言之后的深层结构，即有助于空间形成的"整体性"（wholeness）是所谓的中心化过程（the centering process），这是在不同尺度空间的营造过程中生产"整体性"的能力。

这里是营造空间与身心自在的空间感、松散而容易感受纾解的、在冬日有温度的、有聚集力的、有吸引魅力的、有能量的、能留得下记忆的一种"整体性"的"中心化过程"……而不是一种紧张而拘谨的、过于形式化的物理性空间、过分强调空间经营的、区分社会层级性的、权力中心的守望者。

以及，这个中心化过程所引导的都市过程（urban process），没有被既有的专业与教育训练——包括制式的规划作业、局限于处理个别建筑物为题的建筑设计、将问题限制于视觉层次的美学问题的都市设计，为塑造城市提供整体性之道。亚历山大带领团队，以五年为期，慢慢发展出设计实验与测试实验的初步的"理论假说起点"，暂时称之为"城市设计新理论"（a new theory of urban design），十年后出版成书（1987 年）[25]。该理论认为问题不能"只靠设计"而解决，而只有在"城市成形的过程发生根本改变时"才能获得解决。这是一个塑造空间的社会政治过程，一种新的具有转化性的社会关系形成过程，这种成长的完整性不仅存在于工业社会之前的古老街市、城镇、地景中"营造为作品"（如同列斐伏尔的分析）的历史过程中，而且存在于所有"有生命的、活泼的"一切"有机体"的生长中，所以具有"自主性、内在控制以及整体成长"的"中心化过程"的特性。在 2000 年以后，他进一步称其为"秩序的本质"（the nature of order）。

25 ALEXANDER C, ANNINOU A, NEIS H. A new theory of urban design[M]. New York: Oxford University Press, 1987. 中译本：亚历山大，奈斯，安尼诺. 城市设计新理论 [M]. 陈治业，童丽萍，译. 北京：知识产权出版社，2002.

这个借由社区成员参与的行动，自发地创造"整体性"，具体地经由 7 个中介的规则。

1）片段零星的一小块一小块的渐进式发展（piecemeal growth）和大规模整体一次性完工的大型工程作业；

2）较大的整体成长（the growth of larger whole）；

3）远景与视野的价值展望（visions）与意义赋予；

4）正向的积极性的都市空间的基本规则（the basic rule of positive urban space）；

5）大型建筑物的布局（layout of large buildings）；

6）营建（construction）；

7）各中心之间的形构与组织（formation of centers）。

然后根据地方脉络，因地制宜，调整这七条中介规则。

这是对认识"城市""形成整体性运作规则与规律的都市过程"的松散而粗略的假说，不会产生在政治民主的过程里，没有造就多样性却导致了混乱，决策过程中为了平衡各方压力，拘泥伪装中立而忽略了真实的"环境整体性创造"的要害（如美国地方公共决策过程），或是技术挂帅主导的决策（如1970—1980 年代美国城市被交通运输流量考量的简单观点）。整体而言，这些社会与空间行动是资本主义生产方式对环境与社会的伤害，以及国家政策因应不适当而造就的断裂性破坏。因此，城市复原与基地修复，也亟须重建保护的整体观，替代既有的规划与设计操作。

肯定这个非价值中立而具有规范性的"生产整体性的中心化过程"是最吸引人，也是最关键和与最艰难的挑战，我们可以看看他在此书末尾提出的初步产出与检讨：

若是对加利福尼亚州临水岸个案建成环境已经产生的空间形式，投以对建筑物风格（building style）的要求与嘲讽，则被质疑这是否拒绝了现代主义，是否又回到熟悉的 19 世纪学院派的措辞语汇与构造做法了？

亚历山大承认，学生们对营建与构造的过程还可投入更多的时间与改进。

但是，在参与其中的亚裔学生的视野（visions）中，临水岸休闲游憩公共地方的梦想空间通过模式语言与中心化过程得以展现，它是我们熟悉的山水画与园林营造共享的论述话语，"湖心筑亭有桥可通式"，超过了昔日 17—18 世纪欧洲人想象的中国风（Chinoiserie）对浮于外表的东方猎奇层次。这是对"园林"类型"空间的文化形式"的"象征空间表现"吧？这不正是"营造"师傅与主人能共享与期待的效果吗？这也是加利福尼亚州的亚裔、华人或是唐人街投射想象的"集体记忆"，寄托"神州故土"的永久魅力，又有什么问题呢？尤其，对"我们"而言，它竟然在旧金山海湾旁的滨水亭榭中营造了一个"异质地方"的可能性，让我们看到自己，这不正是现代建筑专业者力所未能及，以及伪科学的现代设计方法的理性可以更多反思的地方吗？类似的成果在日本东京近郊盈进学园（东野高校）已经展现过，让日本的现代建筑师惊讶，让他们内心震撼，这是长期被文化殖民的日本现代建筑设计从未有能力触及的心灵深处。

旧金山滨水亭榭与东京盈进学园校舍的异质地方空间象征效果，并不是一个静态固定仿制风格的空间形式，它开启了一个具有文化创新潜力的大门，可以进一步仔细区分阐述。

作为再现空间的异质地方，它不是空间再现的乌托邦幻象——这个虚构的不真实的空间，补偿在真实空间里失去了的被现代主义移植与粗暴消灭了的文化传统，提供文化的救赎（redemption）。背后的资本在休闲旅游中运作，进行利润萃取的空间消费，在由灵山胜境、捻花湾禅意小镇、尼山圣境到牛首山下的金陵小城的文化主题公园中，儒、释、道都可以是 21 世纪的符号商品空间了。这种空间再现的"乌托邦幻象"，是对在《向拉斯维加斯学习》（*Learning from Las Vegas*）、罗伯特·文丘里（Robert Venturi）与丹尼斯·斯考特·布朗（Dennis Scott Brown）的"美式大街"之后的后现代《佛罗里达海滨小镇》（*Seaside, Florida*）、杜安妮·普莱特 – 齐伯克（Duany Plater-Zybeck）的社区共同体乡愁对现代主义的历史复仇，以及对《楚门世界》（*The Truman Show*）的摄影棚布景与幻象伪装的揭露。至于它碾压的现代文化对手，倒是美国东岸的盎格鲁 – 撒克逊以为的正统现代主义瞧不上的以大众文化代表的美国文化——迪斯尼世界。早已有社会分析揭露，唐老鸭与米老鼠的儿童乐园的隐藏价值是美国霸权的贪婪、美利坚强权维持的世界和平下的文化软实力的领导权。

然而，异质地方却是另外一种真实的地方，让我们看到自身，在都市社会里建构新的主体，21 世纪的"文明国家"（civilization state）里的作用者，以文化创造力的升进和传统文化的文明升华，与美国文化软实力，彼此竞争领导权。

我们不难理解亚历山大主张的营造系统与一定社会发展形式的结合要求。在前工业社会的历史时期提供给我们的中心化过程与其整体性，让我们深深感动，对"活的生命"共鸣：难道我们不应该努力"在一个更高的梯阶上，把人类社会美好童年发展得最完整的地方、把自己的真实再现出来"吗？难道我们不应该留住乡愁，让这种永不复返的力量留在人类发展更高的梯阶上，让一般人日常生活的空间显示出永久的魅力吗？

可以想象在实践的检验与实际的实验过程中这种做法受到的挑战，尤其是"大尺度过程"的难处，难怪亚历山大直接指明这是两个世界系统、两种空间生产方式之间的斗争！

总之，亚历山大理论新探索（可以感觉到受到 1968 年之后的新马克思主义与老子哲学和佛家禅宗的影响，虽然他自己不去"吊书袋"，也有意不说它们），直接再现了对当时的福利国家与其后的后福利国家资本主义、消费主义以及不可少的官僚主义塑造的空间问题，提出历史与社会的回应，以及对有社会转化意义的另类空间实践出路的探索。也因此，他的设计理论与实践，对于改革开放后中国大陆建筑教育的再思考以及将其落地再次中国化，对于重拟都会区域浮现时长三角自己的"模式语言"，对于对抗现代主义破坏性创造的领导权，不是格外有意义吗？

以下是可以展开后作为附录存在的结合长三角地气的 25 种模式，或者说，与保护有关的模型（model）与原型（proto type）的列举。从城镇、建筑物、构造、草根基层保护等四个层次，展现特定的价值观，提供支持与规范设计的创新方向[26]。不过，由于演讲时间所限，我们就直接跳过最后一个模式 25，作为结论了。

26 以下的长三角的模式试拟以供规划与设计参考，主要由东南大学建筑学院的研究生张骋、朱梦影、陈姣兰、梁静、廖瑜书写。

模式 1. 成为都会网络中的自主性城市，密集的都市网络与多中心的区域结构——长三角全球都会区域空间结构的特殊性；

模式 2. 河流穿过城市的江南剪影；

模式 3. 山环水抱、负阴抱阳、藏风聚气、枕山面水的选址格局，顺应自然、连续曲折、功能复合的街巷骨架，以及相互依存的街道与水系；

模式 4. 江南茶馆联结起的网状都市公共空间；

模式 5. 夜游秦淮；

模式 6. 临河市场；

模式 7. 宅前围坐；

模式 8. 评弹表演中的小舞台；

模式 9. 城市里的孩童（children in the city）；

模式 10. 对儿童友好的空间；

模式 11. 具有中心性的地方与召唤出居民的夜间生活空间

模式 12. 合于风水朝向的入口转折与入口过渡（entrance transition）；

模式 13. 结构要服从社会空间（structure follows social spaces）；

模式 14. 流动空间草根化（grassrooting the space of flows）；

模式 15. 有效结构支撑的店屋、河房与檐廊、亭子脚……，形成有活力的街道；

模式 16. 街道边檐廊凉棚下的小买卖；

模式 17. 屋前园圃的种植；

模式 18. 基地修复（site repair）；

模式 19. 草根保护，尊重地方的历史发展的各个时间阶段，即使是在短时间内形成的文化空间与社会，也仍然值得考虑被保护和延续的"地方"；

模式 20. 历史遗产是日常生活的一部分，日常的"烟火气"与历史的"高高在上"感能够共存并和谐相处，而不是标本式的形式化的历史保存，地方人民都能接近的遗产才有可能最后慢慢成为活的遗产；

模式 21. 尊重地域空间特性的保护与活化方式，特别是山川形貌、水系河道、树木植被；

模式 22. 历史遗产的整体性保护思维；

模式 23. 尽可能地公开历史信息，使得历史遗产的信息传播更易获取；

模式 24. 对于传统工匠的保护和传承不仅仅在于技艺本身，技艺之外的仪式也是遗产保护的一部分——传统工匠的数量，除了手艺流失迅速和继承人才短缺之外，过去的抢救性工匠保护多关注技艺本身，未能留心技艺背后的文化和与地方乡土紧密联系的民俗仪式与地方习俗；

模式 25. 尊重地域内的不同建筑技艺，也不应标签化建筑形式的符号，这是 19 世纪西方艺术史的不恰当移植，成为文化买办的二流专家的糟粕，建筑形式的生成当是传统文化与地方文化习俗、工匠技艺传承以及气候生态环境的共同作用结果——依据当地的技艺传承和民俗习惯，进行历史建筑的修缮或旧建筑改造，而不宜受到其他地域的形式化与符号化的干扰，才能更全面地继承地方遗产，留得住乡愁。

当前的空间实践面对的乡愁与保护议题，宜记取国际的教训：历史地被资本主义全面都市化，成为都市空间，即使技术性修复成功之后，也难免成为"缙绅化"下的市场高端文化产品，因为社会结构改变了，对地方政府与专业者而言，要小心应对，避免将公共资源投入成为"缙绅化"趋势的助长者。

以及，学习与审视他人的摸索经验：保护，不宜仅着眼于形式化的保护，苏联的形式主义移植留下的空间反噬教训必须记取。考量保护，尤其置于当前中国革命后的社会中，因为新的社会关系已经浮现，不可化约的空间形式仍然必须面对，但是要在中心化过程里去掌握人与空间的关系，掌握社会与空间同时考量的模式，这也是在推动形式产生的都市过程中去掌握空间形式，这样才可能产生"活的地方"。正因为有人参与其间，成为有社会的空间，才能引发人（使用者或是涉身其中的人）的反思，提供有心反思与有能力反思的主体，看到自身的机会，这也就是异质地方建构的机会。

当前我们面对百年巨变下的网络都市化中国，面对与美国之间霸权与反霸权、干涉与反干涉的重大冲突愈演愈烈，面对美国霸权以软实力之名进行的打压与遏制，这是"竞争领导权"的时刻。这一刻急迫地需要跨越现代主义论述话语里形式主义的成见移植，迈向"社会空间生产的创新"。

这是我们重建文化自信、重建城市的时刻，这一刻将重新定义都市区域与城乡关系的机会，重建与"设计方法"有关的去异化设计的本体论的时空条件。

形式与内容

Form and Content

张 永 和

Yung Ho CHANG

摘要：形式赋予建筑的是组织结构和空间的方式及诗意，而不仅仅是形象。结构、空间与功能之间相对独立又紧密联系。建筑设计不可避免地涉及了使用方式即内容的想象，因此内容也往往限定在形式的框架之中。进而，形式有可能把结构、空间及内容整合为一个建筑整体。我用非常建筑的项目实例来说明以上的观点。

Synopsis：Form gives architecture the way to organize structure/space and to be poetic, other than image. Structure, space, and function are independent but related aspects of architecture. Architectural design inevitably imagines approaches of occupancy thus content, which is also defined by the framework of form. Furthermore, form may integrate structure, space, and content into an architectonic whole. The above arguments are supported by projects from FCJZ.

关键词：形式；内容；结构；空间；古典；现代
Key Words：form; content; structure; space; classic; modern

　　大家好，要讲建筑形式与内容的问题，首先需要定义形式。形式是大家都很熟悉的一个词，常常被理解成为形体、形象、风格等等，在这儿我用不太一样的定义，这个定义把形式作为一个组织体系，听起来可能有点儿奇怪，其实大家也是很熟悉的，只是可能不用这样一个表述。我给大家举个例子。

　　大家看，在我们的古典诗歌里，有一个非常清晰的形式体系。王维的这首诗《文杏馆》[2]是五言绝句，四句，每句五个字，一共二十个字，还要有平仄、

1 张永和，非常建筑；fcjz@fcjz.com。

2 唐·王维《文杏馆》："文杏裁为梁，香茅结为宇。不知栋里云，去作人间雨。"编者加注。

有押韵的规定。五律的韵比较简单，一个是一二四押韵，一个就像王维这首是二四押韵，绝无其他可能。所有这些条条框框恰恰造成诗意。王维这首诗的内容说的是盖房子这件事，前两句谈及材料与建筑元素，后面说到房子在山上。如果没有形式的制约，这个内容永远不可能成为诗。建筑里面有一个东西我觉得非常像律诗的形式，就是空间和结构的组织，其实就是一种"律"。下面我给大家看看我们设计的房子中的"律"。

这栋房子是一个工作坊加住宅，二层是为了居住用的，它是一个玻璃宅。我在这儿给玻璃宅里面建筑学本身关注的问题，提了三个问题。经典的玻璃宅是外向的，有没有可能是内向的？玻璃宅必须解决玻璃围合和结构之间关系的问题。密斯·凡·德·罗（Ludwig Mies van der Rohe）把钢结构做在玻璃盒子的外面；菲利普·约翰逊（Philip Johnson）把钢结构排在里面，但是在转角的时候玻璃和钢材实际上已经在一个平面上了，有一点儿含混不清。如何把玻璃和钢材结构的关系处厘清楚又是问题。

第三个问题我在这里要多讲两句，就是为了透明，它是几乎没有房间的，常常有一个类似核心筒的元素，里面有洗手间，有的可能多一个设备间，否则这个房子是完全开敞的。第三个问题就是，有没有可能做一个有房间又透明的玻璃宅？（图1）

图1 东钱湖坊宅 _ 玻璃十字宅一层十字形半室外空间 图片来源：李柯良摄

这里是我的答案。第一个是外向转内向的问题，为构成内向玻璃宅，在房子周边砌上一圈墙，墙里有一个水院；第二个是结构问题，把四堵承重墙退到房子里面，所以远离玻璃墙；第三个是房间与透明性共存的可能性问题，用玻璃墙把玻璃宅分成四个房间，所以玻璃墙需要有相当长的厚度，就变成了空心的，于是出现一个"十"字形采光井，它和一层的工作室连通（图2）。这个项目在宁波。

图 2 东钱湖坊宅 _ 十字形天井 图片来源：李柯良摄

　　这是一个以混凝土结构为主的房子。在设计房子空间和结构的时候，我们解决了三个所谓玻璃宅本体问题。与此同时，我们也在设计房子里的生活方式。因为，餐厅、厨房、卧室和浴室四个房间变成等量，大小完全一样，又都是透明的，跟平时住宅的组织方式以及生活方式当然就不太一样（图 3）。

图 3 东钱湖坊宅 _ 二层由十字空腔玻璃幕墙隔开的四间房间 图片来源：田方方摄

　　这栋房子还没有完全做完，我着急给大家看，至少还要一个多月才能完成。建成后这个房子里面可能会出现很有意思的事情，就是你在设计组织结构、空间的同时不可避免地设计组织了生活方式。这意味着住进来的人，也许会完全照着建筑师建议的方式住这个房子，也许他自己会发现新的可能性。这就是一栋有四间房间的玻璃住宅（图4）。

图4 东钱湖坊宅＿二层玻璃宅的承重墙从玻璃幕墙围合面推进来，形成有水院环绕的房间之间的过渡 图片来源：田方方摄

　　比较有意思的另一点，是像这样一个平面的设计，可能不应该叫做设计。我画这个房子是在1991年，等盖好是31年以后，但是咱们看到这张图，实际上这个平面的简图在19世纪初就存在了，这是法国建筑学教授让－尼古拉－路易·迪朗（Jean-Nicolas-Louis Durand）书里的一页。这些简图可以说都是定式，建筑师在做设计时可以在里面挑选。这就是巴黎美术学院的工作方法。

　　另一个三分的简图提供一个不同的空间结构、不同功能组织的可能性。这个房子的一边是起居室，一边是书房，底层布置相对次要空间，包括卧室、厨房等。穿过院落从居住一侧到工作一侧，在院子里会看到外面葡萄牙建筑师阿尔瓦罗·西扎（Alvaro Siza）设计的一个美术馆。这组房子一共有四个，大家看到了有十字天井到房子和三分的房子，另外两个是用不同的逻辑来构成组织形式的（图5）。

　　第三栋房子的立面伸出一个梁头。这根梁就是组织空间的建筑要素。大家看到梁上面钢筋做的扶手，人在上面走，可以看画室里面的画，总之一个艺术家可以围绕着梁创作、生活。换句话说，这个梁把空间使用或者内容组织起来了（图6）。

图 5 东钱湖坊宅 _ 从廊廊相对宅两廊之间的水院看西扎设计的美术馆 图片来源：田方方摄

图 6 东钱湖坊宅 _ 来去梁上宅中可行走的十字横梁 图片来源：田方方摄

第四个是一个有反转坡顶的房子。在室内，反转的坡顶一侧的高空间是工作空间，另一侧的夹层是居住空间。所以，大家可能明白我说的建筑的形式并不排斥形象、形体，但是它不只是一个在视觉上首先看到的元素，而是一个深层结构性的逻辑。通过给大家介绍这个项目，我也想把形式这件事情先跟大家讲一讲（图7、图8）。

图7 东钱湖坊宅_翻转屋顶宅 图片来源：田方方摄

图8 东钱湖坊宅_站在一层的开放空间可以看到屋顶与二层之间的空隙 图片来源：田方方摄

再往下讲就需要提到"内容"。我有我自己的原因选择"内容"这个字，平时在中文里说使用最多，其次是功能，这里面就有程泰宁院士说的工具理性的味道了。使用把文化的意义完全抽掉了，好像那个人只是很机械地去做一些事情，当然功能也是如此。

英文里习惯用"program"一词。这个英文词特别简单却特别难翻译，中文可能翻译成"策划""节目单"等等，其实从不同的角度来说它们表达了同样一件事情。但用"program"一词，已经有建筑师策划甚至设计使用的意思。所以，有的建筑师现在用这个词比较多，尽管我觉得在西方的建筑实践环境里面，很难真正地去策划设计使用内容。所以"内容"这个词的包容性可能会更好一些，因为它能够把生活方式或在建筑容器里面发生的一切也有所想象。

下面再给大家讲一个项目，这个设计不像上面一个那样古典。我说古典其实不是很情愿，只是上面项目的基本几何平面定式起源于古典，但是在现代建筑里也同样会出现。当你研究建筑基本性质的时候，会发现它是超越风格的，它无所谓是古代还是现代，就跟数学基本原理一样，你永远不可能去使用它或否定它，它跟时间发展的关联是出于我们不同的理解，本身并不存在一个跟风格特定的关系。

下面讲的未名美术馆，最早是为陈列画家吴大羽的作品设计的。吴大羽是第一个留法学画抽象画的中国学生。1950年代以后，他在上海家里的一个小阁楼里画画，画的画只有明信片大小，多用粉笔和蜡笔；他还写诗，他信佛，所以写了首题为《金刚》的诗。这首《金刚》，内容上却挺贴近建筑，但他讲述的方式是人在建筑中的体验，包括观察影子和形体、时间与空间之间的动态关系，然后谈到他自己作为主体的变化，以及进出光明与黑暗的矛盾经历（图9）。

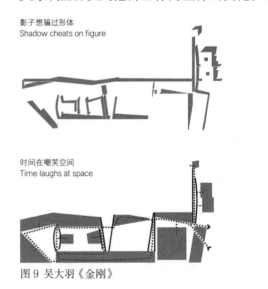
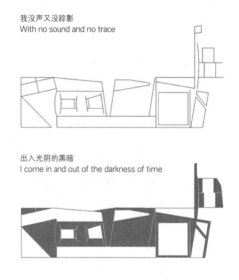

图9 吴大羽《金刚》

这首诗的结构很有意思，像古律诗，每行七个字，四行，但实际上没有平仄、没有押韵，所以是既新又古的诗。他希望诗有纪律控制，其中可能有他的道理，后来完全没有任何律的自由诗，常常也就没有了诗意，这可能是现代诗的困境。

这首诗也使我想到理解时间对建筑师是很重要的。这两张图上面是西方时间，下面是中国时间，是根据法国哲学家弗朗索瓦·朱利安（François Jullien）的论述画的。西方时间的观察者站在时间之外，时间有头有尾，是单向发展、可以均分的，这是客观地看时间，是科学的思维方式。中国空间的观察者是在时间里面，因此也是在空间里面，所以时间是不能分的，因为它是一个变化的东西。人和它的关系也不是单向的，人可以走向时间，时间也会向人涌来，这是主观地看时间。在这个两种不同时间里面，我注意到中国时间带来了设计的可能，这是我感兴趣的地方。西方的时间可以用钟表一分一秒地衡量，就跟空间可以用尺一厘米一厘米地丈量一样，体验中时间具有的弹性被抹杀了（图 10）。

在中国时间设计实践中最著名就是九曲桥。这个设计应该有形式上的考虑，但更重要的是把这个空间弯九次，走过去的时候，时间延长了，因此这个空间也感觉扩大了。通过延长时间来扩大空间是这个设计的逻辑。通过人自己的身体的感受去理解时间和空间带给这个设计不同的可能（图 11）。

图 10 未名美术馆 _ 中西时间比较：西上中下 图片来源：张永和 绘　　　　　　图 11 九曲桥

这个项目是在乌镇，是在一个老年社区里的一块狭长地带上（图 12）。我们使用从一点透视出发构建的楔形空间，它既是基本空间元素，也是形式，被用来组织整座美术馆。这个设计带来的空间效果是变化的。对于同一堵倾斜的墙，人会感觉一边的透视很强烈，另一边的透视就比较弱（图 13）。再给大家看一个楔形的院子，两个方向看有不同的体验，即刚才提到的弹性。总之，通过楔形空间，即一点透视的运用，创造了比较丰富的时空体验，这是这个项目的本质（图 14）。

这个项目大家可能相对熟悉一点，这是在湘西吉首做的一个桥上的美术馆。既然这个在老城中心的美术馆跨越河上，我们就接受桥作为建筑的组织形式，即桥的空间、桥的结构。但吉首美术馆的体验首先是城市性的，因为一个人从城里一个地方到另外一个地方，可以经过这个美术馆，就经过这座桥。当然很少有机会，对我们来说是目前为止唯一的机会，让建筑师能够参与选择盖房子的基地。我们利用这个机会使文化设施尽量地靠近其使用者，也就是市民大众。大家看到河两边的城市肌理，我们的新建筑把它们连了起来，这是它存在的又一个意义，和传统的风雨桥一样。桥底层是步行桥，采用钢桁架结构，上面是混凝土的画廊桥，两座桥之间是大展厅，河两岸皆有入口（图 15、图 16）。

图12 未名美术馆 图片来源：田方方摄

图13 未名美术馆_楔形水院（水景待施工） 图片来源：田方方摄

图14 未名美术馆_楔形水院沿河一端 图片来源：田方方摄

图15 吉首美术馆 图片来源：田方方摄

图16 吉首美术馆_透过步行桥天窗仰望大展厅 图片来源：田方方摄

现在要给大家讲的，又回到更直接地讨论使用或者说内容和形式的问题了。中国美术学院当时为良渚校区组织竞赛的时候，要求建筑师能不能把这个校区的内容即教育体系考虑在内。于是我们进行了尝试。因为是美术学院，我们把所有教学空间都想象成为工坊，因为美术学科有动手的基础。学生们的宿舍就在工坊楼上，居学一体，最方便学生在任何时间下来工作，在任何时间回去打盹也没有问题；还有所有宿舍里面都有兴趣社。这些点都遵循了"生活即教育"，即陶行知先生从美国约翰·杜威（John Dewey）教授学来的一种教育理论（图17）。

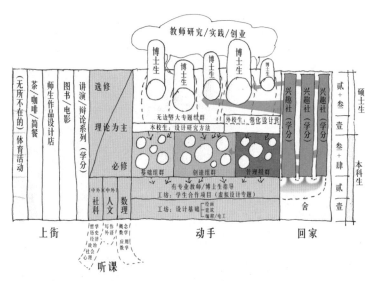

图 17 中国美术学院良渚校区 _ 非常建筑设计的教育体系 图片来源：FCJZ

　　然后，这套体系和学院设计一起提交给学校。在我们的设计赢得竞赛之后，我并没有想到学校在很大程度上真的就按照我们的提议去管理这个校区。我们还提出取消学院和系，后来校方在良渚也没有设系。从总平面上可以看出所有的工坊是完全联系在一起的，工坊上面有一间间宿舍。带拱顶的工坊均有大面积的北向采光。实际上这个项目就成为作为建筑师的我们跟作为使用者的学生和老师的一个对话。这个巨大的模型，是同学们进校后的必修课之一，就是想象自己如何在这座校园生活（图 18、图 19）。

图 18 中国美术学院良渚校区 _ 鸟瞰 图片来源：田方方摄

图 19 中国美术学院良渚校区 _ 工坊出挑的拱顶 图片来源：吴清山摄

现在良渚校区使用的情况符合我们的预期，也超出我们的想象。学生们在宿舍里滑板，也在立面上投影，把我们完成的建筑还原成建筑线图（图20）。我们建议的兴趣社，现在已经有 12 个，这是第一个弓社（图 21 左）；这是又一个兴趣社（图 21 右），学生们就在工坊里面打羽毛球。学生们在工坊里上比较传统的课程，也在工坊里边研究设计、边做非正式的展览，在学习的过程中开始与我们的空间有一个对话；学期末则在工坊里举行比较正式的展览；在工坊里还有食堂，晚上可以在食堂里看戏、看电影。学生们的工作状态也从工坊蔓延到宿舍底层。同时工坊边上又成为休闲和生活空间，居和学已经出现了很好的融合。因为宿舍就在工坊楼上，每天早晨中国美术学院第一堂课是 8：30，现在大多数学生起床的时间是 8：15，所以我们的设计意想不到地帮助同学们养成爱睡懒觉的习惯。整个良渚校园 2023 年完工。

图 20 中国美术学院良渚校区 _ 工坊内的学生展览 图片来源：李诗琪摄

图 21 中国美术学院良渚校区 _ 校园内的学生生活 图片来源：李诗琪摄

　　我一开始讲了用一个简单定式组织空间、结构和使用方式。最后这个房子，我觉得，可以说明这个貌似严谨的体系其实有很多可能性，有点儿像吴大羽先生的诗，结构体系是清晰的、完善的，空间体系是自由的，实际上是借古典最清晰的一个组织方式结合现代的灵活内容，使用是开放的。目前这座建筑的名字叫做师生活动中心，我还没弄清他们到底想如何用。

　　我就讲到这里，谢谢大家！

两个红房子——传统建筑原型的当代诠释

Two Red Houses — Contemporary Reinterpretation of Traditional Chinese Architectural Prototypes

刘 家 琨 [1]

LIU Jiakun

摘要：2022 年 9 月 17 日，笔者以线上的形式在当代中国建筑文化学术体系建构论坛上做了演讲。演讲以"两个红房子"为题，介绍家琨建筑近年完成的两个项目。

在文里·松阳三庙文化交流中心改造项目中，设计对街区中现存不同年代的建筑和环境要素进行细致保护，力图呈现完整连续的历史断层。通过修整场地，植入新系统——一个蜿蜒连续的深红色耐候钢廊道。廊道低平如"展台"，衬托作为"展品"的保留建筑。不同宽度中，窄处为廊，串联保留老建筑；宽处为房，容纳新增当代业态。整个街区转型为泛博物馆，既展示建筑遗存，又植入当下生活的园林式街区。

二郎镇天宝洞区域改造项目中，建筑师选取中国古典建筑中的"亭、台、楼、阁"为基本原型，运用当代手法，表达传统意蕴。建筑基本功能区采用清水混凝土和本地石材浇筑砌叠，形成基座，融入山川地貌。橙红色耐候钢架构悬挑于基座之上，轻盈飞扬，传达出栖居于山水的东方古典想象。建筑群落交织了沉积与飘然两种性格，既融入场地，又跳出山水。

Synopsis：On September 17, 2022, the author gave a lecture online in the Forum of the Construction of the Academic System of Contemporary Chinese Architecture Culture. The lecture, titled "Two Red Houses", introduced two projects completed by Jiakun Architects in recent years.

The design of Wenli, Songyang three-temple Cultural Communication Center aims to present a complete and continuous "historical stratum" through the careful protection of existing buildings and environment from different eras in the neighborhood. After

1 刘家琨，家琨建筑设计事务所；Info@jiakun.com。

grooming the site, the architect implanted a renewal system—a winding continuous covered veranda of deep red weather-resistant steel. The height of the newly built veranda is slightly lower than the cornice of preserved existing buildings, as the "booth" serving as a foil to the "exhibit". With different breadths, the narrower sections act as hallways connecting preserved buildings while the wider ones turn into rooms accommodating new business. The whole architectural complex is transformed into a pan-museum that not only shows the architectural remains but also implants garden style blocks into current life.

As for the project named the Renovation of Tianbao Cave District in Erlang Town，the architect extracted the classic image of a "Ting, Tai, Lou, Ge" from classical Chinese architecture as the prototype, utilizing the contemporary technique to express traditional connotation. The fair-faced concrete and the local stone are piled up，forming the bed of the basic functional area, and integrating into the landscapes. The orange-red weathering steel framework is cantilevered over the bed，lightly floating in the sky, which conveys the oriental classical imagination dwelling in nature. The overall design is interwoven into two characteristics, sediment and floating, integrating into the mountain and tripping in the landscape.

关键词：当代公共园林；亭台楼阁
Key Words：contemporary public garden; Ting, Tai, Lou, Ge

2022 年 9 月 17 日，笔者以线上的形式在当代中国建筑文化学术体系建构论坛上做了演讲，在演讲中介绍了家琨建筑近年来完成的两个项目。"两个红房子"中的"两个"房子，之所以被并列在一起，不仅仅因为它们几乎是同一时期的设计，也因为它们在探讨同样的主题：传统继承和当代转译；而红房子中的"红"，指它们所使用的相同材料——红色耐候钢。

一、文里松阳街区保护与更新

文里松阳街区保护与更新项目地处浙西南山区腹地的浙江省丽水市松阳县，具体地点位于松阳县老城内的三庙街区。这个街区里分布着大大小小十多种不同时期、不同历史价值和不同保护现状的建筑，包括始建于唐代的文庙（清代遗存），始建于宋代的城隍庙（清代遗存），建于 1950 年代的区委办公楼，建于 1960 年代的粮仓，建于 1970 年代的水塔、电视台和牌坊，建于 1980 年代的银行，建于 1990 年代的幼儿园和社区办公室……历史上，文庙城隍庙街区既是松阳文化底蕴最为丰富的区块，也在松阳人的精神生活和日常生活中占据了无可替代的中心位置。但近数十年来，在中国经济与社会变革的大潮中，这一曾经的精神文化中心日渐衰落，面临环境杂乱、业态凋敝、缺乏活力的状况（图 1）。

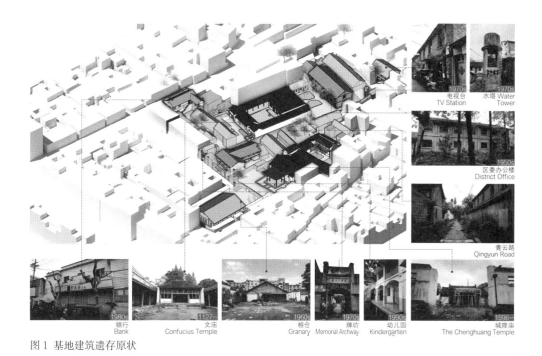

图1 基地建筑遗存原状

　　来自不同年代的建筑与环境要素是蔚为珍贵的时间痕迹，它们记录并形塑着老城中心的功能演变与生活情景。如何处理新与旧的关系，令昔日的精神文化中心重新链接当代生活，成为设计重点。面对混杂的旧城现状，设计首先确立了一种面对历史遗存的态度——不是刻意地凸显某些时间点的样态，而是将其看做一种连续的"时间流"，并在设计中力图呈现出完整连续的历史断层（图2）。

图2 临街入口，打通与周边社区连通的巷道"孔隙"

　　在具体策略上，设计对所有留存建筑进行了细致梳理和评估分级，并分别制定不同的保护利用策略，以保护连续的"历史断层"。两庙作为省级文物保护单位已做修缮，须严格保护。对于其他近现代建筑，综合结构安全性、空间可用性、风貌协调性等多项指标进行评估，对于适宜保留的建筑均进行了修缮保护和改造利用，包括计划经济时期、改革开放初期等时期的建筑均有所留存。对于评估后保留利用价值不大的建筑，尤其是很多近些年居民违规私自搭建的临时性构筑物，对其进行疏解拆除，以疏解并恢复原本通达的室外空间，打通与周边社区连通的巷道"孔隙"（图3、图4）。

图3 植入更新系统——个蜿蜒连续的深红色耐候钢廊道

图4 廊道里的活动

　　建筑师在梳理后的基地内植入更新系统——一个蜿蜒连续的深红色耐候钢廊道。耐候钢具有鲜明的现代感，而它的深红色与沧桑感也和两庙的传统红色木构形成了呼应。廊道采用的全预制钢结构具有场地扰动小、施工快捷、可回收、对周边居民干扰小的优点。建筑屋面采用深灰色砾石面层，既带有传统园林意蕴，又与本地历史文脉相协调。建筑内部地面铺装采用当地出产的一种特有石材——松洲石，既价廉易得，又与当地传统民居产生了关联。在人能频繁接触到的一些近人尺度采用质感温润的竹钢材料（图5、图6）。

图 5 廊道遇树开洞

图 6 廊道中的活动

廊道对于现状树木和保留遗存进行了审慎退让。窄处为廊，串联保留老建筑；宽处为房，容纳新增业态。整体营造出一个既公共开放又富于传统情致的当代园林。廊道在疏解后的街区中蜿蜒穿梭，有如"泥鳅钻豆腐"：疏解后的老街区"厚"而"松"，作为基质；新介入的廊道蜿蜒灵动，打通联系，并在临街界面探出触角（图7）。

图7 窄处为廊，串联保留老建筑；宽处为房，容纳新增业态

松阳所在的浙西南山区属于夏热冬冷地区。针对所在地的气候特征，建筑主体结构和主要外围护结构采用钢、竹、玻璃等可降解、可循环材料。廊道整体为一层，高度低于老建筑檐口，如低平的"展台"衬托作为"展品"的保留建筑。新旧并存，原真表达。植入的新系统作为结构整体"轻落"在场地上，如船浮于水面，避免深基础对于场地的破坏。浅基础压重，利于廊道稳定；采用钢结构，减轻自重。

延续两庙街区原有的庙堂文化和市井文化脉络，植入书店、咖啡、美术馆、非遗工坊、民宿等业态，为周边社区乃至整个松阳提供一个公共的文化交流活动场所。以开放之姿拥抱周边社区，带动了整体旧城的发展。街区尽可能打通各个方向，疏通了大小形态各异的6个开口，以连接周边社区，增加人流量，活跃商业气氛。处处开放通达也是在设计和运营中最为强调的内容。文庙与城隍庙以青云路为轴，这使得松阳的文化性格得到了概括性的对称显形。文庙偏静，代表府学庙堂文化，成为各种教育、论坛等活动的理想举办场所。城隍庙偏动，成为传统社会中市井文化的中心。当地居民们自发地恢复了拜月仪式等失落的民间节庆习俗，也在此自然地展开了一些现代的文化活动（图8—图11）。

图 8 俯瞰童书苑

图 9 童书苑

图 10 原区委大楼改造的精品酒店

图11 从入口处远眺接待厅

传统空间格局和生活方式得到保留，也在此孕育出新的文化生活。在新旧界面的交互间，次第展开生活长卷，重聚老城人气。整个街区转型为展示绵延百年历史的建筑遗存与动态文化生活的泛博物馆，以开放之姿拥抱周边社区，再度成为松阳的精神中心。

二、二郎镇天宝洞区域改造

二郎镇天宝洞区域改造项目位于泸州古蔺县的二郎镇，基地选址在天宝峰的峭壁中段，南面倚山，北临赤水河。基地内地形高差起伏大，空间层次丰富，最高处人和洞与道路的竖直高差达 100 m。峭壁上贮藏郎酒的天宝洞、地宝洞以及人和洞，是全球最大的天然藏酒洞群（图 12）。

图 12 二郎镇天宝洞区域改造项目全景

根据基地独特的山川地貌，设计选取中国古典建筑中的"亭、台、楼、阁"为基本原型，利用现代的材料和建构方式，对中国传统建筑原型进行转译，将古典与现代融合。亭、台、楼、阁，可望可游，传达了一种栖居于山水之间的东方人居环境理想。

项目的可建设场地为原废弃的厂房、宿舍和办公楼等建筑拆除后形成的零散用地。设计利用既有场地，采用文学叙事的组织方式，将散落山间的单体连点成线，形成连续的空间剧情；游览线路注重节奏安排，通过空间的明暗、开合、隐现，起承转合，张弛有度，使游客获得丰富的参观体验。

入口花架是整个建筑群的开篇，用重组竹与钢建构出 60 m 长的绿植隧道，繁密的节点不断重复，强调了空间的纵深感。选用喜阳的爬藤植物三角梅作为花架的垂直绿化植物，带来婆娑树影，掩映竹构架。

沿隧道前行，到达第一栋建筑：接待厅。接待厅分为上下两部分，上部耐候钢观景平台悬挑于基座之上，向西向北水平延伸，突破山势（图 13）。下部基座室内使用混凝土拱顶强化空间的洞穴感，并在主要视线方向设置 17 m 长的水平长窗，游客可在此观赏远山的起伏（图 14）。

经过林间栈道，到达第二栋建筑：诗酒院（图 15）。诗酒院基地原为厂区的篮球场，临河一侧树木苍劲多姿。设计沿用原本地形条件，用三边挑廊与树木共同围合院落中央的无边水池。诗酒院用于展示关于酒的名言名句，挑廊、诗句、水池、树影，共同营造静谧而有诗意的氛围。

图 13 接待厅上部耐候钢观景平台悬挑于基座之上

图 14 透过基座室内 17 m 长窗，欣赏远山风景

图 15 诗酒院

离开诗酒院，沿林间栈道到达树院（图16）. 树院空间低矮，屋面悬浮，遇树开洞，形成光斑。四周墙面为制酒场景的全景投影。从树院下行，到达酒阵展厅。展厅两侧设置了通高的镜面展示架，顶棚与地面也设置了镜面，借助其反射四周场景，在有限的室内空间内呈现无限空间的效果。

图16 树院

基地中体量最大、等级最高的建筑是勾调体验区（图17）和品酒阁（图18）。建筑基座部分用做勾调体验区，室内一道道混凝土拱梁下散落着分散的勾调体验间。基座上架起凌空悬挑的品酒阁，室内四周以玻璃环绕，室外挑出无边界水池。品酒阁屋面悬挑，轻盈飞扬，极薄的挑檐四边在平面上有内凹曲度，远观时仿佛起翘的屋面，用现代的方式呼应古典意象。

图17 勾调体验区

图18 品酒阁

　　结合场地山体地貌，在品酒阁东侧设计了屋顶阶梯花园（图19）。游人沿层叠的阶梯在樱花之间穿行，步移景异。屋顶花园采用砾石植草格地面，砾石用六边形植草格固定，防止铺装不均匀的同时更方便行走。

图19 品酒阁屋顶阶梯花园

　　栈道和廊桥在丛林中蜿蜒，是整个叙事系统中的线性元素，串联起不同的功能空间，并在曲折升高的过程中不断变化与场地及树木的关系，带领游客来到藏酒洞的峭壁下。原本步行的上山路陡峭难行，因此设计了倚山而立的斜行电梯，连接下部建筑群和峭壁上的山崖餐厅与藏酒洞群。斜行电梯倚山就势，竖向高差达 85 m，以 70° 的斜角嵌入崖壁，气势非凡，成为园区内的地标性构筑物（图 20）。

图 20 斜行电梯

　　建筑基本功能区采用清水混凝土和本地石材浇筑砌叠，形成基座，融入山川地貌。橙红色耐候钢架构悬挑于基座之上，亭、台、楼、阁，轻盈飞扬，传达出栖居于山水的东方古典想象。建筑群落交织了沉积与飘然两种性格，既融入场地，又跳出山水（图 21）。

图 21 亭、台、楼、阁，轻盈飞扬

　　以上两个项目，虽然分别处于迥然不同的两个地区，有着差异较大的具体环境和功能诉求，但都探讨了家琨建筑一以贯之的关注主题：传统意蕴的当代转译。这两座建筑使用的结构、材料和工法都是当代的，却带给人们关于传统建筑的联想。这里并没有传统建筑的符号，正如意大利建筑师卡洛·斯卡帕所言："过去的重要性并不在于最终结果，而在于那些你需要在建筑中去处理的主题。"

体育与生态共生的山林场馆——
北京冬奥会延庆赛区及其场馆规划和设计研究与实践

Sports and Ecological Coexistence in Mountain Forest Venues — Research and Practice on the Planning and Design of the Yanqing Competition Area and its Venues for the Beijing Winter Olympics

李 兴 钢 [1]

LI Xinggang

摘要：北京冬奥会三大赛区之一的延庆赛区拥有国家高山滑雪中心、国家雪车雪橇中心等竞赛场馆，延庆冬奥村、山地新闻中心等非竞赛场馆，以及西大庄科村等基础设施。延庆赛区及其场馆的规划和设计建造秉承"山林场馆，生态冬奥"的核心理念，不仅应对了顶级雪上竞赛场馆的技术挑战、复杂地形和气候的环境挑战、赛后长效利用的经济社会可持续性挑战、冬奥会高标准要求和传播中国形象的文化挑战，而且开创了"以场馆带规划""以设计带需求""以科研带工程"的创新工作模式，历史性地圆满完成了赛区工程设计建造任务，还最终将赛区"绘造"成一幅超大型实地山水图卷，在人工与自然、传统与当代、消隐与彰显、功用与景观之间取得微妙的平衡，营造人工与自然之间共生与互成的空间与情境。

Synopsis：As one of the three Beijing Winter Olympic core zones, Yanqing competition area possesses competition venues of the National Alpine Ski Centre, the National Snowmobile and Sled Centre, and non-competition venues of the Yanqing Winter Olympic Village, the Mountain Media Centre, and the infrastructures of Xidazhuangke Village. Following the core design concept of "mountain forest venues, ecological winter Olympics", the planning and design of Yanqing competition area not only meet the technical challenge by top-level venues on ice and snow, the environmental challenge by complicated terrain and climate, the sustainable economic and social challenge by long-term venue utilization after game, the cultural challenge by the high standard requirements for the Winter Olympics and communication of China, but also create an innovative working model of planning motivated by venues, designing due to demands, scientific researching by engineering, and have successfully accomplished the design and construction tasks of the Yanqing competition area

1 李兴钢，中国工程院，中国建筑设计研究院；lixg@cadg.cn。

and as a result drew a giant realistic landscape painting, creating a balance between artificiality and nature, tradition and contemporary, concealing and outstanding, function and scenery, and at the same time creating a mutualistic symbiosis and mutual achievements between artificiality and nature.

关键词：北京冬奥会；延庆赛区；场馆规划、设计和建造；山林场馆，生态冬奥；人工与自然
Key Words：Beijing Winter Olympics; Yanqing competition zone; venue planning, design and construction; mountain forest venue, ecological winter Olympics; artificiality and nature

北京冬奥会分为三个赛区，分别是北京赛区、张家口赛区和延庆赛区（图1），延庆赛区承担高山滑雪、雪车、雪橇项目。北京冬奥会不仅是全世界范围的体育盛会，更成为中国国家战略的一部分。北京冬奥会场馆的建设应秉持以下原则：确保高质量筹办北京冬奥会；保护生态环境、严格落实节能环保标准；牵引京津冀协同发展，推动大众冰雪运动；体现中国元素和当地特点，让现代建筑与自然山水、历史文化交相辉映。

一、延庆赛区概况及挑战

延庆赛区核心区位于小海坨山南麓，地形复杂、山石陡峭、山高林密，将建设国家高山滑雪中心、国家雪车雪橇中心两个竞赛场馆和延庆冬奥村、山地新闻中心两个非竞赛场馆。延庆赛区有着冬奥会历史上最难设计的赛道、最

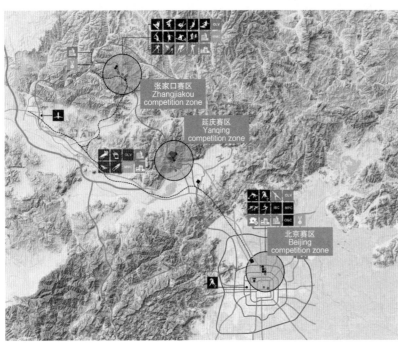

图 1 北京冬奥会赛区区位图

图 2 自西南向东北俯瞰延庆赛区 图片来源：孙海霆摄

为复杂的场馆，因此成为最具有挑战性的冬奥赛区（图2）。延庆赛区及其场馆的规划和设计面临四大挑战：赛区两个顶级雪上竞赛场馆的设计和建设、运行零经验和高难度、高复杂度的技术挑战；生态敏感、地形复杂、气候严苛带来的规划、设计、建设、运行的环境挑战；冬奥场馆赛后长效利用和场馆建设运营兼顾山村改造及产业转型的经济社会可持续性挑战（图3）；冬奥会高标准赛事要求和向世界讲好中国故事、树立传播当代中国形象的文化挑战。

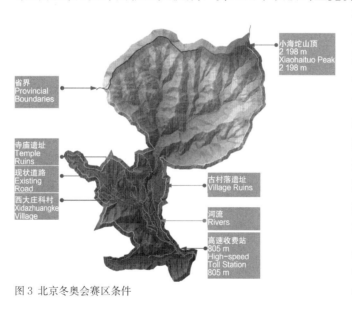

图 3 北京冬奥会赛区条件

二、核心理念、工作模式与科研成果

延庆赛区的核心规划设计理念是"山林场馆，生态冬奥"。建设全程开创了"以场馆带规划""以设计带需求""以科研带工程"的创新工作模式，解决了复杂山地场馆的非标准模式和未知条件下的场馆工程建设难题。包括：

1）创建了冬奥会级别高山滑雪场馆和雪车雪橇赛道及场馆设计、建造、运行的成套创新技术体系，在世界范围内开创了山体南坡建设雪车雪橇赛道的先例。2）创建了冬奥会雪上体育运动与生态环境共生的"山林场馆"创新技术体系，打造了地质脆弱、生态敏感、场馆集约等建设条件下的生态冬奥会工程范例。3）以全生命周期视野、全过程低碳管控、全场馆绿色技术，打造了复杂山地条件下冬奥会雪上场馆设计、建造、运行的绿色低碳标杆。4）研发了适用于复杂山地地形和地质条件、复杂场馆建设和运行工况条件下的成套数字化技术手段和智慧平台（图 4）。

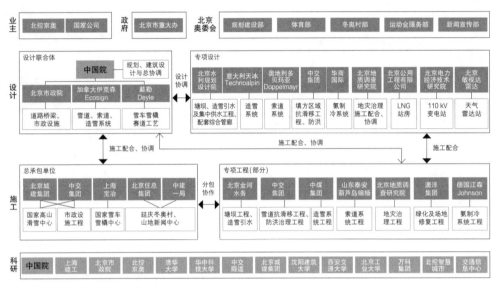

图 4 延庆赛区场馆建设工作关系框架

三、总体布局与可持续设计

延庆赛区的总体分为北、南两区：以 2 198 m 高程的小海坨山顶为起始，向下经 1 554 m（中间平台）、1 479 m（竞技结束区）、1 278 m（竞速结束区）及 1 254 m（高山集散广场），沿山谷至约 1 050 m（塘坝）及 1 041 m（A 索道中站）为北区，主要建设国家高山滑雪中心；由 1 050 m 高程沿山谷向下经 1 017 m（雪车雪橇出发区）、913—962 m（冬奥村）、900 m（塘坝及隧道、西大庄科村）、907 m（山地新闻中心），再沿山谷至 816 m（延崇高速入口）为南区，主要建设国家雪车雪橇中心、延庆冬奥村、山地新闻中心、西大庄科冰雪文化村等。

各功能区由延庆赛区连接线和园区 1—6 号路联系起来，并串联安检广场、山下交通枢纽和高山集散广场；山地索道系统由 11 段索道构成，由南区冬奥村西侧的山下索道站连接到北区高山集散广场、中间平台和各赛道及训练雪道出发区、结束区；各功能区分布停车设施，两处直升机停机坪用于保障赛区应急救援等需求（图 5）。延庆赛区是北京冬奥会最具场地、体育、生态挑战性的赛区，首次在建筑行业设立了可持续设计专业，在生态、环境、能源、水资源和零排放、建筑可持续、监管平台，以及遗产保护与赛后利用等方面，在保护、建设、恢复过程中，明确可持续性设计的具体内容（3个类别/8个方向/23个要点/59个子项，共59个可持续措施），确定赛区所要达到的工程建设标准和工程建设内容，并以此为依据获得了可持续专项工程投资，开创性实现了可持续工程化（图6、表1）。

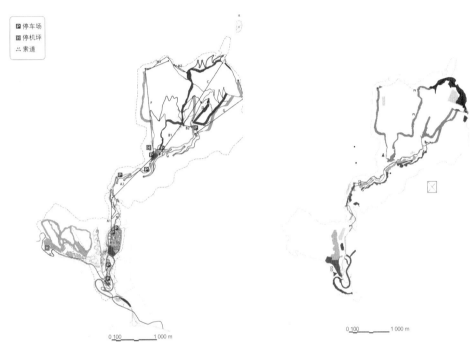

图5 延庆赛区交通系统

图6 可持续专业系统保护和修复工程设计

表1 延庆赛区可持续设计方向、要点及子项

3个类别	8个方向	23个要点	59个子项
1环境可持续	1生态保护和修复工程	1自然生态系统保护	1减少工程占地；2避让生态脆弱区域、敏感区；3避让古树名木；4避让保护物种；5避让天然林地；6避让重要栖息地；7避让土壤侵蚀敏感区；8避让泉眼；9保护自然溪流；10表土资源保护和利用；11土石方平衡和综合利用；12管控场馆运行中噪声；13生态标识
		2生物多样性保护	14植物就地保护（保护小区）；15亚高山草甸；16植物迁地；17砍伐树木利用；18水生生物；19野生动物；20避免外来物种入侵
		3生态恢复修复工程	21场馆临近区域森林生态系统；22山体边坡；23赛道植被
	2环境保护和治理工程	4水环境	24景观水体；25污水处理系统；26水污染防控
		5大气和室内空气	27减少向大气排放的污染物；28保障室内空气品质；29打蜡房室内通风；30特殊部位恶臭气体管理
		6声环境	31管理音响噪声；32建筑减噪和隔声
		7固体废物	33减量；34收集贮存中转系统；35危废暂存
		8光	36控制建筑玻璃幕墙用量；37照明管理
	3能源利用工程	9清洁能源	38供暖；39交通配套设施；40照明
		10可再生能源	—
	4水资源综合利用和零排放工程	11区域分质供水	41非传统水源供水
		12区域节水	42分质排水；43雨洪利用；44再生水回用
		13赛区造雪水管理	45集水池；46造雪设备

续表

3 个类别	8 个方向	23 个要点	59 个子项
1 环境可持续	5 场馆可持续工程	14 绿色建筑	47 认证
		15 节能	48 被动式建筑；49 电器设备节能；50 智能控制
		16 节水	51 卫生器具节水
		17 节材	52 结构体系；53 结构优化
		18 建材	54 绿色建材；55 减碳；56 涂料和胶黏剂
		19 赛道遮阳系统	57 TWPS 气候系统
	6 监管平台	20 能源监控中心	—
		21 运行消耗和碳排放管理	—
2 经济可持续	7 奥运遗产赛后利用	22 文物民俗	—
		23 赛后利用	58 场馆、设施赛后利用
3 社会可持续	8 村民安置与生活方式转换提升	—	59 生态监测样地

四、竞赛场馆

国家高山滑雪中心又被称为"雪飞燕"，其符合冬奥会标准建造的高山滑雪场馆填补了国内的空白。国家高山滑雪中心位于小海坨山南侧高海拔区域，总用地面积约 432.4 hm²，建筑面积约 3 万 m²，高程分布自 1 041 m 至 2 198 m，赛道拥有近 900 m 落差，近 3 km 坡面长度，创造山脊、山林、山槽、山湾、跳跃、狭谷等各种环境差异并存的赛道（图 7、图 8）。服务于高山滑雪赛事的雪道系统和配套服务设施较为复杂，主要建设内容包括 3 条竞赛雪道和 4 条训练雪道及 1 条利用施工道路改造而成的沿山谷滑行下山长达约 4.5 km 的回村雪道，以珠链式布局散落在狭长险峻的山谷中的山顶出发区（图 9、图 10）的高山集散广场（含媒体转播区，图 11、图 12）、竞速结束区（图 13、图 14）、竞技结束区、中间平台等各主要功能区，以及山体工程、索道系统、造雪系统、技术道路和车行道路系统。高山滑雪场馆设计的重要特点是在架空平台系统上建立场馆设施：弱介入、可逆式、装配化（图 15）的高山集散、媒体转播、各结束区等主要功能区，采取依山就势、顺应地形等高线的板片式布局，由预制装配式结构架设成为不同高度的错落平台，形成人工的台地系统，穿插叠落于山谷之中，弱化建筑形象，与山地环境相得益彰。国家高山滑雪中心的建设过程中还采用了"表土剥离"等具有突出特色的山地生态修复技术（图 16）。

国家雪车雪橇中心又被称做"雪游龙"，宛如一条游龙，飞腾于山谷西侧的山脊之上，符合冬奥会标准建造的雪车雪橇场馆不仅填补了国内的空白，该赛道也成为亚洲第 3 条、世界第 17 条冬奥会标准雪车雪橇赛道。国家雪车雪橇中心位于延庆赛区南区中部的一块北高南低的山脊坡地，总用地面积约 18.69 hm²，建筑面积约 5.26 万 m²，高程分布自 896 m 至 1 017 m，赛道垂直落差 121 m。赛道长度为 1 975 m，设置 16 个弯道（其中，第 11 弯道为回旋弯，

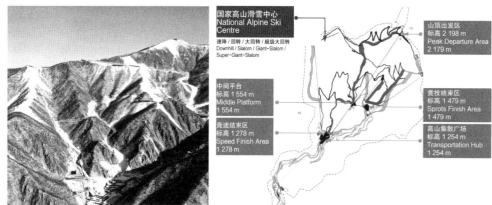

图 7 自南向北俯瞰延庆赛区北区 图片来源：北京城建集团摄　图 8 国家高山滑雪中心总平面图

图 9 山顶出发区鸟瞰 图片来源：马文晓摄

图 10 山顶出发区雪季远景

图 11 高山集散广场 图片来源：孙海霆

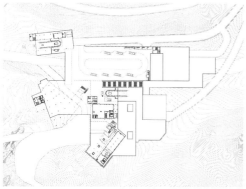

图 12 高山集散广场平台平面图

图 13 竞技结束区 图片来源：孙海霆

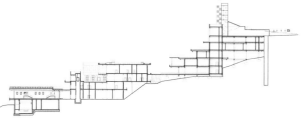

图 14 高山集散广场及竞速结束区剖面图

图 15 可逆式多层平台装配化结构体系　　　　图 16 表土剥离与利用

图 17），最高速度 135 km/h，最大加速度 4.9 g。赛道设置 5 个出发区，其中 1 个为大众体验使用。赛道制冷采用环保节能效果最好的氨制冷系统。国家雪车雪橇中心的主要建设内容包括赛道、出发区、结束区、运行与后勤综合区、出发训练道（冰屋）及团队车库、制冷机房等。赛道的设计决定了场馆的形态和格局，及场馆是否具有突出的标志性特征（图 18、图 19）。雪车雪橇场馆设计的重要特点是研发并应用了地形气候保护系统（terrain weather protection system, TWPS），应对南向狭窄山脊场地所带来的赛道气候保护难题，使"南坡变北坡"，其设计理念、技术实施路径、遮阳系统的生成与设计、钢木组合结构、屋面系统等专门技术及成果都达到了世界领先水平（图 20—图 24）。雪车雪橇场馆还利用单边超大悬挑装配式钢木组合结构的配重要求设计了一个屋顶景观步道，步道不断随下方赛道转换方向，形成一个独特的景观游览系统，与周围山形水势"对话"（图 25）。

图 17 俯瞰雪车雪橇赛道回旋弯　图片来源：孙海霆摄

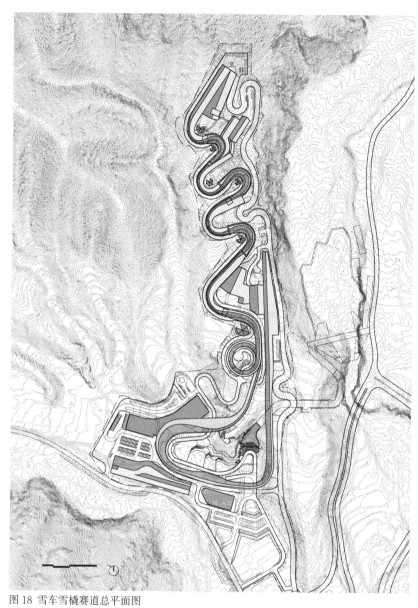

图 18 雪车雪橇赛道总平面图

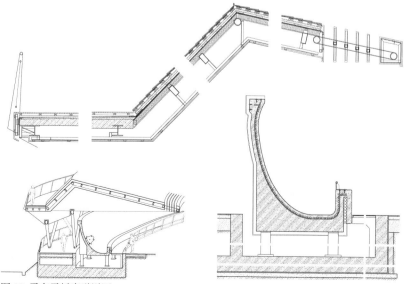

图 19 雪车雪橇赛道详图

图 22 摄影平台

图 23 遮阳保温帘

图 24 遮阳棚

图 20 地形气候保护系统

图 21 钢木梁组合模型

图 25 俯瞰国家雪车雪橇中心 图片来源：杨耀均摄

五、非竞赛场馆

延庆冬奥村是北京冬奥会三个冬奥村之一。分散布局、半开放庭院式的"冬奥山村"掩映于林木之间，顺应地势叠落，其居住环境极具中国山水文化特征（图 26—图 29）。延庆冬奥村位于延庆赛区南区中间河谷东部海坨山脚自然形成的冲积平原台地，总用地面积约 11.2 hm²，地上建筑面积约 9.1 万 m²，高程分布自 906 m 至 972 m，紧邻赛区安检广场和山下索道站，东西向高差约 30 m，南北向高差约 66 m，平均坡度约 10%，自然山林遍布，场地中间有一处原小庄科村村落遗迹。延庆冬奥村的建设内容包括居住区、国际区和运营区，提供运动员及随队官员 1 430 个床位（不含另设的 1 个预留居住组团）。延庆冬奥村的主要特色表现在以下 3 个方面：一是分散式山村布局和暖廊系统；二是村落遗址的修缮与利用；三是现状树木的保护和利用。延庆冬奥村采用山地村落的分散式、半开放院落格局，建筑、广场自南向北顺地势叠落，逐渐消解地形高差，整个"冬奥山村"的层层坡顶、平台和庭院，与周围山形水系形成"对话"；暖廊系统利用地下及地上室内连廊连通所有居住组团和公共组团，是适应全天候的室内无障碍通道；小庄科村村落遗址得到修缮，并与绿化景观水系设计相结合，成为冬奥村独特的核心公共空间；通过测绘和现场考察，为场地内 382 棵树编制档案，对现状树木按树径坐标定位并进行分类与保护，建筑组团和庭院的布置尽量避让现有树木，使得广场、步道和建筑分布掩映于山林地貌之中（图 30）。

图 26 俯瞰延庆冬奥村

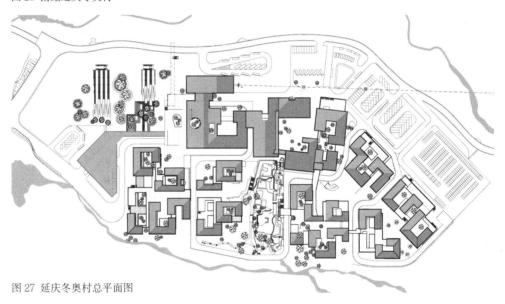

图 27 延庆冬奥村总平面图

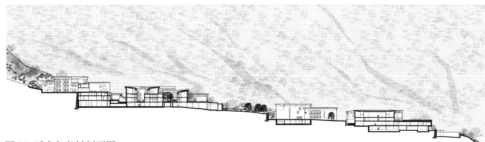

图 28 延庆冬奥村剖面图

图 29 延庆冬奥村立面图

图 30 安检广场和保留的植物 图片来源：李锦摄

　　山地新闻中心被称为"雪之眼"，是一栋 80% 体量埋藏于山体之内的覆土建筑。山地新闻中心位于延庆赛区南区中部、国家雪车雪橇中心东南侧一个相对独立的小山峰内，地形由北向南延伸，南北高差 30 m，沿台地走势依次展开，以中心的入口广场、门厅及休息厅为核心，向南北两翼延伸，包括门厅、咨询服务、快餐零售、后勤服务、新闻大厅、展示中心、多功能厅、休息区、办公区等功能空间（图 31—图 34）。依据原有山地北高南低的走势，建筑北部掩藏于山体地貌之下，仅外露出主要大空间的屋顶天窗，南端展露出层层退台，并形成景观步道和景观平台依次相连的山顶景观系统。建筑西侧设置半下沉式"大眼睛"形状的入口广场，通过门廊等人工界面整合重塑西侧的场地边界，并与周边山体自然衔接。山地新闻中心的设计特色是打造成为近零碳示范建筑，其"节流"措施包括采用种植屋面的覆土建筑和被动式建筑节能技术等降低建筑运行能耗，其"开源"措施包括结合大空间天窗设计屋顶光伏一体化系统等。

图 31 俯瞰山地新闻中心

图 32 山地新闻中心屋顶

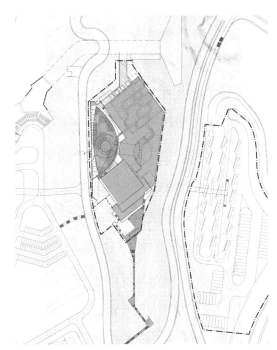

图 33 山地新闻中心平面图

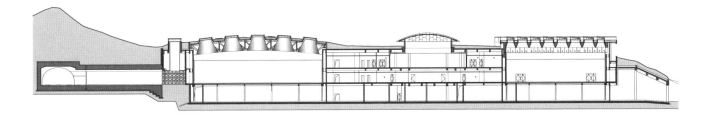

图 34 山地新闻中心剖面图

六、配套设施

西大庄科村改造开创并实践了冬奥会模式下既有山村改造与大型赛事及赛后服务功能结合的社会可持续发展模式,是"共享办奥"的典范。西大庄科村位于延庆赛区南区西部、紧邻国家雪车雪橇中心,总用地面积约 2.45 hm^2,东西狭长,高程分布自 910 m 至 945 m,四周山体环抱,南侧为河谷水道,地势为西高东低的台地地形,高差 35 m,现有农户 34 户,是一个静谧的北方山村。西大庄科存改造完整保留了原有的村宅格局,并对其进行修缮、改造、提升,在全部村民妥善就地安置的基础上,进行适当的冰雪产业配套建设(主题酒吧、冰雪餐厅、特色民宿、雪具商店、零售商街、四季雪道、游客服务等),与西、北两侧规划的大众雪场实现共享共赢。西大庄科村改造的特色是在保持并延续原有的山村格局、肌理和风貌的基础上进行修缮和提升,通过不同的建筑和景观设计为原有村宅、安置居住及配套产业注入现代活力,全部村民妥善就地安置,原有住宅赛时为冬奥服务,赛后转换为冰雪产业(运动、养生、休闲、冰雪)配套

图 35 西大庄科村内街人视图

设施,实现四季运营、产业兴村及"社会可持续"的目标,提升了村民的获得感和幸福感(图 35)。

七、基础设施

延庆赛区的基础设施包括交通运输、供水排水、能源供应、邮电通信、环保环卫五大系统。对于基础设施系统节点的基础设施建筑——一/二级输水造雪泵站,110 kV 变电站,900 m 及 1 050 m 塘坝、输水泵站和管理用房,缆车站,气象雷达站,综合管理监控中心,LNG 站房,垃圾收集站,污水处理站等,都分别进行了精心慎重的选址和设计,采用针对性的策略和设计方式,使其适宜于所在的不同山地环境;在充分满足功能工艺需求的基础上,增强其公共性和景观性,并力图从尺度、结构、形态、材料等方面,探讨生产/工业/工艺和生活/管理/景观这两种既有差异性又有关联性的建筑类型表达,使其建筑和景观成为"山林场馆,生态冬奥"不可或缺的组成部分和积极角色,成为一种与城市空间环境形成差异的独具"山林"特色的基础设施(图 36—图 42)。

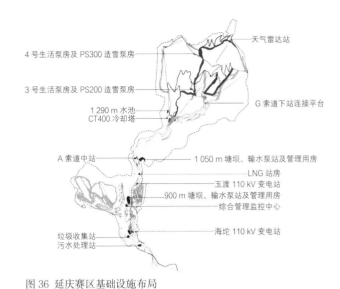

图 36 延庆赛区基础设施布局

图 37 一级输水造雪泵站

图 38 二级输水造雪泵站 图片来源：孙海霆摄

图 39 海坨 110 kV 变电站

图 40 污水处理站

图 41 900 m 塘坝

图 42 1 050 m 塘坝

八、山林场馆和文化情境

北京冬奥会延庆赛区规划和场馆群及其基础设施设计在建筑学和文化层面的思考，包括以下9个要点：

1）力图在小海坨山地理尺度的自然地域环境中，将冬奥会延庆赛区及其场馆和基础设施"绘造"成为一幅超大型实地山水图卷。这幅图卷不仅给人们带来视觉的感受，更提供了一种身体和精神的体验。这种体验也不仅是静态的漫游性的山水体验，还是体育运动带来的动感的和新的当代性体验（图43、图44）。

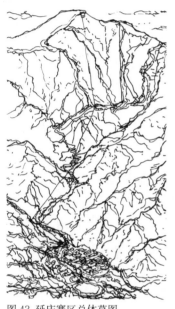

图43 延庆赛区总体草图　　　　　　　　图44 从飞机上远眺延庆赛区 图片来源：朱小地摄

2）按照中国的特有传统，在延庆赛区设定了"冬奥八景"，包括"迎宾画廊、层台环翠、双村夕照、秋岭游龙、凌水穿山、丹壁幽谷、晴雪览胜、海坨飞鸢"，结合场馆、基础设施和自然山水，力图为人们呈现宏大与幽邃、人力与沧古、山泉与眺望之间的当代山水文化场景（图45、图46）。

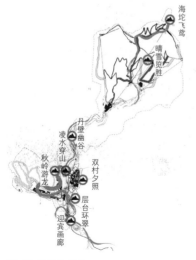

图45 冬奥八景1　　　　　　　　图46 冬奥八景2

3）位于海坨山顶的被悄然置换的国家高山滑雪中心山顶出发区，在避风和保温的基本生存智慧背后，表达着人工对于自然的介入与谦卑之间的基本文化态度（图47）。

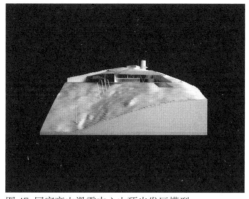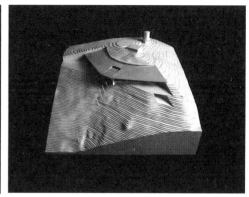

图 47 国家高山滑雪中心山顶出发区模型

4）国家高山滑雪中心的"新干阑式"跌落架空立体平台，体现出对古老传统智慧的借鉴延续以及在保护自然环境和人工建筑创造之间的平衡思考。

5）国家雪车雪橇中心下方的场馆赛道与上方的屋顶步道长廊，创造出一种可以让人们在竞技与行望之间、运动与漫步之间、一动一静之间平行领略观赏的场景和风景（图48—图50）。

图 48 俯瞰国家雪车雪橇中心 图片来源：孙海霆摄　　图 49 俯瞰国家雪车雪橇中心 图片来源：孙海霆摄

图 50 雪车雪橇赛道夜景

6）山林掩映中的延庆"冬奥山村"，是呈现聚集（生息）和分散（布局）之间人居特征的当代自然聚落（图51）。

图51 延庆奥运村鸟瞰

7）覆土营造的山地新闻中心，坐落于山水交会之处，处于消隐与彰显之间（图52）。

图52 山地新闻中心

8）延庆赛区山水环境中的大量基础设施，在功用与景观之间兼而得之，成为"山林场馆"系统的重要有机构成（图53、图54）。

9）延庆赛区场馆中大量使用就地取材的自然材料——原木瓦片和石笼墙体等，实践了一种站位于自然传统与当代建造之间的建构文化探索（图55、图56）。

图 53 二级输水造雪泵站

图 54 二级输水造雪泵站俯瞰 图片来源：孙海霆摄

图 55 木瓦

图 56 石笼墙

总之，人与自然之间的最佳状态，既非粗暴的介入与破坏，也非决然的隔绝与臣服，应是不追求某一极端、恰当介入与自身存在之间的微妙平衡（图 57）。而建筑师的创作的本质就是为人们营造人工与自然之间共生与互成的空间与情境，这是一个值得努力为之探索的理想世界，也是建筑师必然追求的理想境界。

图 57 俯瞰国家雪车雪橇中心 图片来源：孙海霆摄

关联设计

Relevance Design

倪 阳[1]

NI Yang

摘要："关联设计"是通过对"人、地、时"三个维度的关联性思考，探索建筑设计内在生成逻辑，以指导理性设计的建筑理论。建筑师应通过设计，营造出与时代思想和建造技术相符合，与当地文化和环境相适应，为人的活动和体验而设计的建筑和场所，并诠释营造过程中的设计内涵。建筑设计是对这些关联要素进行全面有机整合与辩证思考的生成结果。

Synopsis："Relevance design" is an architectural theory that explores the internal generative logic of architectural design to guide the rational design by thinking about the relevance of the three dimensions of "people, region and time". Through design，architects should create buildings and places that are compatible with the ideas and construction techniques of the times，compatible with the local culture and environment, and designed for human activities and experiences，while interpreting the design connotation in the process of creation. Architectural design is the generative result of comprehensive integration and dialectical thinking of these associated elements.

关键词：关联设计；岭南建筑；人；地；时
Key Words：relevance design; Lingnan architecture; people; region; time

一、"关联"的由来

有一次我和朋友们去吃饭，吃到中途，厨师出来与我们聊天，他提出一个非常有趣的问题：如何用一个字来概括广东菜？我们一时众说纷纭，他说了一

1 倪阳，华南理工大学建筑设计研究院；deyangni@scut.edu.cn。

个字——"甜"。我立刻明白他说的"甜"其实是新鲜食材中原汁原味的"鲜甜",而不是一般意义上的"甜味"。这个答案让我醍醐灌顶,而他接下来说的后半句更加精辟——对于一个粤厨来说,"甜"的精髓在于对"盐"的调度。如何调出食材鲜甜的味道,靠的则是厨师对咸度的拿捏。

仔细想来,这位厨师的话简洁而深奥。他知道新鲜食材与鲜甜口味之间的内在联系,也说明了恰到好处地用盐才是这种隐性联系得以显化的关键,其背后的逻辑正是"关联"——这与我们的建筑创作何其相似!建筑坐落在环境中,与人的活动、场地、时间等也存在着许多静谧的关联,而建筑师所要做的,恰如粤厨对"盐"之琢磨,正是通过对设计的拿捏,将这些静谧无声的关联调度起来。

事物之间的关联是无处不在的,这通常是指事物或现象之间以及事物内部各要素之间相互因果、相互依存、相互制约、相互影响、相互转化等关系。世界是万物互联的统一整体,任何事物都是关联之网的一个部分或环节,之间都体现着普遍的联系,建筑亦不例外。

二、"人、地、时"整体关联的建筑系统

建筑也是宇宙万事互联之网的一部分。用这样的视角来思考建筑,就会发现其与周围事物间所隐匿的关联性。首先,建筑是为人而存在的时空场所,它的营造与人的行为模式和知觉体验有着密切的关系;而后,建筑根植于特定的场地环境中,与当地的气候条件、地形地貌、场地肌理、礼制习俗等自然和人文要素产生关联;最后,建筑存续于特定的时代背景中,具有本质的时间属性,其建造与当时社会的生产水平、技术条件,当时人的思维方式、文化品位等密切相关。概括来说,"人、地、时"这隐匿而关键的三维要素,互相交织诠释、关联协同,构成了建筑全面的整体关联系统。

三、建筑是为"人"而建的

在建筑的整体关联系统中,作为使用者的"人"是核心——建筑终归是为人而建的。如教堂的弥撒活动与圆桌会议分别代表人的不同活动模式。人不同的活动模式定义了不同的空间类型,如温斯顿·丘吉尔所言:"我们塑造了我们的建筑,反过来,建筑也影响了我们。"

社会发展能改变人的"活动模式",因而建筑的空间类型也会随之更新。如当代各创新产业所需求的建筑空间,已与传统的办公楼产生了很大的差别:谷歌、苹果、微软的总部建筑,都不以克服重力的形式来彰显自身的成就,而是匍匐于大地之上,以营造连续开放、共享的平行建筑空间。平行空间重新定义了空间的类型,将朴素的内外空间关系发展成为共享交融关系,成为哺育创新型工作模式的新空间类型。

不同的活动模式与空间类型，对应着不同的知觉体验与场所氛围。如日本寺庙屋顶出檐比较深，所以庙堂里通常较为幽暗。每当光线漫射进建筑内部时，所有背景都会黯淡下去，这时，唯独用金塑造的佛像能够显现出来，平添了庙堂中神秘、庄严的氛围，不禁让人心生敬畏。而现在通过强烈的人工照明，将背景和佛像一起照得通亮的方式，反而削弱了对佛在另一维度空间的神性体验，也失去了美感。

人的感官是全方位关联的，除了视觉以外，还有触觉、听觉、嗅觉和味觉等，只是在当下图像视效至上的建筑生产中，这种综合系统的知觉体验常被忽略。《源氏物语》中讲述了这样一段故事：源氏公子沉迷于一位美人，她永远在幽暗中与公子相处，令他看不清面容，却能听得到声音、闻得到体香、摸得到肌肤……其实源氏公子见过的美人一定不少，唯独这位素未谋面之人，给了他从未有过的多重感官共鸣的极致体验。这与建筑品悟颇有共通之处，唯当人们调动全面感官展开在场的体验，才能充分感受到建筑时空的美好。

如在设计南京城墙博物馆项目时，我们就对建筑中人的"活动模式"与"知觉体验"进行了充分的思考和演绎。基地位于南京老城中轴极具历史价值的中华门东侧，这决定了将来博物馆最重要的藏品不在内部，而是矗立在它面前的宏伟的古城墙（图1）。长久以来，中华门古城墙承载着人们"爬马道、进瓮城、登城墙、看秦淮、望报恩寺塔"的活动；我想新建的博物馆应能和古城墙一起，成为延续人们这些"活动"的古今对话的时空场所。所以，我们设计了几处能不同角度观赏古城墙、秦淮河和大报恩寺塔的高低错动的活动平台，并通过"之"字形的坡道将其连接——与古城墙的马道形成同构呼应的空间秩序。博物馆闭馆时，市民也能从外部沿坡道登上屋顶，一览六朝古城的风光。南京城墙博物馆真正地成为面向公众开放的城市公园，成为举办各种庆典活动的文化集散地（图2）。

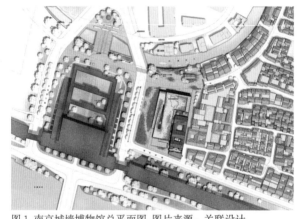

图1 南京城墙博物馆总平面图 图片来源：关联设计

图2 南京城墙博物馆鸟瞰 图片来源：关联设计

四、建筑根植于大"地"之上

相对于一般意义上的建筑空间论，"地"这一关联要素所涉及的内涵更加丰富。它既有对基地条件的分析、对空间环境的重塑、对场所精神的思考，还有对地域、文脉、气候等一系列问题的回应。建筑中的"地"，本质上是一种在地性的关联，它所提供的是一整套认识和理解建筑的空间坐标系，使一个个特定的建筑空间得以在自然与人文环境中找到能扎根的定位。

例如大家都知道东南亚传统建筑的屋顶高耸无比，书本上通常说屋顶坡度大是为了通风。但如果只是为了通风，屋顶坡度其实不需要超过 45°。这个问题让我困惑了很久，直到有一次我在泰国清迈的罗旺庄吃早餐时，抬头看到几片树叶顺着屋顶滑落，才突然明白，这是树叶依靠自身重力顺利滑落所需要的倾角。为了能适应当地树林茂密的环境条件，保持屋面整洁且不易被存积的落叶压垮，这种高耸的屋顶便作为一种朴素的传统营造范式传承至今，并逐渐成为东南亚建筑地域特色的空间类型。在游客的印象中，它可能是一种外在的形式符号；对于当地居民来说，它是一种传统的集体共识；而在我们眼里，它是建筑与场地之间静谧而深入的关联。

又如 2004 年我们与国外单位合作设计了当时广州第一高楼珠江新城"西塔"，在项目方案已通过审批的情况下，基于对城市层面的"场地"关联的研讨，我们提出将原有方案进行"大转身"。西塔平面是一个圆角的正三角形，原塔楼以顺应用地边界的角度摆放在场地东南，其中一个面朝向珠江；但作为当时的广州最高楼，"西塔"是塑造城市的重要地标建筑，对于广州市中心的沿江立面和新中轴的整体空间秩序，都具有至关重要的统治作用。所以，"西塔"旋转后由"一面"平行珠江变成"两面"迎向珠江，原本略显板直的沿江立面就变得更具立体感和层次感（图3）；而且这一旋转新增了三分之一的向江面使用面积，极大地提升了西塔的楼面价值。

在侵华日军第七三一部队罪证陈列馆的设计中，我们对"场地结构"与"场所氛围"进行了谨慎的思考。基地内现存司令部、岗楼、细菌试验楼、四方实验楼、动力锅炉房等多处罪证遗址，我们在场地东南角重新植入的"黑盒子"与遗址建筑群共同围合成一个空旷的广场——"黑盒子"自身低矮宁静地斜卧

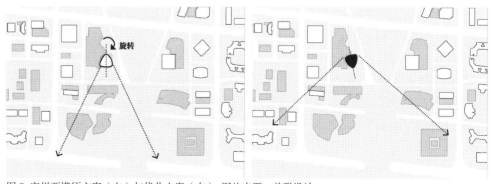

图3 广州西塔原方案（左）与优化方案（右）　图片来源：关联设计

在广场的一边，以此与遗址建筑建立联系，直面却不至于冲突。"黑盒子"上还有两道相互垂直的切口：一道指向西边入口广场中的遗址岗楼，另一道指向四方试验楼旁的锅炉烟囱（当时用以焚烧被试验残害的遇难者尸体）（图4）。我们希望通过这些新建筑与遗址建筑之间的静谧关联，建立一种建筑与场地所应有的隐性逻辑，营造特殊主题性的场所氛围，在相对冷静的时空对话中，表达出客观揭露真实的历史态度。

在建筑群体的规划营造方面，在"地"关联能为我们带来有益的启发。如珠三角地区普遍存在一种以巷道组织的民居聚落：若干小型三合院民居纵向排列形成致密型的村落，因其结构类似"梳齿"，故被形象地称为"梳式"村落。村屋之间的巷道，不仅能够迅速地排除暴雨积水，通过风压促进空气流通，还能利用高耸的山墙遮挡太阳辐射并形成冷巷，对于岭南地区闷热、多雨的气候环境做出了巧妙的适应。这种朴素的环境观和营造意识，充分体现出了岭南地域营造中的绿色智慧，在如今仍具重要的理性意义。在华南理工大学国际校区的规划设计中，我们传承演绎了这种"梳式"空间布局，既彰显了校园空间的地域特色，也营造出良好的场地生态环境（图5）。

图4 侵华日军第七三一部队罪证陈列馆 图片来源：关联设计

图5 华南理工大学国际校区 图片来源：关联设计

五、"共时性"与"历时性"的辩证交融

建筑与"时"的关联常须从"历时性"与"共时性"两个层面辩证地看待。"历时性"更关注时间的线性流逝历程，"共时性"则更关注某一时刻所关联的结构性整体；但历时之线上本就包含了每一个共时之点，每一个时刻点的共时体验也必包含其前后诸点历时体验的投射集合，故二者是交织相融的[2]。在宏观层面，"历时性"涉及建筑的历史性，需要与"共时性"所涉及的建筑的"时代性"进行辩证综合。如佛罗伦萨大教堂的穹顶，既继承了古罗马万神庙的穹顶，又充分结合时代，创新性地运用双层肋结构从而更为饱满，并用鼓座抬高，名副其实地成为文艺复兴的第一朵报春花。诚如理查德·罗杰斯（Richard Rodgers）所言，"（历史上）每一栋伟大的建筑，在其所处的时代都是'现代建筑'"。而在微观层面，"历时性"涉及建筑序列式体验的整体历程、节奏韵律，须与"共时性"所涉及的建筑共享式体验的整体交互、多线交织进行

2 结构主义在1960年代曾集中进行历时性与共时性的辩证综合研讨，对建筑界和其他各领域都产生了重要影响。

辩证综合——如佛罗伦萨大教堂的穹顶使其下核心空间产生了如万神庙般集中共享的"共时性"体验，但其在中世纪建成的哥特教堂式的长厅，仍营造着递进仪式感的"历时性"体验；其后如圣彼得大教堂等文艺复兴教堂也大多如此。这既是不同空间意趣与场所氛围的碰撞交织，也体现了当时复兴古典人文理性与宣扬宗教神权神性之间的论战与交融。

2010 年上海世界博览会中国馆的设计方案是我们践行"时间性"思考的一个例子。中国馆既要展现中华传统精神，又要表达当今的时代特色和科技成就，这在本质上就是要回答中华文明"彼时"与"此时"的关系问题。最初的方案采用中国古建筑的木构架建造逻辑，搭建出一个层层出挑的展览空间，在外围采用钢索和水幕围合成一个半透明状的"方盒子"，形成内外两层表皮，使中国建筑文化的"彼时"和"此时"在此相互映衬与转化（图6）。白天，中国馆是一个极具现代感的半透明盒子，漂浮在水面上；夜晚，在灯光的映衬之下，内层巨大的红色构架就会跳跃出来，显现在人们面前，完成对中国古代营造的现代演绎（图7）。后来由于种种复杂的现实因素，外层的水幕被去除了，构架也从内外穿插的真实建构变为外部造型，没能表达出关于"时间"上的设计初衷。

图 6 中国馆前期方案透视 图片来源：关联设计

图 7 中国馆概念设计分析 图片来源：关联设计

在龙归粮仓改造中，我们对"共时性"和"历时性"的空间秩序做出了深入思考。场地上有四个圆形平面的浅圆仓和若干长矩形平面的苏式仓群落，是计划经济时代的产物。作为这段历史性空间载体的当代更新，"时间性"的场所营造具有十分重要的意义。对于整齐排布的浅圆仓场所营造，我们采用能对其纯净映射，且具"历时性"体验的"水田"——随着青苗逐月长高成熟，由青渐黄、风吹麦浪，人们能感受到原本此地储粮的历史事件与情境氛围（图8）。而对于苏式仓主入口庭院的营造，我们对本就呈现"历时性"递进院落的苏式仓古建群进行了"共时性"思考，在它们的"山墙"一侧营造出一个"共时性的剖面"（图9）。这个剖面将塑造粮仓建筑群更新改造后的一个"古今对话"的院落，人们可散于此间历时游览、回溯历史，也能聚于此间共时体验、共在交流。

在现代建筑创作中，想要找到完整自洽的逻辑，需要回归到建筑的出发点，从"此人、此地、此时"中寻找答案，发现它们与建筑之间静谧的关联，并用

图 8 浅圆仓庭院鸟瞰 图片来源：关联设计　　　图 9 苏式仓主入口庭院透视 图片来源：关联设计

最直接的建筑语言来回应。只有尊重这些关联，尊重建筑创作中的底层逻辑，我们才有机会发现动人的支撑点。

六、结语

建筑设计并非功能、形式等各方面的简单叠加，而应当是与时间、地点和使用者建立一种特定的关联后再进行批判性思考的生成过程。建筑师应通过设计营造出与当下设计思想、建造技术和材料相符合，与当地文化和地理环境相适应，为人的活动模式而设计的建筑和景观，并诠释营造过程中设计的内涵。

弘一法师说，"执象而求，咫尺千里"，意指表象下面，存在着真理的关联，只求象而不理解内在的联系，咫尺之间，相差千里。这与西方的结构主义思想有一定的相通之处。结构主义强调整体并不是各成分的简单相加，它比成分的总和还要多一些，即整体还有作为整体自身的性质。这里的结构，本质上就是要素之间的关联模式，而"结构"所揭示的，则是事物形成与运行的深层规则。就如同交响乐，不再是一个独奏者，而是一个乐队的协作发声。

事实上，"人、地、时"只反映出建筑中普遍存在的一些基本联系，是一种认识论的基础，可以据此生成建筑空间与周边环境的内在逻辑。而如何捕捉并理解这些内在的联系，用何种方式去阐述与表达，就属于带有建筑师个人色彩的创造性行为。正如粤厨所认识到的"鲜甜"需要恰到好处的"盐"来调度一样，至于什么才叫做"恰到好处"，就要看厨师的造诣了。因此，建筑的创作，既要尊重底层的关联性逻辑，还要注入一些新的活力。设计的过程是充满选择的，而不同的价值取向（开放性、私密性，主动性、被动性，多元化、单一化）会导致不同选择，在多次叠加之后，最终会导向截然不同的结果。如何对"人、地、时"三个维度导向的不同策略进行价值判断？是否可以对"人、地、时"三个维度进行量化评估？量化评估的依据是什么？由于建筑的复杂性和矛盾性，对这些问题一时很难给出科学的答案。

由物及人——简析一种方法论演进的心得

From Objects to People — Insights into the Evolution of Methodology

张 利[1]

ZHANG Li

摘要：在实践中，通过建筑作品诠释中国文化是不变的线索，而主要关注点则有一个转向过程：由物到人，也就是从过去由物的创造来诠释文化，逐渐变为由人的生活来诠释当代文化。文章选取了 9 个案例，渐进式地阐明了由物及人的方法论演进过程，强调了人因分析技术的引入架设了大众与建筑师沟通的桥梁，对诠释当代文化起到增进作用。

Synopsis：In practice, the interpretation of Chinese culture through architectural works remains a constant thread, but the focus has shifted significantly, moving from inanimate objects to the people who inhabit them. This reflects a broader trend in interpretation, transitioning from analyzing the built environment itself to understanding how it influences and reflects the lives of those who use it. This article selects nine case studies that progressively illustrate this methodological shift, from a focus on objects to a focus on people. It emphasizes the role of ergonomic analysis in bridging the gap between the public and architects, ultimately enhancing the interpretation of contemporary culture.

关键词：建筑实践；由物及人；方法论；人因分析技术
Keywords：architectural practice; from objects to people; methodology; ergonomic analysis

1 张利，清华大学建筑学院；brianchang@mail.tsinghua.edu.cn。

不论建筑学的技术工具如何改变，建筑跨越生命传递文化信息是建筑艺术得以存在的本分，也是建筑在众多学科、不同行业中，能够成为一直屹立于人类文明中的重要领域的原因。所以，建筑学的目的论是不变的，变的只是方法论。

本文借助由两个维度形成的象限结构来展开阐述。两个维度分为横纵坐标，横坐标的左边是物，右边是人，即越往左越偏向物这一端，越往右越偏向人这一端；纵坐标的下方是类比式的思维方式，上方是分析式的思维方式，即越往上越偏于实证。在传统的设计中，建筑师不会面向所有的问题，而会选择性地定义问题。那么，在问题预计性选择时，可以将其归纳到二维系统中，左上端偏技术、偏系统，偏向与建造相关的内容，而左下端偏形象；右下端偏向人的主观叙事，特别是从建筑师角度出发的主观叙事，而右上端偏向客观体验，注重共性规律的发掘（图1）。

图1 由两个维度所形成的象限结构

从象限结构出发，选取7个建成的案例：金昌文化中心、"新九洲清晏"、嘉那嘛呢游客到访中心、阿那亚启行青少年营地、谷家营艺术中心、首钢滑雪大跳台、国家跳台滑雪中心，以及2个正在建的案例：北京工人体育场通风口景观小品、北京三山五园艺术中心（2024年已正式开放），通过这些建筑实践案例，梳理其方法论演进的路径（图2）。

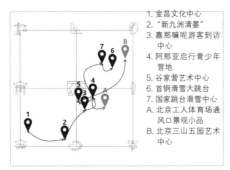

1. 金昌文化中心
2. "新九洲清晏"
3. 嘉那嘛呢游客到访中心
4. 阿那亚启行青少年营地
5. 谷家营艺术中心
6. 首钢滑雪大跳台
7. 国家跳台滑雪中心
A. 北京工人体育场通风口景观小品
B. 北京三山五园艺术中心

图2 建筑实践案例的方法论演进
图1、图2 图片来源：张利绘

2003—2007年，在设计金昌文化中心时，我们较多地关注物的形态，偏形象维度，试图用形态来营造地域文化，主要依赖的方法论是建筑师的主观观察和归纳。金昌是1980年代在戈壁上建造的城市，其文化中心位于三角形的中心广场上。金昌文化中心主体建筑朝向西南，模拟的金昌地区典型的戈壁山脉（图3、图4），形成西面是石墙、南面是通透空间的布局（图5）。当然，

图3 金昌地区典型的戈壁山脉 图片来源：布雷摄

图4 金昌文化中心西南立面 图片来源：布雷摄　　图5 金昌文化中心西立面 图片来源：布雷摄

图6 金昌文化中心室内空间 图片来源：布雷摄

我们在设计中有一些被动式气候策略的考虑，但还是以物质形态为出发点。如朝向西南面的公共走廊，用犬牙交错的形态形成了一个24 h开放的公共空间，连接文化中心内的3个主要功能空间（图6）。

2008—2010年，在设计上海世界博览会中国馆地区馆28 000 m²的屋顶花园时，试图以物的场景，我们诠释历史文化，从中国文化元素的意象出发，做现代的阐释，主要依赖的方法论是建筑师的历史学习和主观想象，希望在受众中引发记忆唤醒的效果。

屋顶花园的设计思路是将圆明园的主景区"九洲清晏"映射到中国馆地区馆的屋顶（图7）。"九洲清晏"的"九洲"是1个主洲和8个辅洲，即1座主岛加上8座辅岛，这也被认为是邹衍的宇宙原型。将其落实到设计中，即以国家馆为中心，周围围以8个岛，分别对应我们国家疆土所涵盖的从荒漠过渡到农田的8种人类聚居或者非聚居形态。主观诠释成为设计的辅助工具，甚至还造出汉字，汉字的左半边都为"土"，右半边是从荒漠到农田"漠、壑、甸、林、脊、渔、泽、田"字的叠加（图8）。每一座岛参照古代文字，营造与其意象接近的形象或空间场景（图9）。

图7 "九洲清晏"在屋顶花园的映射 图片来源：清华大学建筑设计研究院简盟工作室

图8 "新九洲清晏"主观诠释 图片来源：清华大学建筑　图9 "甸"的空间场景 图片来源：布雷摄
设计研究院简盟工作室

　　人在使用空间时的很多行为方式与设计时的预设是不同的。很遗憾屋顶花园空间未向公众开放，我们没有捕捉到公众使用它的具体过程，无法确定人在其中的生活与设计时的想象是否一致。不过，通过这个项目我们反思到，如果完全从静态的物出发，从场景的角度去连接地域文化，则缺少对人在其中的动态的观察。

　　带着对人的动态观察的思考，2010—2013 年，我们开始了援建玉树的嘉那嘛呢游客到访中心设计。虽仍然从物的场景出发，但这个场景已经不再是借助主观的想象，而是通过客观的历史学习产生的。我们邀请了玉树籍藏学学者桑丁才仁教授为建筑师讲述玉树玛尼石堆的历史，这既是对历史文化的连接，也包含了社区参与，是一种集体记忆的唤醒。

　　玉树的海拔为 3 900—4 100 m，是沿着河谷建起来的城镇，出产玛尼石。在"博曲卡松"3 个藏区划分里，中藏区是经济文化的中心，也主要源于这里有堆了 300 多年的玛尼石堆，震后人们在修建玛尼石堆之后才修建自己的房子，可见其重要性。设计范围周边，沿着河谷能够看到 10 余个与玛尼石堆直接相关的历史遗迹，桑丁才仁教授提供了这些历史遗迹的具体地点。因而，设计从中心的 1 个藏式方形院落，伸出 11 个观景平台（图 10），设想这些观景平台可以被用来远望历史遗迹，这将是一件严肃而静穆的事情。

　　嘉那嘛呢游客到访中心建成后，人们可以站在观景平台上看到建筑与历史遗迹的关系。人们上到建筑的屋顶，脚下踩的全部是石头，四周则是木质的

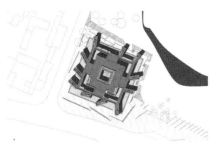

图10 嘉那嘛呢游客到访中心平面 图片来源： 图11 嘉那嘛呢游客到访中心屋顶 图片来源：布雷摄
清华大学建筑设计研究院简盟工作室

围挡。玉树建筑的特点是室内的木头上绘制彩画，室外的木头上不画，而这座建筑中，部分室内的木头被用到室外的屋顶及观景平台。这些木头是从震后倒塌的房屋中回收的，通过工法实验，回收的木头被融入新的焦化木中。建筑墙身的砌筑是由玉树本地人完成的，内部的院落空间中有小体量的图书馆和介绍中心，供当地的文职人员使用（图11）。

在这里，我们发现当地居民除法会的时间以外，基本不把这一建筑看成是一个宗教或者文化建筑，而是作为一个公共的休憩场所。即便在法会时，这里也是僧人们休息的地方，而不像我们原来设想的，是用来看周边遗迹的地方。这给我们一个很重要的启示，如果我们把人的运动看做一种活动来设计，那么人无目的的完全处于放松状态下的运动，往往是拓展身体自由度的一种可能性。随后，我们的关注点进一步向人的身体自由度方向转移（图12）。

2015—2017 年的阿那亚启行青少年营地项目针对的是青少年和儿童，我们关注的重点已经不再是搭建一个场景，而是建造一个物的界面，更多地传递当代儿童亲近自然的文化。我们向启行青少年营地的赵蔚老师等幼教专家学习，把孩子们的生活方式转译到设计中，这是一种对受众身体自由度的唤醒。

建筑由一条大坡道围成两个室外空间和两个室内空间，建筑的设计重点正在于坡道设计（图13）。我们设想了不同坡度的坡道上可能发生的游戏形式，当然启行青少年营地的专家们更善于设计儿童的游戏，而且游戏本身就是幼儿教育中很重要的一部分。坡道下方有两层建筑，一层是教室，二层是学生的宿舍或者公共用房（图14），整座建筑由秦皇岛当地的施工队用混凝土现浇完成。沿着坡道的上上下下设计了若干游戏性空间，所以这条坡道有着不同的坡度和

图12 人们在嘉那嘛呢游客到访中心的活动 图片来源：布雷摄

宽度。站在坡道的在最顶部可以看到海，也可以看到日出。

阿那亚启行青少年营地建成后，我们预先设想的活动与实际发生的活动有类似之处，也有不同之处。一层的教育空间基本按照设想的方式开展活动；而二层的住宿空间则不同，孩子们入住后更愿意待在室内，很少与其他孩子一起玩耍，或许也有室外蚊子比较多的原因，室外活动空间的使用率较设想中有所下降。总之，孩子们实现了围着坡道自由地奔跑；发生在角落中定制的游戏，也在阿那亚启行青少年营地专家的指导下完成了（图15）。当然，在这里也开展成年人的活动，包括阿那亚论坛（图16）、集体涂鸦活动、演艺团体结合坡道挑战个人舞蹈能力的演出等等。最让我们想象不到的是，贾樟柯导演资助年轻导演拍摄的电影《最后的导演》，也选择在这里取景。

图13 阿那亚启行青少年营地鸟瞰 图片来源：布雷摄

图14 建筑二层宿舍走廊 图片来源：布雷摄

图15 儿童围绕坡道空间的游戏 图片来源：布雷摄

图16 阿那亚论坛布置 图片来源：布雷摄

2016—2019年为延庆世界园艺博览会设计的谷家营艺术中心，是在一个已经没有多少遗迹的谷家营园艺小镇里重建的项目，包括角部向上卷起的广场和一个半地下艺术空间，这个项目仍然关注物的界面。广场南侧的大门框装置，向历史上存在于此、作为兵营文化生活主要内容的戏台致敬，除此之外，也成为远处天、田、山和永宁阁的景框（图17）。广场主要的设计内容是卷起的地面，其中有一部分来自对阿那亚项目的观察，即当地面坡度连续变化时，人们无法稳步行走，会被激发出不同的运动状态，对于公共空间这实际上是有益的。为了让掀起来的角能够被看得更明确，广场局部的一些地方是很陡的，因而加上了栏杆围护（图18）。

通过把小镇中心广场掀起一角的方法，创造出地下的展览空间和会议空间，由坡道将人们引入。地面上下连通处有一个圆形的洞口，其中有一棵生长的树，代表了连接天地的意象。半地下空间首次将照明与柱子相结合，形成了受人欢迎的活动空间，供人们参观游览、参加会议使用（图19）。更有意思

图 17 谷家营艺术中心广场 图片来源：布雷摄

图 18 谷家营艺术中心"掀起来的一角" 图片来源：布雷摄

图 19 谷家营艺术中心室内空间 图片来源：布雷摄

图 20 人们在广场上的日常生活 图片来源：布雷摄

的活动是在室外，特别是在非园艺博览会期间，在正常生活的状态下，人们会在坡道上训练幼童走路（图 20）、推着儿童车加速减速，孩子们会像玩儿荡秋千一样欢乐。也有人在广场上闲坐，远观永宁阁。

从阿那亚项目开始，对于人无目的的、带有一定身体自由度激发色彩的设计方法，较多地影响了之后的项目，其中包括北京冬奥会的两个跳台项目。在 2016—2017 年北京冬奥会的国家跳台滑雪中心和首钢滑雪大跳台项目中，我们不再做场景，也不再关注界面本身，而将重点放在人通过跳台的建筑空间能够获得什么样的体验上。从 2014—2015 年申办冬奥会开始，我们接触到冬季项目训练的一些技术，并将其转译到民用建筑中，获得了一种人因分析系统技术应用的能力，能够对受众文化意象识别和受众身体自由度唤起进行预测与验证。

在赛时，跳台运动受到社交媒体的重视，两座跳台因此更多地进入人们的视野，如国际报道中展示了运动员在首钢大跳台炫酷的飞跃画面。崇礼的国家跳台滑雪中心也出现在漫画家手绘的大众文化中。如果说赛时主要的任务是解决竞技体育本身的复杂工艺问题，完成空间形态任务，开展"超人"的竞赛；那么赛后，一个公共设施要真正留存下来，转变为大众体育设施和大众日常生活的一部分，长久地被人们使用，还要完成空间体验任务，开展"常人"的日常服务。为了去检测或者说预测，并且在一定程度上通过实验来验证能否提供赛后的日常服务，我们主动使用了更偏向人的体验的人因分析技术。

首钢滑雪大跳台"雪飞天"的文化意象来自滑雪跳台运动竞赛本身的曲线和敦煌壁画中的"飞天"形象，它的英文名字 Big Air，也有向空中腾跃、飞翔之意，建筑形象如同飞天的飘带，传递的是运动与文化的结合（图 21）。

图21 首钢滑雪大跳台 图片来源：布雷摄

为了让"飘带"能够飘起来，我们施加了很多复杂的工艺。但这些是不够的，如果要让它在赛时能够激发运动员的感受，并在赛后的长期存在中为人所用，必须有其他的内容，让普通人更多地利用跳台与工业场景的对比，产生非运动的生活感受。

从人的角度开始分析，首先是如何激发运动员的感受。运动员出场后，一般看到的是在城市搭建的临时建筑场景，而这次看到的则是工业场景，在跳台上可以看到料仓遗产与远处城市的场景对比，这在其后的技术跟踪中也得到了验证。我们观察平昌冬奥会运动员的头部移动的角度发现，运动员在起跳前集中往前看的比较多，视线是均匀分布的，因为跳台没有激发远景的视角。从心理上来讲，运动员一出场看到的场景，也设定了其在运动中感受到的场景（图22）。建筑师即使不使用人因分析技术，仅从视角分析，也能够发现运动员在

首钢滑雪大跳台

平昌滑雪大跳台

图22 运动员的视线分析 图片来源：清华大学建筑学院城市人因实验室

图 23 观众席上看运动员的视角分析 图片来源：清
华大学建筑学院城市人因实验室

图 24 运动员与冬奥会会徽的合影 图片来源：北京
冬奥会转播画面

首钢滑雪大跳台上飞行至高点时，从观众席正好可以拍摄到运动员与跳台后方
冷却塔遗存上印制的冬奥会会徽的合影（图 23、图 24）。

首钢滑雪大跳台与常人生活相关的问题之一是，加入大跳台后冷却塔所
形成的天际线问题。原本的天际线对首钢片区的居民是非常重要的，为了使放
置大跳台后的天际线被人们接受，我们沿着所有竞赛允许的角度，将跳台模型
从出发点开始，每 5 度旋转一次，利用虚拟现实技术让人在沉浸式环境中看跳
台，最终的角度是根据人的皮肤电反应以及人的注视数据确定的（图 25），
它与建筑师原来设想的，找现场存在的物质辅助线作平行或者垂直的设计角度
是不相符的。而这样一个对于建筑师来说"不伦不类"的角度，在大跳台建造
完成后，没有受到首钢居民的质疑。从长安街沿线回看，居民们对新的首钢天
际线有很大的宽容度，大概只要不比冷却塔高出很多就可以了（图 26）。

首钢滑雪大跳台与常人生活相关的另一个问题是环绕冷却池的湖区要改
造为公园。为了使长方形的冷却池产生丰富的空间体验，我们与朱育帆老师配
合，用拓扑同构的手法，将颐和园的景观结构转译到首钢园区。首钢的湖区仅
有颐和园昆明湖的 1/4 长度，而人在环水面有一个开阔视角的情况下，对空间

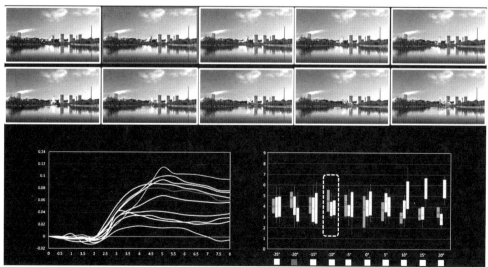

图 25 根据人因分析确定首钢滑雪大跳台的放置角度 图片来源：清华大学建筑学院城市人因实验室

图 26 最终形成的首钢片区新天际线 图片来源：布雷摄

的认知存在一定的规律。通过对人环绕首钢湖区公园的沉浸式测试发现，其视觉注意力会随着周边环境变化形成不同的节奏，能够产生完整的空间体验（图27）。如今，我们可以看到市民使用公园的状态，在现场用仪器捕捉人的活动数据，分析人聚集的密度、活动停留的时间、观察的注意点等，这些数据在很大程度上与设计时的预想接近（图 28）。

类似的，崇礼的国家跳台滑雪中心也是从跳台的曲线出发，自然地联想到"如意"，除了"柄身"作为大小跳台赛道，"柄尾"作为多功能体育场以外，最难办的是"柄首"。国际滑雪和单板滑雪联合会（以下简称"国际雪联"）认为，如果把"柄首"80 m 直径的圆环设计成可供人们使用的俱乐部，在赛后能够产生作用的话，对跳台运动的发展 将是有益的（图 29）。

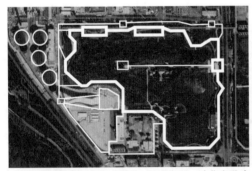

图 27 首钢园湖区的景观结构 图片来源：清华大学建筑学院城市人因实验室　图 29 国家跳台滑雪中心 图片来源：布雷摄

图 28 对人环湖时视觉注意力的分析 图片来源：清华大学建筑学院城市人因实验室

图 30 运动员可眺望远处的长城遗址 图片来源：北京冬奥会转播画面

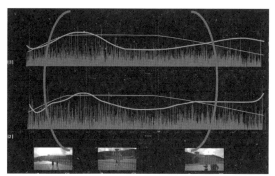

图 31 在国家跳台滑雪中心开展的人因分析测试 图片来源：清华大学建筑学院城市人因实验室

"雪如意"从运动员的角度出发，转动了原来国际雪联定义的跳台方向，使运动员在出发的 0.3 s 时间里，有一个能够记忆的文化意象，即真实的长城遗址，人们站在长城上也能回望"雪如意"（图 30）。这个场景得到了冬奥会的报道，热心的美国跳台滑雪运动员把这个故事传播到了国际上。

为了赛后能够被人们长期使用，沿着不同的山脉角度，设计了一座架空的名为"冰玉环"的步行桥。通过一定的技术预测实验，设计步行桥不同段落的节奏，包括分析人的注意力分布、观察山景的角度，这些会影响人的行进速度（图 31）。对于大众来说，很多跳台之所以难以被使用，是因为无法接近。我们沿着跳台设计了攀登和下行的完整路径，使人们在各个节点都能够看到不同的景致（图 32）。去过国家跳台滑雪中心并体验过这一路径的人们停留的几个地点，也进一步验证了实验过程中的预测。但这里有一个小遗憾，就是有的人走到陡坡位置时会觉得下面太空旷，产生恐高症状，只能折返。如果在测试时能够多加注意这个地方，并做简单地修改，就能进一步改善步行道和两边挡板的关系。

图 32 步行桥观景视角 图片来源：布雷摄

对于顶部的环，中间开洞的设计过程经过了数据分析，检测了人在外环能够观察到的景观，根据人们停留时间的峰值，在最吸引人注意力的地方设置相应的活动空间，并决定空间张合的程度（图33）。容纳最大人数活动的空间接近 900 m²，目前已经有一些活动计划在此举办。

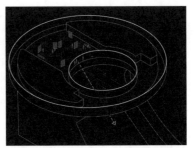

图33 国家跳台滑雪中心顶部环的空间设计 图片来源：清华大学建筑学院城市人因实验室

正在推进中的北京工人体育场（以下简称"工体"）通风口改造项目，把原来工体外大众体育活动场地中在景观上无用的通风口，变成一个公共的传统游戏再诠释的场所。建筑师通过对传统游戏的学习，寻求当代体育文化的传统联系，并用技术手段进行检测和实证：在通风口后形成的技术支持空间中，人们使用手机甄选能够形成游戏活动的场所，在其中开展转陀螺、推铁环、扔沙包、跳皮筋等传统游戏，并产生线上反馈的活动数据记录，据此数据调整设计，以增强受众的文化意识识别，唤起受众身体的自由度（图34）。

最后一个例子是北京三山五园艺术中心，它位于颐和园的正西面的原来西王府马厩处，地块的旧肌理已经完全消失，我们根据图书资料中描述的肌理将其再现，80%的展览空间位于地下。这个项目是谷家营艺术中心掀起一角设计的延续，不过在这里我们第一次有了一个完整的虚拟模型，在过去3年间不断地迭代，用沉浸式的方法进行测试，获得人的反馈，得到了现在的设计，目前项目接近封顶。

图34 北京工人体育场通风口改造的景观小品 图片来源：清华大学建筑设计研究院简盟工作室

图35 北京三山五园艺术中心虚拟游览平台 图片来源：清华大学建筑设计研究院简盟工作室

我们搭建了虚拟游览平台，人们通过手机扫码即可进入平台，进行转换视角、移动位置操作，在平台上我们不收集任何数据，所以有了人们安心"云"游览的可能性（图35）。在设计的过程中，我们邀请了带全身的穿戴设备的被试者参与测试，分析其在各处停留的时间，以及注意点的方位，这样能够让我们更精细地加工每一处细节，修正偏差。测试是在地下空间中按照从室内到室外的顺序开展的，以提高被试者的空间敏感性。在陶溪川举办的"第17届威尼斯国际建筑双年展·中国国家馆回归展"里，这个模型被放在一个小空间中，分析了约 100 个被试者的注意力集中范围及其主要观察方向，从人因分析数据中可以清楚地看到对人们有吸引力的空间位置，这对设计而言也是一种明显的反馈（图 36）。

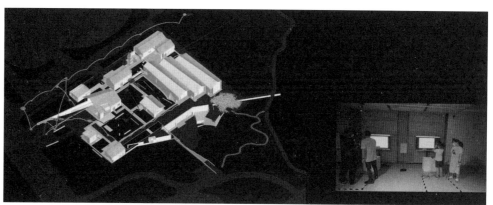

图 36 "第 17 届威尼斯国际建筑双年展·中国国家馆回归展"邀请被试者测试 图片来源：清华大学建筑学院城市人因实验室

总的来说，建筑传递文化是一个不变的主题，但是传递文化的方式，特别是建筑师在定义问题和解决问题时，就我们团队而言，有从物这一端向人这一端即以类比、主观想象的方式向着偏实证的方式转移的特点。所有的这些技术，只是用来架设建筑师、建造者、使用者的桥梁，不是取代建筑师的判断。设计本身仍然遵循传统的建筑师的思维方式，这不会改变，只不过在局部的精确度上和对服务的大众的预测和验证上，技术会给我们提供更多增进的可能性。技术最多只是一种方式，不是目的，目的仍然是建筑传递文化本身。

建构当代中国建筑理论的新议程[1]

Theorizing a New Agenda for Contemporary Chinese Architecture

李翔宁[2]　莫万莉[3]　闻增鑫[4]　王雪睿[5]

LI Xiangning　MO Wanli　WEN Zengxin　WANG Xuerui

摘要：基于建筑理论之概念溯源、历史回顾及其当下所面临的挑战，勾勒出当代中国建筑理论体系建构的新议题、新方法与新特征。基于对 1960 年代以来全球建筑理论发展的回顾，指出建筑理论在当下需要应对建成环境、社会文化、新兴技术和气候变化 4 方面的挑战。基于对当代中国建筑理论发展状况的梳理，指出其在连续性、原创性、体系性方面的欠缺。在上述基础上，讨论未来建筑理论体系建构的新议程。

Synopsis：Based on the etymological analysis and historical review of architectural theory and its current challenges, the paper outlines the new themes, methods and characteristics in constructing a system of architectural theories in contemporary China. Based on the review of the global development of architectural theory since the 1960s, the paper maintains that architectural theories need to cope with the challenges of the built environment, culture, emerging technologies, and climate change. Based on the analysis of the development of contemporary Chinese architectural theories, it points out its lack of continuity, originality and systematicity, and offers a new agenda for the construction of future architectural theory systems.

关键词：建筑理论；当代中国建筑；新兴技术；文化身份；全球视野
Keywords：architectural theory; contemporary Chinese architecture; emerging technology; cultural identity; global perspective

1 本文原载于《建筑学报》2024 年第 1 期。

2 李翔宁，同济大学建筑与城市规划学院；sean19731973@hotmail.com。

3 莫万莉，同济大学建筑与城市规划学院。

4 闻增鑫，同济大学建筑与城市规划学院。

5 王雪睿，同济大学建筑与城市规划学院。

　　理论，或许是任何一门学科中最富雄心壮志的词语，它指向了关于现实的一种知识表述与体系建构。现代汉语中的"理论"一词对应英语中的"theory"、

6 马尔格雷夫. 现代建筑理论的历史，1673—1968[M]. 陈平，译. 北京：北京大学出版社，2017：15-18.

7 "回归的书写形式的外来词"指这样一类词汇，原本出现在古汉语中，被日本人用来翻译西方概念，并进一步作为西方概念的翻译传播至中国。

8 刘禾. 跨语际实践：文学，民族文化与被译介的现代性(中国，1900—1903)[M]. 宋伟杰，译. 3版. 北京：生活·读书·新知三联书店，2014：428.

9 维特鲁威. 建筑十书[M]. 陈平，译. 北京：北京大学出版社，2012.

10 克鲁夫特. 建筑理论史：从维特鲁威到现在[M]. 王贵祥，译. 北京：中国建筑工业出版社，2005：23-28.

法语中的"théorie"和德语中的"theorie"，它们皆源自希腊语中的"theoria"，与意为"剧场"的"theatron"一词具有相同的词根，为"观看""凝视""静思"之义[6]。词源的联系，建立起了一种思考"何为理论"的空间模型：正如在剧场中，观众席与舞台世界之间形成了一种基于观看之行为而理解戏剧情节的认知关系一般，理论亦在某种程度上为阐释现实建立了一个基本的视点。在中文语境中，"理"本义为雕琢玉石，并进而引申为"规律"之义，"论"则为"议论"。由此，"理"须经"论"，"论"须依"理"。"理"与"论"二字的合用可追溯至唐朝，并最终在 20 世纪初期因转译自日语的文化借用而与"theory"一词形成对应，成为"回归的书写形式外来词"[7-8]。

就建筑学科而言，历史上第一份理论文本便是维特鲁威的《建筑十书》。涉及建筑的基本原理、材料、神庙、公共建筑、私人建筑、装饰等诸多主题的十卷本，以山花式的堆叠形式而寓意一套完整的建筑知识体系之建立[9]。汉诺-沃尔特·克鲁夫特（Hanno-Walter Kruft）将建筑理论等同于"历史上那些有意识的理论的表述""以文字的方式记录下来的建筑思想"。由此，《建筑十书》无论从议题或体例上看，均开启了关于建筑理论及其书写的传统。面对西方语境中的煌煌著作，克鲁夫特亦提醒道，需要关注"什么是这一理论体系的目标""这一理论体系是为谁提供的"[10]。事实上，"理论何为"是一个历来为中外建筑理论家和历史学家所关心的问题。这一多义的表述可包含三重含义，即什么是理论（what is theory）、理论需要做什么（what does theory do），以及为何需要理论（why theory）。在过去几十年间，虽然当代中国建筑沉浸于现实的高速发展和实践的空前繁荣，但是学科当下所面临的挑战无疑令"理论何为"再度成为当务之急。一方面，实践领域的丰硕与理论著述的匮乏，令一种基于当代中国现实的理论化需求呼之欲出。另一方面，进入新千年以来，技术变革、气候变化、社会议题的多重挑战以及一种新的整体环境，意味着建筑学需要在此前的基础上重新审视对于自身的批判性认识。当代建筑学科需要基于新的视野与方法，为下一阶段构建不同于以往的理论。而这种理论不仅将致力于为全球视野下的建筑学科所面对的新挑战提出一种解题思路，也为当代中国的建筑实践建构一种价值阐释与一个传播基础。

一、理论何为：1960 年代以来的全球建筑理论

在北京举办的国际建筑师协会第 20 届世界建筑师大会上，肯尼斯·弗兰姆普敦（Kenneth Frampton）的主旨报告《千年七题：一个不合时宜的宣言》（Seven Points for the Millennium: An Untimely Manifesto）提出了新千年建筑学将在普世文明与地方文化之间所面对的七大挑战：社会性、自主性、特大城市的人居问题、地形建筑、产品与场所、巨构建筑与城市针灸，以及理性与权力的影响[11]。尽管进入新千年不过 20 余年，在社会、技术与文化变革之加速力量的共同作用下，全球正在各种意义上处于百年未有之大变局中。新的发展状态不仅影响了讨论、理解与阐释建筑这门学科的方式，也对建筑师的角色、工具和方法提出了新的挑战。维罗妮克·帕蒂奥瓦（Veronique Patteeuw）和莉亚-凯瑟琳·萨卡（Lea-Catherine Szacka）便指出："将建筑学视为一门解决问题

的学科，将建筑师视为一个独立的作者，将建筑环境仅仅视为一种物理构造，这种主流阐释似乎越来越不适合我们所在的加速时代。"[11] 回顾 1960 年代以来全球建筑理论的发展状况，在现代主义的纲领性运动之后，理论的发展便顺应"何为"的时代要求而逐渐从学科本体走向了不同学科与知识领域之间的结合。

11 FRAMPTON K. Seven points for the millennium: An untimely manifesto[J]. The Journal of Architecture, 2011(5): 21-33.

1. 从学科本体到学科交叉

自现代主义建筑运动以来，建筑学科的发展便与建筑理论的话语生产紧密相连。"空间""功能主义""批判的地域主义""场所""建构"等每一次理论话语的生产、再生产与传播，无不推动着人们对于学科既有认知的更新，以及设计方法的发展。如果说，"现代主义"这一范畴尚能概括出 20 世纪初期至 1960 年代的全球建筑理论之整体脉络，1960 年代以来，伴随后现代主义思潮的涌现以及建筑学与社会科学、自然科学的学科交叉，建筑理论则逐渐成为一个多股思潮涌现、交织、衍生的混沌领域（图 1）。与一位理论家独立著述的"十书"或是挥斥方遒的"宣言"传统相比，"文集"这一形式恰恰显露出 1960 年代以来建构一种理论体系的困难性。诸如《1968 年以来的建筑理论》（*Architecture Theory Since 1968*）、《建筑理论新议程》（*Theorizing a New Agenda for Architecture*）、《建构新议程：建筑理论 1993—2009》（*Constructing a New Agenda: Architecture Theory 1993-2009*）等文集，往往通过议题的引入及其分类，以形成一套切实的框架，来回溯过去一段时间内建筑思潮的脉络，描摹新的趋势，尽可能地把握当下时代建筑理论的多元化总体图景。在其中，《建筑理论新议程》一书的编者凯特·奈斯比特（Kate Nesbitt）提出将建筑理论分为"规范性""肯定性"和"否定性"3 个类别，对于认识理论之于实践的关系提供了一种范畴可能[12]。

12 PATTEEUW V, SZACKA L-C. Architecture theory in the age of acceleration[M]//HADDAD E.The contested territory of architectural theory. London: Routledge, 2022: 175-177.

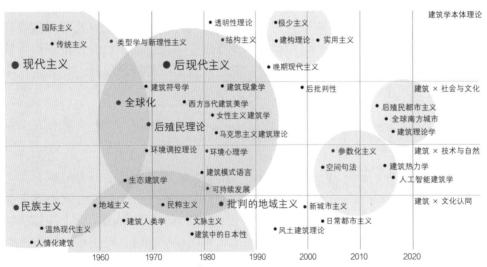

图 1 全球建筑理论图解 图片来源：王雪睿绘制

总的来看，1960 年代至 2000 年之间的建筑理论，可因理论化对象与知识之来源而区分出 3 大范畴：建筑学的本体理论建构、基于文化视角的建筑学理论建构、基于技术视角的建筑学理论建构。隶属于建筑学本体领域的理论关注"建筑是什么"，基于形式 / 空间、功能 / 内容、建造 / 材料 3 组关系，提出了诸如"透明性""类型""共生""表皮""建构""地域"等理论话语；社会科学、哲学和文化研究等领域的相关理论影响了诸如建筑现象学、建筑人类学、女性主义建筑学等的产生；而建筑与技术的结合则引发了对于生态建筑学、环境心理学、绿色建筑、环境调控、仿生学、空间句法、数字建筑等分支领域的关注。在海尔德·海嫩（Hilde Heynen）编辑的《SAGE 建筑理论手册》（*The SAGE Handbook of Architectural Theory*）中，来自文化研究、历史学、人类学、哲学、技术、自然科学等领域的理论之影响是如此巨大，以至于全书的 8 个部分中只有"设计 / 生产 / 实践"这一部分仅专注于建筑学本体 [13]。

如果说 2000 年之前的全球建筑理论领域尚能凝练出一系列虽纷繁、却内在架构明晰的理论话语，进入新千年来，则似乎很难再识别出一种或几种主导理论。马里奥·卡尔波（Mario Carpo）关注了文艺复兴时期的制图传统与 1990 年代"数字转向"（digital turn）之间的连续性与可比性；尼尔·里奇（Neil Leach）探讨了计算神经科学对于打破传统意义上的建筑学认知主体的可能性；尼尔·布伦纳（Neil Brenner）基于"星球城市"以构想一种极端城市化的状况；格雷厄姆·哈曼（Graham Harman）在人类世背景下，提出了物导向本体论（Object Oriented Ontology），并以哲学家的身份执教于一所建筑学院 [14]。在很大程度上，并非这些理论本身，而恰恰是它们所试图回答的"何为"，即为应对当下的学科新挑战——气候变化、技术发展、城市化、全球化等——提供一种解题思路，构成了它们之间的共性。

2. 当代建筑理论的新挑战

检索近年研究文献关键词可发现，在建筑学本体的迭代之外，对于关联技术、社会、环境等议题的研究兴趣呈现出清晰的上升趋势。这一转向也体现在诸多建筑期刊和国际会议的议程革新以及建筑教育的目标变化上。譬如，英国建筑期刊《建筑设计》（*Architectural Design*）近年来便曾以"机器幻觉"（machine hallucinations）、"绿色新政"（green new deal）等为主题出版特集。而在哈佛大学设计研究生院网站列出的诸多议题中，"都市主义""可持续性""社会公平""生态""基础设施""住房""气候变化""实践"等关键词更是占据高频（图 2）。如果说近 20 年来全球建筑领域尚未形成富有纲领性的理论学说，那么至少在当下，学界对于当代建筑学科所面临的新挑战业已形成了一定共识，并可归纳为建成环境、社会文化、新兴技术和气候危机 4 方面。这其中，既有"旧"议题的"新"内涵，也有"新"现象带来的"新"转向。

1）乡村 / 城市

如果说关于城市化现象的研究构成了近百年来建筑与城市学科的鲜明主题，那么 2018 年威尼斯国际建筑双年展中国国家馆展览"我们的乡村"（Building a Future Countryside）和 2020 年雷姆·库哈斯（Rem Koolhaas）策划的"乡村，未来"（Countryside, the Future）展览，均令"乡村"这一话题重新回到了全球学界的视野。一方面，乡村研究为理解城市化现象带来了补益：技术与基础设施的发展令今天的乡村在何种意义上依然能够被理解为乡村？乡村是否能够为探索诸如"栖居""地方"等概念带来新的可能？另一方面，伴随后工业化时

13 NESBITT K. Theorizing a new agenda for architecture: An anthology of architectural theory 1965–1995[M]. New York City: Princeton Architectural Press, 1996.

14 分别参考：卡尔波出版于 2017 年的《第二次数字转向：超越智能的设计》（*The Second Digital Turn: Design beyond Intelligence*）和出版于 2011 年的《字母与算法》（*The Alphabet and the Algorithm*），里奇收录于《建筑理论的竞夺场域》（*The Contested Territory of Architectural Theory*）一书的《从解构到人工智能：新的理论范式》（From Deconstruction to Artificial Intelligence: The New Theoretical Paradigm）一文，布伦纳出版于 2014 年的《内爆 / 外爆：走向星球城市化》（*Implosions/ Explosions: Towards a Study of Planetary Urbanization*），哈曼出版于 2022 年的《建筑与物》（*Architecture and Objects*）。

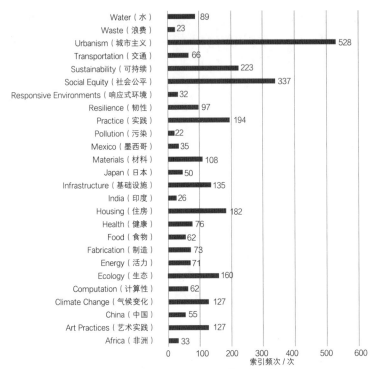

图2 哈佛大学设计研究生院网站主题关键词索引 图片来源：莫万莉绘制

代的到来，关于城市的研究也在"发展"与"增长"之外提出了"收缩""质量""韧性"等议题。

2）认同与文化身份

文化身份是一个古老的议题，但却在近20年来因全球化现象的深入以及对基于西方现代性的"全球文化"的反思而产生了新的内涵。包括中国在内的诸多亚洲、非洲国家开始探索一种基于文化自觉和地方文化的建筑之可能性；而女性主义、族裔、非正式社区、社会公平等议题的发展，也令那些过去被忽视的社会身份开始寻求新的认同和文化表征，这也包括对于相关建筑历史之研究以及空间设计策略的革新。

3）新兴技术

数字技术的飞速发展不仅在建筑的设计与建造方面引发了新的范式，也重构了人们的空间感知与体验。数字设计、智能建造以及人工智能的发展，叩问着人机合作时代的新的主体性。此外，移动网络、虚拟现实、现实增强技术的发展，为虚拟空间的感知以及线上线下的空间交互提供了新的可能性。上述技术的革新必然会带来设计、建造和空间感知方面的范式转变，它们亦需要一种新的理论对自身加以阐释。

4）气候变化

当今世界变暖的速度超过了人类历史中的任一时段。据统计，城市产生了超过75%的全球温室气体排放，而建筑行业的能源消耗量与碳排放所占全球份额均超过1/3[15]。在这一背景下，建筑学科一方面需要新的理论以应对全

15 参考由伦敦大学学院（UCL）和欧洲建筑性能研究所共同编制的《2020 全球建筑现状报告》。

球变暖和极端气候带来的人居环境新挑战，另一方面也意味着需要一种根本意义上的设计哲学的转变。与此前的消耗模式相比，建筑与城市需要在全生命周期视角下重新审视过往的设计策略。

二、为何理论：当代中国的建筑实践与理论

尽管建构理论并非源自中国文化传统的内生现象，但自20世纪初期的第一代中国建筑师以来，围绕一种基于中国实践的理论探索便绵延不绝。回顾20世纪尤其是1949年以来建筑理论在当代中国的发展，在现代与传统、本土与全球之间探寻"何为中国"构成了一个具有共性的目标（图3）。近年来，当建筑师往往基于自身的实践经验而凝练创作理论之时，理论研究者与评论人的工作，则致力于在全球视野中为当代中国建筑寻找一种定位。

1. 中国建筑理论的历史回溯

自1920年代以来，寻找一种"中国"的建筑理论似乎成为现代意义上第一代中国建筑师不言而喻的使命。面对西方式样建筑对中国近代城市面貌的剧烈改变，一部分建筑师以中国古典式样与之抗衡，试图将其发扬为"中国固有式建筑"，使民族主义的文化理想在建筑领域汇聚。另一些中国建筑师则开始采用现代主义建筑风格，通过剔除中国古典式样的风格参照，倡导"国际主义"的建筑形式[16]。实践的不同倾向对建筑理论形塑产生了重要影响，引发中国建筑师对于"传统与革新"的热切讨论。如果说乐嘉藻、朱启钤、梁思成与中国营造学社的诸多努力更多的是沿着前一条道路的理论探索，那么童寯、过元熙等建筑师，以及在《新建筑》等期刊中宣扬现代主义建筑的作者与学者，则倾向于后者。尽管存在着学术观点上的分歧，但此时的中国建筑师对理论的建构基本抱有相似的目标：正如巴尼斯特·弗莱彻（Banister Fletcher）在《比较建筑史》中将中国建筑视为一种"缺乏历史发展的风格"，这种西方中心化视角下的建筑史学家对中国建筑片面乃至贬低性的解读，是他们希望抵抗和挑战的共同对象。因此，这一时期的理论建构不仅寻求中国建筑传统的现代诠释，更旨在挑战和重塑由西方建筑史学家主导的"世界建筑史"观念，凸显其在世界建筑体系和现代化进程中可以被类比、转化和重构的要素特征，希求重新定位，乃至提高中国建筑应有的文化地位与价值。

1949年后，社会政治的巨变带来了建筑生产体制、组织机构的重组与改革，使建筑理论逐渐呈现出一元化和纲领性的倾向。建国之初的三年经济恢复时期，多种建筑风格与理论探索并存的局面逐渐被受苏联影响的"社会主义现实主义"和"民族形式、社会主义内容"理论纲领所取代[17]。在上述思潮的影响下，当时的多数作品延续了"布扎"式的建筑操作手法。然而，持续到1954年末的"大屋顶"建设热潮与"民族形式"理论建构，随着中苏关系变化以及反浪费运动的开展而转向。1950年代中后期至1960年代初，尽管建筑艺术、风格、继承与革新等话题随着社会政治的波动、重要建设项目的开展而呈现出持续的思想震荡，围绕建筑理论的探索与争鸣或许可以用"何为中国的社会主义的建筑"这一问题加以概括。《建筑学报》上刊登的系列文章以及《建筑理论争鸣论文

16 HEYNEN H. The SAGE handbook of architectural theory[M]. Los Angeles: SAGE, 2012: v-viii.

17 WANG M Y. The historicization of Chinese architecture: The making of architectural historiography in China, from the late nineteenth century to 1953[D]. New York: Columbia University, 2010: 16-23.

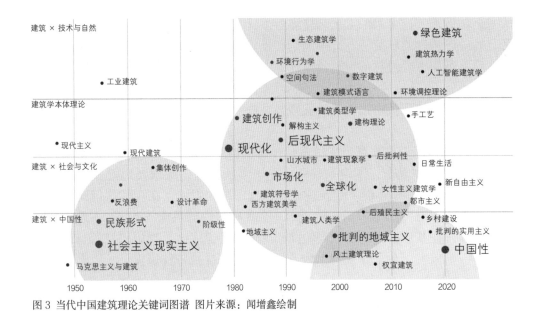

图 3 当代中国建筑理论关键词图谱 图片来源：闻增鑫绘制

选集》等，呈现出在某些短暂时刻中理论话语生产的可能性。1960 年代后期，尽管"设计革命""三线建设"等运动的开展在客观上使以工业化为主要特征的现代化进程逐渐深入内陆城市，但建筑研究与教育的中断仍然标志着中国建筑理论发展过程中一个无可挽回的断裂与空白时期。

1980 年代见证了建筑理论讨论的再度活跃。虽然"民族形式""中而新"等理论话题延续了 1950 年代的讨论思路，但香山饭店引发的"中国现代建筑之路""神似与形似""夺回古都风貌"等话题的讨论，也反映出这一时期的中国建筑师致力于突破束缚、主动和现代化的主流趋势接轨，并将理论的中心重新定位到建筑的形式风格、创作方法等问题的讨论上来。随着建筑业启动市场化改革，"建筑创作"成为建筑理论关键词，在"现代中国建筑创作研究小组""繁荣建筑创作学术座谈会"等学术组织与活动的推动下，个体化的探索倾向逐渐显现。与此同时，人文社科领域的"文化热""翻译热"也影响到了建筑界。以清华大学汪坦教授组织的"建筑理论译丛"为代表，包括后现代主义在内的许多西方建筑理论流派被快速引介至中国。此外，受到这一时期引入的系统论、控制论、信息论等思想影响，钱学森的"建筑科学"构想、吴良镛的"广义建筑学"等理论的出现，表明了建筑学科边界的不断拓展。

1990 年代以后，围绕被称为"实验建筑"之群体及其反思性的理论和教学活动，"建构""表皮"等话语被译介至中国，"建筑批评学""风土建筑""城市设计"等研究领域的扩展则显示出西方建筑理论体系与当代中国建筑实践相结合而呈现出的独特思想谱系。专业的建筑理论研究者与评论人的出现，以及建筑师基于丰富实践经验的理论探索，令有关中国性与当代性的观察与思考开始涌现。第三代、第四代建筑师在改革开放后积累了丰富的实践经验，立足设计提出各自的理论观点。例如，关肇邺的"得体"设计概念，程泰宁的"立足此时、立足此地、立足自己"的创作主张，崔愷的"本土设计"理念，孟建民的"本原设计"创作论，王澍的"循环建造"观点等。如果说上述理论源自个体创作经验的凝练，那么如"权宜建筑""批判的实用主义"等理论话语的生产，则是基于当代中国建筑的群体现象而尝试对其进行理论化的阐释[18]（图4）。展览、出版与奖项评选也成为理论建构的新的再生产与传播途径。与此前相比，全球化与城市化进程的深入、中国国家实力的增强以及一些中国建筑师逐渐登上全球建筑文化的交流舞台，令一种基于文化自觉的理论探索成为不约而同的目标。

2. 再思"理论"

20世纪以来，中国建筑理论的发展在全球的影响力无疑是无法与当代中国的建设之规模与数量相称的。正如前文所论述的，建筑学科当下似乎正处于这样一个关口：一方面是过去几十年来的丰硕经验，一方面则是未来的巨大挑战，而相比任何时候，基于理论视野为其建构的新议程变得刻不容缓。回顾当代中国建筑理论的发展历程，可以发现以下3方面亟待解决的问题。

1）传统与现代之观念的断裂

作为后发外生型现代化国家，源自西方的建筑学观念几乎完全重塑了当代中国的"建造"观念。正如"建筑""结构"等一系列诞生于20世纪初期的"回归的书写形式外来词"所显露的，这些词语的译介与使用既从根本上塑造了当代中国的建筑知识体系，也反映出一种建造与设计观念的断裂。更进一步，现代建筑材料与建造体系的引入，亦使得以木结构为代表的建造系统在很长时间内并未被规模化和现代化，进而令与其相关的一整套术语与观念仅成为建筑历史的研究对象。

2）本土生产与外来译介的失衡

回顾20世纪以来中国建筑理论的话语生产，无论是1950年代的"社会主义现实主义"，或是1980年代以来关于"后现代""符号""建构""表皮"的讨论，它们往往并非内生于当代中国建筑的实践本身，或是一种外来的"规范性理论"以指导实践，或是被译介以描述现实。然而，本土生产与外来译介

18 吉国华.新中国与苏联建筑：20世纪50年代苏联建筑理论的输入和对中国建筑的影响[J].广西城镇建设,2013（2）:70-74.

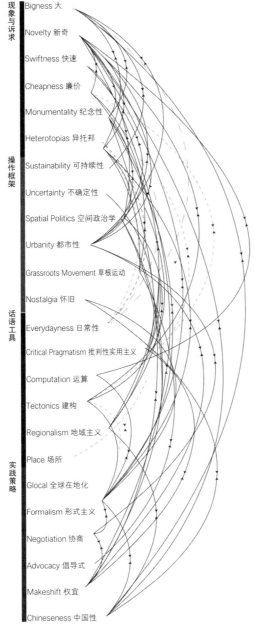

图4 当代中国建筑的24个关键词 图片来源：刘莉轩绘制

之间的不平衡关系并非意味着当代中国建筑缺乏具有理论化潜力的实践经验，雷姆·库哈斯关于珠三角城市群的研究毫无疑问已经充分说明了这一点[19]。反之，这种失衡恰恰说明了当代中国建筑的理论建构仍然缺乏敏锐的观察、有效的方法和原创性的贡献。

19 李翔宁.权宜建筑：青年建筑师与中国策略[J].时代建筑，2005（6）：18-23.

3）单个话语与理论体系之间的距离

近年来，不少建筑师致力于通过理论话语来凝练个体创作的实践经验，这无疑为当代中国建筑理论的建构提示了一种可能性。但关于全球与中国建筑理论的历史回顾显示出，一种纲领性理论占据绝对主导的时代已过去。当下建筑学科所面临的多元而复杂的挑战，注定了未来的理论体系会是一个复杂的、动态的话语系统，它需要由多个向度和范畴内所滋生的话语节点以及它们之间的连接关系构成。

三、当代中国建筑理论建构展望：议题、方法与特征

如果说为当代中国建筑理论建构一套新议程是一种雄心壮志的努力，那么这种努力既是适时的，也是必需的。当这种新议程本身的内容仍需更多的探索与检验之时，它所致力于应对的议题、所运用的方法以及所应具有的特征，却已经呈现出一定的轮廓，而借助这些议题、方法与特征，或许能够摸索出一条指向未来的理论建构路径。

1. 当代中国建筑理论建构的新议题

当代中国建筑理论的新议题既需要应对全球建筑所面临的建成环境、社会文化、技术和气候的共同挑战，也需要立足于"中国"的现实基础。具体来说，可以在时间维度上区分出传统/当代两大内涵，在学科交叉方向上区分出文化/技术两个类别，在空间维度上区分出中国/全球两个向度。当营造传统与当代经验构成了亟待理论化的明确对象之时，新兴技术滋生的议题则是更具开放性的问题框架（图5）。

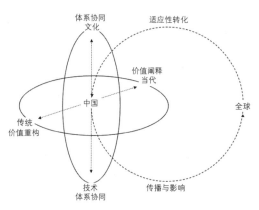

图5 当代中国建筑理论建构的5项议题 图片来源：莫万莉绘制

1）当代全球建筑理论的适应性转化

毋庸置疑，全球建筑理论尤其是源自西方的建筑理论，曾深远地影响了当代中国建筑理论的发展，也必然在未来将持续地对其产生影响。在一个全球化的时代，知识的流动、迁移与再生产令纯粹的独有性几乎不再可能出现。然而，与一度的"生搬硬套"相比，未来中国建筑理论的建构需要基于当下发展需求，识别核心议题和发展趋势，结合本土设计探索与实践经验，形成全球建筑理论的适应性转化与进一步发展。这一过程既为观察与阐释当代中国建筑的

实践提供了一种视角，也为基于中国现实的原创性理论话语提供了面向全球的共同传播基础。以风土建筑（vernacular architecture）为例：尽管风土建筑是一种具有普适性的建筑现象，中国亦产生过可与西方类比的风土建筑思想，当代中国风土建筑再生理论的探索仍不能脱离对于西方相关理论的回溯、梳理以及基于"中国问题"的重构。

2）中国营造传统的当代创造性价值

作为现代性的后发国家，西方建筑不可否认地在很大程度上形塑了当代中国建筑的基本状况。然而在这一基础上，如何重新理解和传承中国营造传统，是一代又一代研究者和建筑师致力于回应的命题。一方面，木构建造体系从材料、建造、装配等角度提供了未来可能的切入点；另一方面，传统营造所蕴含的"天人合一""循环建造"的独特设计思想能够对以西方现代主义为主导、强调"人"与"自然"主客二分的当代建筑学与城市主义形成有益平衡。以"循环建造"为例：它源起于中国传统的循环时间观念，反映出传统自然美学思想的影响以及"生生不息"的观念，而当下的环境危机和气候挑战令其进一步具有了一种伦理维度的意义，即"循环建造"因其尽可能少地使用"新"的材料，从而减少了资源的耗费。

3）当代中国建造经验的普适价值阐释

自1980年代开启的中国城市化进程，以其狂飙式的速度与尺度构成了全球城市化现象的一份重要样本。面对诸如特大城市、高密度人居环境、大尺度建筑、基础设施建筑等建筑与城市主义领域的普适性议题，当代中国积累了丰富的经验。这些经验在过去引发了全球的瞩目与惊叹，如何将它们从"奇观式"的印象转化为一整套关于处理密度、数量、尺度等当代城市议题的理论话语，并构成可传播、可借鉴的观念与策略，是当代中国建筑理论建构的重要议题。以"城市"观念为例：西方理论中的"城市"往往注重以人为核心。这在满足了以人为本的空间需求之时，却也无形中放大了人之欲求对于空间的不断索求。20世纪以来的人口爆炸式增长、城市蔓延现象以及随之而来的环境代价，无疑显示出城市观念之转变迫在眉睫。一种以自然资源和环境承载力为基础的城市规划与建筑设计理念以及设计方法亟待发展，亦与中国式现代化的重要内涵不谋而合。

4）人工智能时代的文化—技术的协同价值体系

卡尔波在《一个精简且可证的建筑数字化转型史》一文中以概念化的可视图解呈现了当代建筑学自1990年代以来在数字与智能方向上理论议题的指数级增长[20]。从文艺复兴印刷书籍的传播，到1990年代以电脑辅助设计、参数化为代表的建筑数字转型，再到当今人工智能生成工具的爆发式涌现，每一次技术的发展均推动了设计方法与建造模式的革新，从而也需要新的理论对这种范式转折加以描述和阐释，对未来提出洞见。中国业已是全球唯一拥有联合国产业分类当中全部工业门类的第一制造业大国，而在建筑领域，包括立足于同济大学的全球性知识平台数字未来（Digital Futures）等研究组织，以及一系列自主设计软件的研发，已显示出当代中国在智能建造与数字设计领域的影响

20 CHUNG C, INABA J, KOOLHAAS R, et al. Project on the city I: Great leap forward[M]. Koln: Taschen, 2001: 27-28.

力。而面对当下全球性的气候危机与健康挑战，健康、安全、韧性的考量需要被纳入当代建筑的价值体系，并形成有效的设计应对策略与适宜的设计表达，在建筑学本体的"坚固""美观""实用"之外形成了一系列依托技术的新的价值观念。如果说既往的建筑理论往往形成了文化与技术之间的分野，面对这一新兴领域，协同文化与技术价值的理论建构亟待探索。

5）面向全球的原创性话语传播

如果说 40 多年来，当代中国建筑在很大程度上对于西方建筑理论"亦步亦趋"，那么综合上述几方面的理论建构不仅需要凝练出原创性话语，亦需要考虑其国际传播。回顾历史，1980 年代以来，以美国东海岸若干建筑院校及研究机构为核心的建筑理论话语高地逐步奠定了这些院校及相关理论家的全球影响力，令其即便在实践式微的背景下，依然吸引了全球青年建筑师、研究者、学生的涌入。只有在不同的文化语境中被不断传播、理解甚至再生产的理论，才能够具有鲜活的生命力，进而形成学科领域的全球影响力。

2. 当代中国建筑理论体系建构的方法

当代知识与信息的爆炸式增长以及计算性技术的突飞猛进，令数字化的研究工具与方法业已成为历史与理论研究领域中不容忽视的方向。如何借助新的技术在大量的知识与信息中协助思考，甚至揭示过往方法所难以发现的模式与规律，构成了在当下展开中国建筑理论研究的新方法。知识工程学与知识图谱业已为研究全球建筑理论的"概念集"及其生产、演变与知识表征提供了一整套较为成熟的方法论。而近年来认知科学与大语言模型的飞速发展，更令一种基于人工智能的创新性建筑理论探索成为可能。基于概率和统计的机器学习可以通过大量训练，在未识别的数据中习得一些"潜在模式"，并能够进一步将这些数据根据人类的经验范畴进行归类。无论何者，新的数字工具提供了"一块独特的、可以远近拉动的诠释学透镜，一种用于具体阐释的比例尺工具"，与过去的方法论相比，它允诺了一种在"远"与"近"、"小"与"大"之间的可能性[21]。在社会科学中，计算方法论业已被明确地阐释为"数据－模型－理论"的三元结构，对于未来中国建筑理论的研究，这些新的方法论亦提供了新的思路。

在这些基于新技术的方法论之外，理论体系的建构也无法离开建筑历史与建筑批评之间的协同互馈及新研究范式的探索（图 6）。诸多建筑学者、理论家与历史学家曾对历史、批评与理论之间难以分割的关系，甚至难以区分的范畴展开论述，而诸如弗兰姆普敦等当代学者往往集历史学家、理论家与评论家的多重身份于一身，并在相关著述中互馈"借力"。理论源自对于

21 卡尔波，闫超 . 一个精简且可证的建筑数字化转型史 [J]. 建筑学报，2023（10）：21-28.

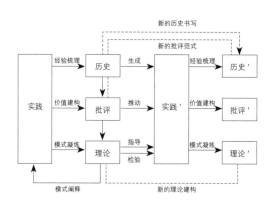

图 6 "历史—批评—理论"协同互馈研究范式探索 图片来源：莫万莉绘制

实践问题和模式的观察,它既可进一步基于实践经验的梳理而进入历史的书写,又可借助批评的载体完成实践价值的建构。这一互动的过程既存在于历史、批评、理论内部,亦体现在其与实践的关系以及不断发展和更替的历史进程中。

3. 当代中国建筑理论建构的主体性、体系性与可传播性

展望当代中国建筑理论的新议程,"中国"无疑构成了一个最为重要的关键词。如果说 1980 年代的"翻译热"促发了全球建筑理论的本土传播,那么在今天,如何以当代中国的建筑状况为研究起点去解读中国实践、构建中国理论,成为当务之急。对于"中国"之主体性的强调,意味着一种原创性,而这恰恰是一个理论和理论体系的核心竞争力。回顾 1960 年代以来全球建筑理论的发展动向,那些极富影响力的理论恰恰因其原创性以及面对多种现实的普适性和可阐释性而获得了极强的生命力。库哈斯基于曼哈顿的"拥挤文化"为现代大都市的建筑建构起一整套学说;弗兰姆普敦的"批判的地域主义"因其对于普世文明和地方文化之间的矛盾之关注而令这一概念为全球不同地区的建筑师和研究者所接纳,并对其再度进行阐释与反思;柯林·罗(Colin Rowe)的"透明性"建立起了一套阐释现代建筑之视觉与身体空间体验的概念框架。这些建筑理论往往基于普适性提出一套富有原创性的见解,凝练出核心概念表述,并最终运用这些概念表述对既有的历史案例形成新的解读,对当下的实践问题提出新的解答。更进一步,尽管上述学说均为理论家或建筑师所独立提出,但逐渐在其不断传播、接受和再生产的过程中,或多或少地形成了话语体系。以"批判的地域主义"为例:一方面,弗兰姆普敦自 1983 年以来,在学术讲座、评论文字、历史书写中持续发展"批判的地域主义"的内涵与主张,回应建筑实践的最新动向以及来自学界的批评与反思;另一方面,这一理论所应对的普适性问题和所具有的辩证框架,令其能够为来自不同国家和地区的建筑师与研究者所运用,不断发展出新的内涵,从而形成理论与实践之间的积极互动[22]。可以看到,理论的生命力正建立在它的主体性、体系性与可传播性上。主体性奠定了它的原创性;体系性意味着它一方面具有严谨的内在结构,另一方面能够应对复杂性的挑战;可传播性则说明它具有成为一个开放知识架构以不断发展的潜力。具体就当代中国建筑的理论建构而言,这 3 个特征或许可以从以下3 个方面切入。

1)阐释中国问题的主体性

构建当代中国建筑的理论首先需要关注中国问题,解读中国实践、阐释中国特征。自 20 世纪之初,如何理解和定义"中国"成为建筑师、规划师以及更广泛意义上的知识分子所面对和致力于回答的重要命题。回溯当代中国建筑理论的建构,无论是 1950—1960 年代的"社会主义内容、民族形式",抑或1980 年代的"文化热",如何在由传统/现代、中国/全球组成的坐标系中理解"中国"是一个贯穿不同时代的长期命题,亦是全球现代性后发国家需要面对的普适性问题。矶崎新曾论述建筑中的"日本性",对他来说,"日本性"并非仅隶属于日本文化,更是一种具备普适性的空间特征[23]。那么,是否能够凝练出一种类似视角下的"中国性"呢?更进一步,如果说过去的探索更多地着眼于传统与现代、中国与全球的文化之间,新的环境现实则不得不令我们重

22 弗兰姆普敦于 1983 年发表了《走向批判的地域主义》和《批判的地域主义的前景》,在两篇文章中建构了其"批判的地域主义"理论,这两篇文章为"批判的地域主义"提出了基本的理论框架,并对相关案例展开了论述。这一理论随后出现在弗兰姆普敦的《现代建筑:一部批判的历史》(第二版,1985 年)中。1987年,弗兰姆普敦在得克萨斯大学奥斯汀分校美国建筑与设计中心的刊物《中心》(Center)的《新地域主义》(Regionalism)专辑中发表了《关于一种地域主义建筑的十点主张》(Ten Points on an Architecture of Regionalism)一文,扩充了批判的地域主义的理论内涵。近年来,弗兰姆普敦在讲座中发展出了"交互的地域主义"(reciprocal regionalism)之概念。对"批判的地域主义"进行批判性反思的观点可见由文森特·卡尼扎罗(Vincent Canizaro)编写的《建筑地域主义:关于场所、身份、现代性和传统的文集》(Architectural Regionalism: Collected Writings on Place, Identity, Modernity, and Tradition)。

23 赵薇.作为计算批评的数字人文[J].中国文学批评,2022(2):157-166,192.

新思考中国建造传统的当代生态价值。以木结构为主的建造体系，能否为当下建筑领域的"零碳"挑战提供解题思路？"天人合一""循环建造"的设计思想，能否对以西方现代主义为主导、强调"人"与"自然"主客二分的当代建筑学与城市主义形成有益平衡？这些或许都将成为构建当代中国建筑新议程的"理论之问"。

2）兼顾学科本体与交叉领域的体系性

自维特鲁威的《建筑十书》以来，西方建筑理论"十书"传统往往致力于一种完整知识体系的建构，而近年来在不同理论方向上的深入发展，也往往依托于既往体系的理论基础。正如上文所述，当代建筑学的知识体系一方面形成了基于"形式／空间""材料／建造""功能／内容"等概念的本体内核，另一方面则通过和其他学科的知识交叉，形成了应对不同历史时期、不同挑战的知识外延。斯坦福·安德森（Stanford Anderson）基于科学研究的范式演变而发展的"核心／保护带"模型或许为当代建筑学科理论之体系建构的内在结构提供了一种启示[24]。

1971 年，查尔斯·詹克斯（Charles Jencks）首次在《2000 年的建筑：预测和方法》（*Architecture 2000: Predictions and Methods*）一书中总结了一幅建筑进化树图解。詹克斯试图预测建筑发展的新趋向，并以 6 大传统——"逻辑的""理想主义的""自我意识的""直觉的""行动主义者"和"非自我意识的"对 1920—2000 年间纷繁的建筑流派与"主义"予以归纳[25]。如果说詹克斯的图解仍更多的是一种面向实践、基于分类法的回溯式梳理，那么未来的建筑理论体系不仅需要包含更为密集的话语、更为复杂的关系以及动态的变化趋势，也需要同时关照文化与技术、本土与全球。而借助知识图谱、语义网络等知识表征方法以及大语言模型、机器学习等新兴技术，为建构这样一个复杂的话语系统，甚至真正预测未来理论话语的发生点提供了可能性。

3）面向全球的可传播性

当代中国建筑理论体系的建构既是对建筑作为文化和建筑作为技术的双重阐释，亦是对建筑之本体内核与学科外延的同时关照，更需要同时建立在本土经验与全球视野之上。这一理论体系不仅需要阐释当下，并应该能够着眼未来；不仅需要解读中国，更应该为全球建筑与城市的发展提供"中国经验"与"中国方案"。2000 年以来，当代中国建筑逐渐步入了全球建筑文化的交流舞台，也因一部分高品质的作品而频频出现于全球重要的展览与媒体中，甚至获得诸如普利兹克建筑奖、阿卡汗建筑奖的肯定。然而在实践领域之外，围绕当代中国建筑的理论话语生产与传播却往往或以西方视角为主导，或基于西方理论话语的再生产，更多的则仅受到西方建筑理论的单向影响。这使得当代中国建筑理论话语的流通往往局限于内部，而尚未形成一定的国际影响力。未来中国建筑理论体系的构建，则需要考虑这些理论话语的国际传播、交流、借鉴，如何构建出诸如"批判的地域主义""建构"等基于中国实践，并具有普适意义的标志性、原创性概念，如何打造话语传播平台、对上述标志性概念予以传播，如何能够吸纳不同视角对上述概念进一步拓展，如何形成建筑与城市领域的"中

24 ISOZAKI A. Japan-ness in architecture[M]. Cambridge, Mass: MIT Press, 2006.

25 ANDERSON S. Architectural design as a system of research programmes[J].Design Studies, 1984,5（3）:146-150.

国学派"——这些均是未来理论体系建构需要开展的工作。

无疑，为当代中国建筑建构一套理论体系是一项庞大、复杂而极富挑战的工作，但亦是一项回应时代发展和社会需求的必要工作。如果说上文对于这项工作的展开路径提出了一定的思考与展望，那么或许它更需要在随之而来的实践中予以发展，并接受检验。

参考文献

[1] 吉国华 . 新中国与苏联建筑：20 世纪 50 年代苏联建筑理论的输入和对中国建筑的影响 [J]. 广西城镇建设，2013（2）：70-74.

[2] 卡尔波，闫超 . 一个精简且可证的建筑数字化转型史 [J]. 建筑学报，2023（10）：21-28.

[3] 克鲁夫特 . 建筑理论史：从维特鲁威到现在 [M]. 王贵祥，译 . 北京：中国建筑工业出版社，2005.

[4] 李翔宁 . 权宜建筑：青年建筑师与中国策略 [J]. 时代建筑，2005（6）：18-23.

[5] 刘禾 . 跨语际实践：文学，民族文化与被译介的现代性（中国，1900—1937）[M]. 宋伟杰，译 . 3 版 . 北京：生活·读书·新知三联书店，2014.

[6] 马尔格雷夫 . 现代建筑理论的历史，1673—1968[M]. 陈平，译 . 北京：北京大学出版社，2017.

[7] 维特鲁威 . 建筑十书 [M]. 陈平，译 . 北京：北京大学出版社，2012.

[8] 赵薇 . 作为计算批评的数字人文 [J]. 中国文学批评，2022（2）：157-166，192.

[9] ANDERSON S. Architectural design as a system of research programmes[J]. Design Studies, 1984, 5（3）:146-150.

[10] CHUNG C, INABA J, KOOLHAAS R, et al. Project on the city I: Great leap forward[M]. Koln: Taschen, 2001.

[11] FRAMPTON K. Seven points for the millennium: An untimely manifesto[J]. The Journal of Architecture, 2011（5）:21-33.

[12] HEYNEN H. The SAGE handbook of architectural theory[M]. Los Angeles: SAGE, 2012.[13] ISOZAKI A. Japan-ness in architecture[M]. Cambridge, Mass: MIT Press, 2006.

[14] JENCKS C. Architecture 2000: Predictions and methods[M]. New York: Praeger, 1971.

[15] NESBITT K. Theorizing a new agenda for architecture: An anthology of architectural theory 1965-1995[M]. New York City: Princeton Architectural Press, 1996.

[16] PATTEEUW V, SZACKA L-C. Architecture theory in the age of acceleration[M]//HADDAD E.The contested territory of architectural theory. London: Routledge, 2022.

[17] WANG M Y . The historicization of Chinese architecture: The making of architectural historiography in China, from the late nineteenth century to 1953[D]. New York: Columbia University, 2010.

从失衡到共生——
反思人工智能在建筑设计应用中的工具理性 [1]

From Imbalance to Symbiosis — Rethinking the Instrumental Rationality of Artificial Intelligence in the Application of Architectural Design

贺 从 容 [2] 董 伯 许 [3] 庄 惟 敏 [4]

HE Congrong　　DONG Boxu　　ZHUANG Weimin

摘要：人工智能里程碑式的跃进引发全球沸腾，包括建筑在内的多种行业都对其应用潜力满怀憧憬与期待。利刃将握，未来已来，我们更应该时刻保持对以下问题的审慎与警觉：其一，人工智能应用于建筑设计中，存在哪些局限与问题；其二，技术片面发展，会带来哪些风险及隐患。本文围绕上述议题，试对人工智能在建筑设计中的应用范围及方式方法提出一些见解与警示，继而掘其根源，将焦点锁定于因效率至上的社会意识造成工具理性压倒价值理性所引起的理性失衡。最后以此为基点，结合中国传统文化中"道"的思想，探讨在人工智能应用于建筑设计的过程中，实现工具理性与价值理性之间平衡关系的途径。

Synopsis：The milestone breakthrough in artificial intelligence has sparked global excitement, with various industries, including architecture, anticipating and looking forward to its application potential. Embracing the double-edged sword, the future begins to take shape. We must consistently exercise caution and vigilance regarding the following concerns: Firstly, what limitations and issues exist when artificial intelligence is applied to architectural design? Furthermore, what risks and potential hazards might arise from the one-sided development of technology? This paper addresses these issues, attempting to provide insights and warnings regarding the scope and methods of applying artificial intelligence in architectural design. It then delves into their origins, focusing on the rational imbalance caused by societal consciousness that prioritizes efficiency over values, where instrumental rationality overwhelms value rationality. Finally, using the discussion of these issues as a starting point and incorporating the concept of "Dao" from traditional Chinese culture, the paper explores approaches to achieving a balanced relationship between instrumental rationality and value rationality in the process of applying artificial intelligence to architectural design.

1 本文受中国工程院课题"基于中国文化创新性发展的建筑理论体系建构与发展战略研究"之子课题"基于现代性反思的中国当代建筑问题解析"的资助和支持。内容脱胎于全体课题组成员的讨论，取撰文组员署名，感谢苗志坚、高欣婷、何文轩、李畯雯、崔丽千、柴虹、闫霄玥的讨论和分享。

2 贺从容，清华大学建筑学院；hcr@tsinghua.edu.cn。

3 董伯许，清华大学建筑学院。

4 庄惟敏，清华大学建筑学院（通讯作者）。

关键词：人工智能；建筑设计；工具理性；价值理性；共生
Keywords：artificial intelligence; architectural design; instrumental rationality; value rationality; symbiosis

随着计算机技术的迅猛发展，人工智能（Artificial Intelligence，AI）在今年迎来了里程碑式的跃进，顿时引发全球沸腾，掀起了全民关注的热潮，包括建筑在内的多种行业都对其应用潜力满怀憧憬与期待。人工智能吸收海量既有方案数据进行学习与训练，归纳并习得隐含其中的设计模式及规律，继而形成算法模型，设计师便可以通过输入需求指令来使其自动且快速地生成相应方案。其不仅可以替代人力，包揽画图、建模等较为初级的体力活，还能从事很多更为高级的智力工作。比如高效便捷地细化与量化建筑与环境的诸多因素，分析得出最优解；精确完成复杂形体设计，快速生成多个方案，供建筑师进行比选；输出便于编辑修改的图形图像与信息模型，协助多专业协同工作、精确对接。这将极大地提高设计效率，并可能改变建筑设计的整体流程。

在上述飞跃式进展发生之前，基于计算机强大的数据分析以及形态生成能力的参数化设计、大数据分析等技术在建筑设计领域已然被奉若神器，不仅学习研发蔚然成风，在设计实践和科研教学中甚至已将其从辅助工具上升为"客观标准"，而人工智能的迸发更是引爆了这种建立在高效、快速、精确化与自动化原则上的对计算机技术工具的追捧与崇拜，使其发展方兴未艾，势不可挡。

然而，人居环境的设计工作责任重大，人工智能的剑刃越是锋利，我们越是应该警惕，以防反噬带来难以挽回的负面效应。我们应该清醒且冷静地认识到，人工智能给建筑设计带来的不仅是新工具和新方法，同时也可能是新陷阱和新问题。由于专业领域的限制，笔者无意探究人工智能博大精深的技术知识，而是希望针对其在建筑设计中的应用，展开地探讨可能存在的局限与隐患，并尝试提出有效的解决途径，以期为后继者带来些许警示与启发。

一、人工智能在建筑设计上的局限

1. 数据问题

人工智能算法的准确性和可靠性主要依赖喂养数据的质量，倘若数据采集不够公平、均衡与充分，或是数据标记不够全面、清晰与明确，那么训练出来的算法必然会产生不同程度的偏差与失准，从而丧失科学性与合理性。

在建筑领域，算法学习的设计模式及规律，是基于海量既有设计数据训练所得。世界瞬息万变，既有数据随时可能作废，既有模式和规律也随时可能被改写甚至颠覆，这使得算法的时效性和适用性时刻面临挑战。举几个比较极端的例子：已然不合时宜的现代主义"苦行器物"的设计范式，却在机器算法的加持下被技术崇拜者误作"先进"，在现代社会争相建造；或是造价昂贵、难以落地的非线性设计模式被算法学习后误认为"常态",被人工智能推为某些经济成本严重受限的项目的最优解——这显然是时效性和适用性丧失造成的严重失误。而对既有设计数据进行及时的修正与更新,继而对算法进行重新训练,将会带来巨大的工作量,需要较长周期,很难与社会日新月异的发展速度保持同步。

再反观数据本身,其合理性也应受到质疑。数字时代,人类原本鲜活、充满多样性的真实需求被降格成为模式化、数据化、概念化的名词"需求",那些非客观固化的特征与属性,包括普遍存在于生命、社会、自然中的复杂现象,统统被缩减为抽象的、数理化的、可控制的数学模型,而建筑自身也被肢解成各类"空间单元",进一步被分类化、典型化、定性化,再遵循高效、经济的原则重新排列组合。在这一过程中,那些无法驯服纳入数据化框架的部分,则惨遭选择性遗弃,甚至被粗暴地从规则中剔除。

基于上述种种,算法赖以存在的基础数据的质量——完整性、真实性、合理性、适用性以及时效性等等——着实令人担忧,而人工智能将基于这些质量参差不齐的数据不断发展迭代,其生成的"智能"设计模式是否真的适用于未来,确实应该打上一个大大的问号。

2. 算法隐患

算法本质上是"通过数学方式或计算机代码表达的意见",其核心属性,包括设计逻辑、优选标准、数据使用、最终目的等等,都依赖于开发者的主观选择,因此开发者的思维方式,不论良莠,都会或多或少地嵌入算法系统,影响其价值取向。

计算机算法的工作原理本就错综复杂、难以解读,在深度学习出现后,更是会像生物选择那样自我进化学习,过程中大量环节都是自主决定取舍,连开发者都无法预测最终走向。所以,经由算法"黑箱"生成的规则和决策,无法被人所观测掌控,出现问题很难查根溯源,随时可能偏离人类预期甚至彻底失控,在实际运用中极易引发像自动驾驶那样难以预料、威胁生命的严重事故。也是因为如此,人工智能虽然在很多领域已有非常出色的表现,但是因其过程不可知、结果不可控,在重大方案上决策尚难取信。

算法往往通过不断的自我学习与交互学习循环来实现升级迭代,在这一过程中,计算机能够以二进制逻辑识别代码层面的优劣,却无法以人性逻辑分辨思维层面的优劣。因此,人类很难及时察觉,这样自循环的深度学习是否会产生价值判断问题。数据参差、机器偏见、开发者局限,这些负面因素在算法基因中积累、隐伏、交织、升级,所造成的隐患如若能够被及时洞察,尚可有效矫正,否则,经由携带这些基因的算法"黑箱"生成的设计和决策,极有可能造成无法估量的损失和灾难。等到问题积重难返、集中爆发,再后知后觉、人工干预,显然为时已晚。

目前探索人工智能设计应用的热情远胜过对问题隐患的警觉与预防，围绕智能识别、深度学习展开的大量研究，如果不重视数据采集的质量与取向以及算法设计的立场与态度，就相当于在开始便埋下了定时炸弹。

3. 智能瓶颈

人工智能的特质是机器性的，而人性思维的特质是生命性的。因此，人工智能在本质上存在瓶颈，无法达到人性思维的复杂性和多维性。

首先，人工智能或许能够模拟人的客观思维逻辑，可以洞察隐含在海量数据中的规律与模式，但未必能够模仿人类对事物的认知方式，无法随时保持与人类相同的判断。时下热门的 Open AI-ChatGPT 模拟对话，体现出计算机强大的文字处理能力。但事实上，其并非真正理解文字的含义，与人进行的煞有其事、看似充满意义的对话，本质只是建立在概率模型上的完形填空，缺乏充分理解和准确判断，与"真正读懂人类语言"相差甚远。同样，人工智能输出的设计方案，是建立在"认知可计算，万物可数字"的信条之上，基于既有建筑大数据进行的概率猜测，只是无限趋近于真正创作的、针对图形图像的筛选与组合。实际上，机器语言只能承载人类知识的一小部分，根本无法充分"学习"远比人类所知复杂得多的完整世界。万物发展的本质性规律仍然有待人们不断求索，人类理性尚且在此展现出明显的局限性，更遑论作为理性产物的人工智能了。

其次，机器缺乏人类主观层面的感知体验与判断。建筑创作中非常注重的那些主观要素，诸如审美感受、空间感知、心理活动、情感体验等等，正是保证设计结果多元可变、充满个性的关键内容，很难用数据完整表达。而机器学习的首要任务，就是将真实世界和人因指标降维简化成一组组数据，继而解析利用，虽然在某种程度上提升了设计效率，却极度删减破坏了上述主观要素的完整性与关联性，致使设计认知陷入窄化僵硬的局面。

最后也是最重要的，人类复杂难测的感性思维很难被机器学习。人工智能的本质仍是建立在 0 与 1 基础上的数据算法，遵循机器语言和科学逻辑，只具有算法层面的"智能"，远远无法与人类设计师大脑中的非线性的直觉能力、天马行空的想象力、多维跳跃的激情、突发的创意灵感等多元纠缠的思维能力相比，而这些正是建筑创作生生不息的依托。归根结底，人工智能没有真正意义上的生命，缺乏随阅历提升的原动力与自发性，它和人类自发的主观意识有本质的不同，即便可以把已有作品风格模仿得惟妙惟肖，也无法再现人类充满趣味、诗意和生命气息的创造性思考，更不可能复刻设计师们"妙手偶得""才思泉涌"的高光时刻。

4. 伦理问题

一方面，人工智能不是人，对设计造成的损失与伤害无法承担相应责任，极易导致设计过程中责任感的弱化和丧失。目前事故频发的自动驾驶汽车、剥夺飞行员控制权的高智能飞机就是前车之鉴。

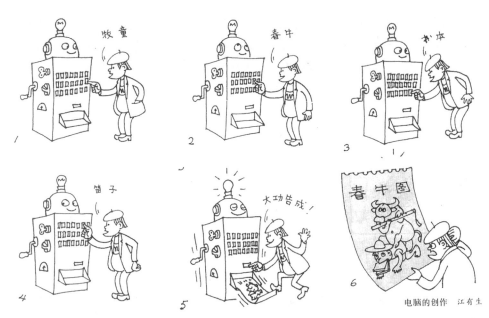

图 1 人工智能"创作"的本质，类似于"猜概率"的算法游戏，无法触及人类创作的真谛 图片来源：《中国漫画》1994 年 3 月号，总第 44 期，第 32 页．转引自老画报网 https://laohuabao.com/manhua/zgmh-1994-3/09003333_9.html

另一方面，人工智能将存储积累越来越多的个案数据，甚至开始主动采集海量的大众数据，自身却不具备自主的道德伦理判断能力，且尚未建立完善的防护机制，这势必带来新的数据安全和隐私问题，而这更是所有人工智能应用领域普遍面临的一道难题。

人居环境的设计工作责任重大，而人工智能尚处于起步阶段，不能过分依赖与信任，对于人工智能在建筑设计中的应用范围及方式，我们必须时刻保持警觉。

二、警惕人的工具崇拜

"artificial"意为人工，于是不少人认为人工智能是人掌握的智能，不会违背人的价值理性。但实际上，不仅人工智能具有强大的技术理性，人本身也有极端的工具理性倾向，已经开始从内部产生对于价值理性的自我背叛，人工智能则成为加剧背叛的催化剂。现代人对科学理性的过分强调，以及对技术工具的盲目热衷，推动了工具理性的过度膨胀。在效率和利益的驱使与诱惑下，很容易引发对人工智能毫无底线的狂热开发和泛滥应用。当技术理性带着人类疯狂向前横冲直撞，片面追求高效、精确、量化与极致效率的机器美学——一种残缺的理性美学，而彻底忽略道德、义务、同理心、善恶感等等[5]，理性失控的结局便早已注定。

5 陈昌凤，石泽．技术与价值的理性交往：人工智能时代信息传播：算法推荐中工具理性与价值理性的思考 [J]．新闻战线，2017（17）：71-74.

1. 彰显工具理性的创作

虽然人工智能的问题尚未集中爆发，却早有现当代的历史为鉴：回望百年现代建筑发展史，工具理性曾经将效率最大化的、机器般冰冷的功能主义建筑捧上了至高无上的王座，功利性与合理性一度贬抑了人类所有历史文化与情感个性；世界的客观化与数学化倾向使得人类一切不能缩减为数字的特征——如情感、直觉、感官、审美等——都被粗暴地弱化、抛弃、消除、拒斥；高度抽象化与形式化的推演方式加深了建筑的专业分工与破碎片面，同时对建筑各种属性的名词化定义也使得人的生活被分解成僵化固定的诸多步骤，进而引发了人的抽象化与形式化，导致真实生活极度萎缩，人与人被迫隔离；对技术的崇拜与臆想则使人忘却了本应作为建筑核心灵魂的人类自身的价值和目的，反而把本应作为工具的技术奉若神明。最终，在工具理性的驱动下，效益最大化、流程最优化、计量精确化、工程自动化……这些"去人化"倾向披着"合理性"的外衣迅速蔓延至整个建筑领域。

不容否认，科技理性已经成为我们这个时代新的至上权威和信条，对新技术的使用逐渐变为一种强迫性的规则。炫耀新技术，无疑可以保持自身先进性的优越感。更高的高度、更大的使用面积、更经济的施工、更高效的运营，科学和技术不断为人们带来极限的突破，人们已然将拥有新技术的建筑等同于"先进的建筑"。

在当代中国，这样的倾向尤为强烈：每城市都在试图使用更新奇、更高端的技术建造更高、更大、更炫、更悬的大楼来证明自身的先进性；争先恐后地用参数化和智能化设计来生产建筑以炫耀自己的技术领先；在建筑上装载更尖端的控制自然环境的智能设备来证明自座身生活的时尚和优越；甚至将工具本身夸大为艺术，美其名曰至高的工具美学，为了凸显参数化、人工智能设计的精准、强大、高效、新颖，不惜忽略其他建筑因素，例如施工技术限制、造价制约、环境适应性、功能合理性、地域文化、人文关怀等等。当代中国建筑领域充斥着越来越多极具破坏性的技术至上的狂热信徒。

而实际上，参数化与人工智能虽然拥有强大的赋形能力，但目前却呈现出极大的相似性和同质性。当我们用一个正常人而非技术信徒的视角来看待这些作品时，才会清晰地感知到，虽然这些建筑的外壳千变万化，其内在却透露出极其强烈的无法用新鲜感掩盖的机器感与压迫感。

2. 设计思维的异化与对工具的依赖

在效率和利益权威面前，计算机辅助设计已经成了现代建筑师无力拒绝的选择。在计算机逻辑的支配下，设计师只有顺应服从机器规则——包括人类自己设计的机器规则，以及一切缩减为机器语言的不健全的规则——才能顺利推进工作，才能获得所谓高质量设计。今天，我们已经很少见到不用计算机工作的设计了，这也意味着，无法纳入计算机逻辑框架的设计，已经惨遭抛弃。

可以说，工具已经绑架了建筑思维。设计方式听命于计算机设定，建筑师不得不花大量时间和精力学习软件熟悉技法，思维模式被机器逻辑规训，而后者潜移默化地成为客观标准。在效率至上的工具理性的统御下，顺应机器逻辑的审美被认为是唯一正确与高效的审美，只有符合机器审美才是真正的美，而从人性视角出发的建筑体验与人文审美，与人性思维方式一道，遭到严重鄙薄与怀疑，那些与人性美好有关、之于效率却无用甚至有损的要素，无一幸免地被冷落与摒弃。如今，人工智能直接参与设计创意，更是在极大程度上剥夺了建筑师的自主性甚至主观能动性，所有标准规则都围绕机器展开，设计方式越来越依赖工具，终将导致建筑设计完全脱离人的具身体验反馈，离真实的人性需求越来越远。

过度相信人工智能，设计重心将从人向技术倾斜。把设计权交给工具，表面上延伸了人的能力，解放了人的精力，激发了人的潜力，但实际上却抹杀了人性思维创作独有的灵性与诗意。

3. 建筑教育工具化

市场效率和科研效率影响下的建筑学教育，过于追捧包括参数化与人工智能在内的时兴科技，过于强调工具实操而弱化建筑理论、历史人文、职业道德和建筑审美等素养的培育，会进一步加剧建筑从业者的工具化，人文关怀的火种将更加式微。

以上种种，已然远非人工智能的问题，而是人的技术执念以及对工具、科技的过度崇拜导致价值理性的彻底丧失。

三、问题根源：工具理性与价值理性的失衡

笔者认为，上述问题的根源在于近现代社会的理性失衡[6]。在工业文明和科技文明的推动下，身处效率至上的现代社会中，人们已经习惯服从于工具理性框定的可操作、可读取、可评判的客观标准。由于在此基础上，人们更容易达成普遍一致，所以工具理性已单方面地扩张成为一种通用逻辑，整个社会都越来越重视工具理性的精确计算和效率功利，也使其压倒、淹没了抽象、复杂且难以得到确定答案的价值理性。而完全服务于工具理性，使效率越来越快、效益越来越高的科学及技术，自然成为唯一的真理和评判标准。这一切导致现代社会所谓的理性化发展，转变成不平衡的"片面的理性化"[7]，甚至缩减为极度残缺的"效率理性"和"科技理性"。

随着现代社会中工具理性一家独大，人们也把注意力从人本身的超越与救赎转向了外在的可重复、可控制的客观现象，以科技为代表的工具被置于至高无上的地位。人性在这种"理性"面前，变得越来越没有价值，越来越被动屈从。强大的工具理性甚至令人忘却了理性的局限性，漠视自身的能力边界，试图超出自身的界限之外去掌握永恒与绝对。

1. 理性工具化的后果

工具（尤其是科学技术）的进步无疑带来了建筑的巨大发展，但当工具理性[8]片面发展导致价值理性被贬抑、理性整体失衡时，建筑的本质目的便受到威胁。技术理性倾向不仅掩盖人文精神、怀疑社会价值，甚至可能会使人失去本质属性。诸多学者[如马克思·韦伯（Max Weber）、刘易斯芒·福德（Lewis

6 马克思·韦伯将理性分为价值理性和工具理性，工具理性是通过理性计算，客观判断和确认最优手段，从而追求事物的最大功效，为人的某种功利的目标服务。价值理性是要做价值判断，确定目标是否值得，以目的为导向，强调动机纯正、手段正确。价值理性是精神动力，工具理性是现实支撑。价值理性和工具理性，二者平衡合一才能共同缔造健康的理性。

7 刘擎. 刘擎西方现代思想讲义：来一场观念的探险 [M]. 北京：新星出版社，2021：40.

8 霍克海默指出，工具理性，就是技术理性，它具有如下特征：1）把客观世界及其构成要素仅看做达到自己目的的工具或手段，不产生价值和意义；2）是一种功利的实用主义，它的价值尺度是效率，关心的是实用，忽略忽视人的本性和人性；3）它分离事实与价值，使得人们顺应现实，一心只盯着目标，为实现确定的目标努力，甚至为达目的不择手段，而忘却了对目标合理性进行质问、批判或否定，否定了人心的力量和价值。

Mumford)、艾瑞克·弗洛姆（Erich Fromm）、赫伯特·马尔库塞（Herbert Marcuse）等学者以及法兰克福学派] 对工业时代工具理性的经典批判，对今天的智能化倾向也颇有警醒作用。

德国哲学家、法兰克福学派的领袖马克斯·霍克海默（Max Horkheimer）认为，理性的工具化和技术化带来的最大和最直接的后果就是使人们只注重追求功用、效率、计算，而放弃了对人生意义和价值的追求，人本身被贬黜为对象，人的自主性衰落，理性和科学技术的异化导致人自身的异化。而人的异化具体表现在人的思维方式、行动方式和存在方式上：首先，人的思维方式以技术和工具的实际效用为核心，放弃了主体性和自我意识，丧失了批判与否定能力，只会屈服和顺从；其次，人的行动方式必须符合和适应技术世界的节奏，人的社会化变成人的工具化和技术化；最后，人的存在方式沦为社会机器的一个部件，人被贬黜为可以买卖替换的商品，全然失去了自我意义和价值[9]。

将视角回归当代，这样的苦难依旧在上演。理性一味地倒向功利化的工具理性，彻底放弃了自身在情感、伦理、道德、情怀、宗教观点等方面的职责。知识窄化为技术，越来越工具化。工具理性成为理性的全权代表，人的价值和意义随着工具理性的持续膨胀进一步消亡，诸如正义、平等、幸福、宽容等价值内容被抽空了，人最终成为纯粹的、毫无感情的工具。原先引领人类凝聚共存、创造美好家园的高贵理性，悄然转化为物化的工具理性，逐渐强大到足以歧视人类自己。伟大的技术梦想得到更大的支持和鼓励，可怜的人文梦想却得不到慰藉甚至饱受鄙视。

2. 科学技术的原罪

现代社会已经习惯于将信念建立在永无止境的科技进步上，当人们兴奋地奔赴高新科技时，似乎离人类的真正理想越来越远。

霍克海默将科学技术作为意识形态存在看待，认为其从出生起就存在问题[10]，自带价值偏向，无中立性可言。尤尔根·哈贝马斯（Jürgen Habermas）也认为科学本身具有"原罪"[11]，因科学技术自身的逻辑特征，其发展在技术理性的裹挟中不具任何抵抗力，不可避免地会走向异化，产生消极的社会效应。工具理性将导致人的全面异化，使之被技术工具所奴役。

科学技术在祛魅解蔽的同时，也在造魅遮蔽。科学技术不以个人意志为转移的扩张本性，不但威胁着生态平衡，也凌驾于普遍人性之上。

四、调适建筑的理性平衡——和谐共生

工具理性带来了利润、效率和科技发展，却无法充盈建筑的意义与人类的精神家园。我们在发展智能设计技术的同时，需要高度重视价值导向的融入。工具理性为价值理性服务是人类生存发展的永恒主题，所以最重要的还是我们要主动调适建筑的理性平衡，从而引导设计工具的理性平衡。

9 倪瑞华.寻找人生存的价值基础：霍克海默技术批判理论探析[J].国外社会科学，2008（1）：66-71.

10 彭怀贞，刘破浪，王雪琛，等.现代景观设计数据论倾向的反思[J].建筑与文化，2020（7）：83-85.

11 叶海源.哈贝马斯对科学技术的意识形态理解及其意义指向[J].学术探索，2004（12）：5-8.

"artificial"的对面是"natural""essential"。中国古代智者庄子曾经提出，人不为工具所役的出路是放下功利和控制外物的执着，人和工具都回归各自本性独立的状态，顺从生命的发展规律，各得其所[12]。而两千多年后的近代哲学家马丁·海德尔格（Martin Heidegger）也表述过类似的观点："通过思考物本身，物居留于其自身，人栖居于其近旁。"我们应该像先哲所倡导的那样，充分认识"物"但不执着于"物"，与"物"相辅相成又独立共生，各名其名，各位其位，从而避免"人"与"物"沦为片面概念而脱离完整的"道"的境界。

1. 清醒地把人工智能看做工具而不是目的

在建筑设计上，首先需要放下科技迷信，保持清醒的认识：人工智能只是高效的工具，是辅助手段，不能上升为主导或目的。基于既有数据生成的方案具有一定参考价值，但主导设计、解决问题的决策者还应是具有主观能动性的建筑师自身，实现什么目标、怎么把专业素养人文关怀贯彻进去，还是要以人的尺度去把握，从而引领人工智能设计，共筑更生态、宜居、可持续的美好家园。

2. 回归人的日常生活感受，鼓励人的自发自主创造

人工智能引发的技术崇拜，令人偏离了对人本身问题的关注，技术对物的精准控制容易演化为对人生活方式甚至人自身的精准控制。所以在人工智能参与的建筑设计上，更要提倡回归人的真实感受，强调"感受"引导而不是"数据"指向，留给人更多自发、自主、自适的空间，留给建筑更多弹性可调的可能。充分重视人本真、多变、个性化的需求，提倡人性主导下的建筑设计，才能迎来体验感受能力的复苏，扭转片面的技术理性，争取理性的平衡。

回到最为朴实的日常生活实践当中，在人的价值取向时刻伴随和推动之下，技术与工具的理性才能回归平衡。让人的经历和体验成为建筑设计的主导，让人在建筑环境中主动创造、乐于创造，人与建筑适宜发展，进而也给人工智能提供更人性化的数据基础，在向外求索的工具发展与向内求索的人性、生命价值之间找到平衡。时刻铭记建筑的出发点不是效率，而是共生。不片面追求瞬间、局部的效率，反而会获得长期、整体的效益。同样，建筑智能也应该表现为对外在环境的友好相处，和谐共生，而不是蛮横的单向控制。

3. 模糊限定、减少限定——稍损效率，获得自由

为了精准和效率，现代主义对建筑进行了名词化和抽象化。空间的分类分区方法，难免将人的生活也肢解固化成若干模块。人工智能数据对建筑空间的客观化和数学化处理，也是对空间本性与自然复杂性的简化削减。为了避免模式化、数据局限而造成人工智能的先天偏见，防止空间限定对人创造力的束缚，可以对建筑空间适当少做限定、模糊限定，从而为人争取一些自主和自为的空间。虽然会损失一些理性算计的效率和功利，却能获得人的自由，这才是更大的效率。

而且，自然状态的人和万物是复杂丰富的，永远处于变化当中，非模式化、非固化才是防止建筑僵化为机器、防止人异化为傀儡的最佳办法。所以应当适

12 吕晨晨. 无用之用"：庄子思想与建筑的泛功能化[D]. 北京：清华大学，2012：4.

当消解和削弱固化的模式概念，强调人的活动的历时性和动态性，以摆脱被技术限定、束缚的结局；应当鼓励开放包容的自定义空间，允许多元、开放、动态可变的设计，尤其鼓励建成环境中人的自主、自发的创造，弱化甚至消解严格预设的条条框框；应当顺乎人与空间本身的需求特性，建立起生活与空间之间无限、动态的丰富可能。

用富有生机的人视角度取代效率算计的工具角度，不执着于"固有空间模式""规范准则""最优解""效率""自动化""智能"等概念，人们才能摆脱工具控制，复苏生命力，敏锐地感受到生命的美好和价值，激活人性的创造潜力。

4. 为人工智能建立"道"的逻辑，促进设计理性平衡发展

我们都知道古代中国人将建筑行为，纳入万物流转的"道"。建造必须合于自然之道，这种态度在一定程度上遏制了人向自然的过度索取和掠夺，从而也使人与自然处在相对和谐的状态之中。古代中国的"道"（与健全的理性有些相似）存在于万事万物之中，是自然本质而固有的节律，是人与自然万物和谐共生的方式。在"道"的视野中，不论什么工具，前提都已包含了对价值的关心，工具再发展，也是包含了价值理性的发展。你中有我，我中有你，万物一体，关联协同。

人工智能最大的危险是它能自我决策，所以最好从人工智能算法模型的建立之始就消解它与人性思维对立的隐患，消解工具理性对价值理性的碾压。设想从开始整理数据、训练人工智能、设计算法模型起，就建立起类似"道"的底层逻辑，适当降低甚至淡泊技术的功利性和工具性，将包含技术在内的"自然—建筑—人"的生态系统视为整体，重视人文价值的比重，不断为人工智能注入符合人文、哲学、艺术等方面正向的评价标准和围绕这些方面的新感受、新数据，让人工智能不断经受人性训练，最终成长为符合价值理性的"新型技术"。

基于"道"的底层逻辑建立起来的人工智能，将被赋予开放性、模糊性、关联性、延续性、灵活性等系统特征，使其海纳百川，浑全圆融，时刻维护着"道—术—人"之间的微妙平衡。同时，我们要回归对于人性的肯定与阐扬，重视人的自发自主的创造潜能与技术的融合发展，这样才能构铸遏制工具理性肆意扩张的坚实盾牌，实现建筑的理性平衡。

五、结语

建筑不仅是容纳社会生活及人类行为的容器，更应该是富有生命气息与人文内涵、寄托人们思想与灵魂的诗性殿堂。一个出色的建筑作品，应当与客观自然、人文环境血脉联结，充满温度与活力，绝不应该是只求效率、遗世独立的冰冷机器。诚然，人工智能应用于建筑领域，其强大的功能和无限的潜力着实令人侧目，但我们也应该保持清醒，时刻谨记再先进的技术也只是工具，和

谐美好的人居环境的设计工作，始终需要建筑师以人性思维来引领主持。在人性逻辑的全面主导下，建筑师与计算机专家共同合作，对智能工具进行判断、修正、补充、更新、迭代与应用，才能正确发挥其应有功效，才能令其开发应用并与人类价值和谐共生。

参考文献

[1] 陈昌凤，石泽 . 技术与价值的理性交往：人工智能时代信息传播：t 算法推荐中工具理性与价值理性的思考 [J]. 新闻战线，2017（17）：71-74.

[2] 郭燕，洪晓楠 . 从工具理性看生态危机的成因及未来走向 [J]. 大连理工大学学报（社会科学版），2005，26（3）：10-14.

[3] 弗兰姆普敦 . 现代建筑：一部批判的历史 [M]. 张钦楠，译 . 北京：生活·读书·新知三联书店，2012.

[4] 弗洛姆 . 健全的社会 [M]. 孙恺祥，译 . 上海：上海译文出版社，2018.

[5] 卡彭 . 建筑理论（下）：勒·柯布西耶的遗产 [M]. 王贵祥，译 . 北京：中国建筑工业出版社，2007.

[6] 刘擎 . 刘擎西方现代思想讲义：来一场观念的探险 [M]. 北京：新星出版社，2021.

[7] 卢卡奇 . 理性的毁灭 [M]. 王玖兴，程志民，谢地坤，等译 . 南京：江苏教育出版社，2005.

[8] 吕晨晨 . 无用之用"：庄子思想与建筑的泛功能化 [D]. 北京：清华大学，2012.

[9] 马尔库塞 . 现代文明与人类的困境：马尔库塞文集 [M]. 李小兵，等译 . 上海：上海三联书店，1989.

[10] 芒福德 . 技术与文明 [M]. 陈允明，王克仁，李华山，译 . 北京：中国建筑工业出版社，2009.

[11] 倪瑞华 . 寻找人生存的价值基础：霍克海默技术批判理论探析 [J]. 国外社会科学，2008（1）：66-71

[12] 佩雷兹 – 戈麦兹 . 建筑学与现代科学危机 [M]. 王昕，虞刚，译 . 北京：清华大学出版社，2021.

[13] 彭怀贞 . 数字技术工具理性对景观设计的影响研究 [D]. 长沙：中南林业科技大学，2020.

[14] 彭怀贞，刘破浪，王雪琛，等 . 现代景观设计数据论倾向的反思 [J]. 建筑与文化，2020（7）：83-85.

[15] 全峰梅，杨锡荣 . 科学范式的革命对建筑现代性的影响 [J]. 学术论坛，2005，28（1）：32-35.[16] 韦伯 . 新教伦理与资本主义精神 [M]. 康乐，简惠美，译 . 桂林：广西师范大学出版社，2010.

[17] 叶海源 . 哈贝马斯对科学技术的意识形态理解及其意义指向 [J]. 学术探索，2004（12）：5-8.

[18] 俞孔坚 . 警惕智能工具的陷阱 [J]. 景观设计学，2019，7（2）：4-7.

重返自然之道——从"自然"出发的建筑理论思考[1]

Returning to Tao of Nature — A Reflection on Architectural Theory from "Nature"

费移山[2]

FEI Yishan

摘要：今天建筑理论与实践的断裂，技术与人文的冲突，其根源可以追溯到自然观念的形成，以及由此产生的理论思考、方法系统、生产实践的转变。研究通过对从现代承袭而来的自然观念的反思，以及中西方不同自然观念的考察，试图打开一段多元的全球史。将对自然的重新理解作为当代建筑认识论重构的起点，以克服现代性的困境。

Synopsis：The roots of today's break between architectural theory and practice, and the conflict between technology and humanity can be traced back to the formation of the concept of nature, and the resulting transformation of theoretical thinking, methodological systems, and production practices. The study attempts to open up a pluralistic global history by reflecting on the concepts of nature inherited from the modern era and examining different concepts of nature in China and the West. A renewed understanding of nature is taken as the starting point for the epistemological reconstruction of contemporary architecture to overcome the dilemma of modernity.

关键词：建筑设计；自然；道法
Key Words：architectural design; nature; Tao

1 本文为中国工程院重点咨询研究项目《基于中国文化创新性发展的建筑理论体系建构与发展战略研究》的研究成果。

2 费移山，东南大学建筑设计与理论研究中心；1489862348@qq.com。

一、何谓自然

1. 基于自然哲学的建筑理论

当我们谈自然的时候，严格来说，谈的是一种有关自然的观念，或者说是人类对自然的认识。今天一般人所说的自然，基本上建立于自然科学的基础之上。在自然科学研究中，将自然视为一种外在于人而存在的客观对象，是所有研究的一个基本前提。当我们谈论人、建筑、自然之间关系的时候，也总是将自然视为是一种外在于人、建筑而存在的客观条件。

自然科学所秉持的这样一种自然观念脱胎于西方的自然哲学。亚里士多德曾经说，希腊哲学起源于对自然的惊异[3]。当希腊的先哲将万物的本原视为是水、气、火，或是数的时候，其本质是认为世间万物的复杂现象可以被一一还原为具体的物质对象。也正是通过对万物本原的求索，西方文化对自然的认识才逐渐摆脱了早期蒙昧的、神秘主义的影响，走向理性。

有学者认为，从古希腊开始，西方文化中对"自然"的理解，经历了一个由"本性"向"自然界"逐步转变的过程[4]。可以说没有对世界本原与万物本性的追索，就不会有客体性自然的出现。但也正是在这样一个从"本性"向"自然界"逐渐转义的过程中，"人"与"自然"之间的关系开始渐行渐远。如果说在早期希腊自然哲学对万物本原的追索中，人与自然的关系多少仍统一于一个和谐、整体的认识框架之下的话，那么到近代科学革命以后，"人"与"自然"已经日益成为界限分明的两个世界。在人类的观念之中，自然逐渐成为一种外在于人而存在的客观之物。

而在如何认识自然的方面，大约从 17 世纪开始，一批科学家如伽利略、笛卡尔、开普勒等都选择了一个共同的方向，即通过数学的方法来理解自然。因为这可以使得研究者抽离开一切事物的性质差异，仅仅通过关注其中数学层面的关系就可以建立对世界的理解。数学成为人类理解自然的基本工具，几何化的空间代替了有特色的位置，在无限的、无特质的空间中，各种事物的本体论差异也由此消弭[5]。由此自然不仅是客观的，也是可以测度的。用数学工具来描述其特征与规律成为一种常见的面对"自然"的研究方法。在这样一个过程中，科学通过它所提供的世界图景不但改变了我们对自然的认识，也彻底改变了人们对这个世界的认识。

而今天的许多问题也由此产生，本文将这些问题与建筑学的关系归结为 3 个方面。

问题一：从客观自然到"自然"的危机

首先正因为强调自然的客观性，尤其是它与人之间的区隔，才会将自然视为一种可以被随意使用的物质性对象，为了自身发展而牺牲自然环境，才会被认为是可以接受的。也正是这样的一系列行为导致了今天所谓的"自然环境危机"。但是这个危机并不是自然本身处于危机之中，而是人类对自然的使用方式带来的危机。更准确地说，是今天大多数人所秉持的自然观念的危机。而这个危机可以说是今天人类社会所面对的最大的挑战，是所有学科都必须面对的重要问题。今天建筑学科对于这一问题的认识与解决之道往往从技术角度出发，而较少涉及对其内在根源的讨论，即应该如何看待人—建筑—自然之间的关系。

3 亚里士多德. 形而上学 [M]. 吴寿彭，译. 北京：商务印书馆，1983：5.

4 吴国盛. 自然的发现 [J]. 北京大学学报（哲学社会科学版），2008，45（2）：57-65.

5 陈嘉映. 哲学·科学·常识 [M]. 北京：中信出版社，2018：4-5.

问题二：整体性的消失及自然与文化的分离

正因为将自然视为一种外在于人而存在的客观性对象，认为对自然的客观认知，必须以摈弃人的主观感受为前提，因此对事物本身的测度，以及将测度的结果建立数理逻辑来描述相互之间的关系，日益成为关键内容。一方面用来测度的技术工具会变得特别重要。另一方面，那些不可测度或难以测度的内容，就可能被忽视，比如说人的情感、感知、艺术理想、道德诉求等等，而这些内容可能恰恰是建筑学原本所特别关心的。但是今天这样一些内容已经很难放置到建筑学的学科框架之中，形成真正对现实产生影响的学术话语。正是因为这样一种自然观念对人的主观感受的摈弃，导致了自然与文化的分离、技术与人文的紧张。

问题三：学科研究的碎片化

从建筑学科自身的发展来说，尽管现代科学技术的发展极大地推动了建造技术体系发展，但也使得建筑从"人—建筑—自然"的系统中脱嵌⁶（disembedding）而出。阿尔伯托·佩雷兹-戈麦兹（Alberto Pérez-Gómez）在《建筑学与现代科学的危机》中，曾将现代建筑功能主义的倾向与理性化和数学化的倾向联系在一起，认为建筑学在发展过程中，逐渐远离了与哲学或宇宙学之间的联系，而使得其日益专业化，由此逐渐成为一种自参照系统。这导致建筑学的研究缺乏对一些普遍性、本质性问题的兴趣，使得建筑理论研究变成了孤立的"学科内部问题"，这样一种倾向也进一步造成了建筑学科内部研究的碎片化。

2. 自然而然——另一种自然观

但是如果我们重新审视人类认识自然的历史，这样一种建立在自然科学基础上的自然观念，只是人类对自然认识的一种观念。事实上，如果再往前推一两百年，大多数中国人对人与万物之间关系看法，以及对"自然"的理解可能就有很大不同。

首先"自然"这个词，在中国文化中有着非常丰富的内涵。从老子提出"道法自然"开始，中国人对自身与世界关系的理解，多多少少都指向"自然"。而"道法自然"虽然也曾一度指向宇宙本源这样的知识问题，但是老子提出"自然道论"的基本意图并不是要解释自然。所谓自然并非外在于人本身而存在的客观对象，它内在于人与万物的关系之中。由此，人与万物之间就被视为是一个相互联系、休戚与共的整体。自然对人的意义，不是启发更有雄心的知识渴望，而是启发人从根源上反省自己的生活之路，找到在人与世界的互动关系中明晰自身行动与制度规范的根据⁷。

"道即自然"，自然与道合一，具有了本体的意义，其表现出以下3个层级的内涵。

第一，整体性，基于整体性宇宙论，始于老子对自然的原始用法，强调一种整体的状态，事物之间内在的关联性。人与自然是一个不断发展和转化的

6 嵌入（embedding）与脱嵌（disembedding）是查尔斯·泰勒（Charles Taylor）的核心概念。嵌入意味着自我认同依赖于特定的社会想象、宇宙想象，三者之间组成相对稳定的结构；脱嵌意味着自我认同的转型，意味着社会想象与宇宙想象的重构。

7 张汝伦.什么是"自然"?[J].哲学研究，2011（4）：83-94，128.

动态结构，其组成部分有着内在联系的连续体，结合在一起共同构成一个有机的统一体。

第二，模糊与动态，强调整体的开放性。基于自然创生的观念，中国文化不仅关注共时性的人与自然的整体性关联，也强调原有事物与新事物之间的联系和渐进关系，新与旧的事物关联存在，形成一个不断渐进而生的动态的整体[8]。中国自然观更倾向于生物学的隐喻而非物理学，这一整体系统处于彼此关联、又连续不断的转化运动之中，强调其自身的动态渐进。而这一不断发展和转化的动态过程，其转化的形式和发展的趋势在特定的历史进程中是无法确定的。这一无法以几何、数理系统描绘的复杂形态，正如牟复礼（Frederick W. Mote）的论述，是"有机体的生命过程，是一个开放的系统"。

8 胡卫平. 中国创造力研究进展报告：第1卷 [M]. 西安：陕西师范大学出版总社，2016：262.

第三，"道法自然"即"为自己而然"[9]，强调对人与自然之间关系的认知与顺应。道所法之"自然"是有价值意味的，万物形成过程中的形体和发展过程中主张自然与社会的统一，让"德"成为一种价值理性或目的理性，人的一切活动应以自然法则为最高法则，达成人与自然关系的中庸适度。人不能将自己的目的与自然目的对立起来，更不能将人的目的施加于"自然"之上。只有遵循人与自然的关系规律，顺应其发展，人与自然才能实现内在的统一，而不是处在对立和冲突之中[10]。

9 刘笑敢. 老子之自然与无为概念新诠 [J]. 中国社会科学，1996（6）：136-149.

10 蒙培元. 人与自然：中国哲学生态观 [M]. 北京：人民出版社，2004.

这样一种对于自然的理解，与希腊哲学与欧洲近现代哲学以知识问题作为哲学核心问题的认知是有着极大差别的。在中国人的自然之道中，人不再是世界的中心，人必须走出自己的小天地，以尊重的心情看待他物，发现人所不熟悉的世界的新内容、新价值。人们对自然的认识并不是依靠一种理性思辨与抽象工具，而是强调世界的整体性联系，强调回到人身边的具体世界，来实现人从经验生活中进入道的途径。而在科学技术不断扩张的当下，重新探寻"自然"的本义，就是要对西方以知识为中心、以理性分析为主要方法的认知方式做出反思，从中国哲学中的自然之道出发，将人重新与自然合一，帮助人们找到一种不同于西方现代性的生存方式与生活方向。

二、基于"道法自然"的建筑思考

中国文化中不同的自然观念对于当下，尤其是对今天建筑学的发展又有着什么样的意义？从重新理解自然，理解建筑与自然、建筑与人之间的关系出发，来建构对建筑的认识。只有不再将自然视为独立于人而存在的物的世界，正视其与作为个体的人、与集体的人类之间的复杂关联，通过对自然的理解，走出单一的现代性，才能发展出另一种可能。

1. 建筑是一个复杂的整体性系统

对于建筑的认知不能仅仅局限在建筑本体，而要从"人—建筑（建成环境）—自然"的大系统出发。从系统的角度出发，我们认为建筑是人的延伸，建筑同时也是自然的衍生。

所谓"建筑是人的延伸"指的是，建筑要满足人的身体需求、情感欲望，使得人类能够在自然环境中生存与发展。由此出发，深刻地理解人与由其组成的人类社会的整体性需求，理解其中的复杂性，是做好建筑的前提。

而所谓"建筑是自然的衍生"，这一方面指向人类建筑的历史发展过程，即建筑的最初形成与发展是人们通过观察自然、学习自然、模仿自然而形成的，另一方面也要认识到建筑或者说建成环境不但受到自然环境的影响与制约，同时它的生产、演变、代谢乃至演变的整个过程是整个自然系统的一部分，是与自然系统共生的。

由此，我们将建筑视为连接人与自然的重要媒介，通过建筑我们可以对自身的处境与整个世界的未来发展形成更为深邃的认识。

人在与自然的相互作用中，创造和发展了人类文明。在这个历程中，人与自然关系经历了从依附自然到利用自然再到人与自然和谐共生的发展过程。而建筑学的发展，必须放到实现人与自然和谐共生这样一个大前提下。建筑不仅仅是人的延伸与自然的衍生，同时也能能动地建构起人与自然的关系。通过建造行为与建筑本身，来改变人与自然之间的关系。而要做到这一点，我们首先要将建筑视为是一个复杂的系统，这个系统的复杂性就在于其与人、与自然之间的共生关系。而中国哲学中"道法自然"的思想就是对这样一种复杂性系统关系的描述，从这种描述出发，能够为未来世界建筑的发展方向提供认识论层面的指引。

2. 在认识论层面审视人类纪中的建筑

我们所居住的地球已经进入了"人类纪"，它意味着人类活动已经是地球的主导力量，它从不同的尺度影响着地球，上至环境和景观，下至地球内部的地质化学活动。正是人类的行为，造成了气候转变、全球暖化、生物多样性下降、能源危机等一系列问题。在这个过程中，人类的建造行为，或者说是"建筑"，不仅塑造了建成环境，同时也直接地影响着自然系统（地球的自然条件）。既然人类已经拥有了改造地球的巨大力量，那么就有责任使得我们的建造体系与整个地球原有的系统形成一个自洽体系。从历史与现实来看，西方的现代化道路并不具有可持续性，现有的西方理论也不足以让我们处理今天的现实问题。建筑学的发展需要寻找一种新的范式，一种整体性地看待"人—建筑—自然"的理论体系。正如贝尔纳·斯蒂格勒（Bernard Stiegler）[11] 等人指出的，这种直面人类纪的理论范式必须建立在一种全新的认识论（宇宙论）基础上。就建筑而言，我们必须对"道"、对"道法自然"展开新的发明，意即建立起一种宇宙秩序与道德秩序的统一结构，这个结构能够通过建筑活动得以实现。这就要求我们：其一，要重新展开对建筑意义的追寻，思考"善"对于当下建筑，对于整个自然、社会的意义；其二，要重新理解建筑本体，将其从自身的形式问题拓展到一个更为广阔、更为整体的视角；其三，要重新理解建筑设计，使其与那种更为接近自然本质的未来前沿科学的发展方向相契合。

11 斯蒂格勒.逃离人类纪[J].南京大学学报(哲学·人文科学·社会科学), 2016, 53（2）: 81-86.

3. 综合中西方的建筑设计思维方法

中国传统的整体性思维方式最大的特征就在于把自然界的万事万物和人类，以及整个人类社会看做一个有机和谐的整体，但是这样一种认知相对来说是比较笼统、模糊的，我们必须关注到这一不足之处。而当代分析科学能从不同程度、不同侧面、不同的组成因素对整体对象进行分析，便于人们更加深刻、精确地把握对象的本质和内部联系。但局部之和并不等同于整体，必须将整体性思维与分析性思维结合起来，才能在整体和局部层面构成对事物完整的认知。而在这一过程中，我们也必须时刻关注人的感知体验的重要性，将其整合进入研究的过程中去，实现技术与人文的综合，这也更符合建筑的学科特征。

正如一些研究者指出的，"如果说西方建筑研究越来越倾向于理论，那么中国传统建筑研究则越来越倾向于经验。这种情况容易导致缺乏概念创造和独立提问的锻炼，进一步说，即便是使用理论，也容易力不从心，无法精确有力地在不同概念之间纵横开阖"，因此，"我们真正需要的是经验与理论双手并用的研究，需要紧密结合经验与理论"，"这种方法将帮助我们建立中国建筑自身的现代认识方法和理论"[12]。

4. 面向真正的前沿未来——复杂性、系统性与不确定性

在当代的科学体系中，还原与量化呈现出越来越多的弊病，它已不再是学科研究真正的前沿思想。系统科学自 1940 年代系统论的创立到当前的复杂系统与复杂网络研究，已发展成蔚为壮观的庞大学科群，形成当代重要的科学思潮，并代表着未来科学发展的趋势与方向[13]；而以相对论、量子力学和混沌理论为标志的第三次科学革命，则确立了科学知识的不确定性特征[14]；当代科学知识社会学（Sociology of Scientific Knowledge，SSK）研究的领军人物布鲁诺·拉图尔（Bruno Latour）与同事合作提出的"行动者网络理论"（actor-network theory，ANT）认为社会是一个具有不确定性的网络，因为群体总是处于不断的形成中，行动者的任何行动都受到其他行动的驱使，行动者不仅包括意识有目的的人类，还包括"物"，自然与社会之间不存在绝对的边界等等，这一理论强调了行动的主体，并以联结作为社会学研究的核心[15]，与中国传统中关注个体感知以及相互联系的观点不谋而合。

建筑学的未来发展应当与人的内在需求相结合，与外在经济发展的规律相结合，强调复杂性、系统性与不确定性，这才真正符合未来前沿科学发展的趋势。

三、结语

中西方对自然的认识，以及各自的发展在很长时间走的是两条不尽相同的道路。

从重新理解自然，理解建筑与自然、与人之间的关系出发，来建构建筑的对建筑的认识。只有不再将自然视为独立于人而存在的物的世界，正视其与作为个体的人、与集体的人类之间的复杂关联，通过对自然的理解，走出单一

12 虞刚，王昕.走经验与理论的结合之路：关于中国建筑研究的几个问题探讨 [J].建筑师，2010（1）：16-19.

13 李曙华.当代科学的规范转换：从还原论到生成整体论 [J].哲学研究，2006（11）：89-94.

14 吴国林.论知识的不确定性 [J].学习与探索，2002（1）：14-18.

15 吴莹，卢雨霞，陈家建，等.跟随行动者重组社会：读拉图尔的《重组社会：行动者网络理论》[J].社会学研究，2008（2）：218-234.

的现代性，才能发展出另一种可能。

这一方面，当然涉及建筑学在人类世界的背景下所必须承担的学科责任，包括人类的建造行为与体系要与我们身处的地球环境形成自洽，以及对于"双碳"目标，以及城市建筑可持续性的全面思考等等。

另一方面，我们从观念层面出发，重新将建筑嵌入"人—建筑—自然"的巨系统之中，以回归一种大写的建筑，通过对建筑的理解来理解世界，也通过对世界、对人类自身的理解，来扩展或者说是恢复建筑的边界，也由此来形成我们对建筑文化的理解。

参考文献

[1] 陈嘉映 . 哲学·科学·常识 [M]. 北京：中信出版社，2018.

[2] 胡卫平 . 中国创造力研究进展报告：第 1 卷 [M]. 西安：陕西师范大学出版总社，2016.

[3] 李曙华 . 当代科学的规范转换：从还原论到生成整体论 [J]. 哲学研究，2006（11）：89-94.

[4] 刘笑敢 . 老子之自然与无为概念新诠 [J]. 中国社会科学，1996（6）：136-149.

[5] 蒙培元 . 人与自然：中国哲学生态观 [M]. 北京：人民出版社，2004.

[6] 斯蒂格勒 . 逃离人类纪 [J]. 南京大学学报（哲学·人文科学·社会科学），2016，53（2）：81-86.

[7] 吴国林 . 论知识的不确定性 [J]. 学习与探索，2002（1）：14-18.

[8] 吴国盛 . 自然的发现 [J]. 北京大学学报（哲学社会科学版），2008，45（2）：57-65.

[9] 吴莹，卢雨霞，陈家建，等 . 跟随行动者重组社会：读拉图尔的《重组社会：行动者网络理论》[J]. 社会学研究，2008，23（2）：218-234.

[10] 亚里士多德 . 形而上学 [M]. 吴寿彭，译 . 北京：商务印书馆，1983.

[11] 虞刚，王昕 . 走经验与理论的结合之路：关于中国建筑研究的几个问题探讨 [J]. 建筑师，2010（1）：16-19.

[12] 张汝伦 . 什么是"自然"?[J]. 哲学研究，2011（4）：83-94，128.

入 选 征 文

建筑文化的学术探究

"让建筑说中文"——基于汉字构形理论的中国建筑语言研究

"If Architecture Spoke Chinese" — A Study of Chinese Architectural Language Based on the Theory of Chinese Character Formation

包 辰[1]

BAO Chen

摘要：现代语言学和建筑学的交叉研究始于西方学术体系，在这种学术语境下发展的中国现代建筑及设计教育呈现出本土设计语言"失语症"的问题。针对该问题，经过对语言、文字和文学的比较，选择汉字作为新的研究参照物，提出"让建筑说中文"的假设。通过论述汉字与建筑的交叉研究背景，从设计方法的角度论证汉字与建筑交叉研究的合理性，比较汉字和建筑在构形目的、构形原理、构形来源方面的共性，进而论证汉字构形理论对于构建有中国文化特色的建筑语言所具有的参照价值，以及该交叉研究的必要性。

Synopsis：The intersectional research between modern linguistics and architecture originated within Western academic frameworks. In the context of this academic discourse, modern Chinese architecture and design education have exhibited the issue of "aphasia" regarding indigenous design languages. Addressing this problem, through comparative analysis of language, word and literature, Chinese characters are chosen as a new reference for research, proposing the hypothesis of "If Architecture Spoke Chinese". By discussing the background of the intersectional research between Chinese characters and architecture, this paper argues the rationality of the intersectional research between Chinese characters and architecture from the perspective of design methodology. It compares the commonalities between Chinese characters and architecture in terms of formal purposes, formal principles and formal sources, further demonstrating the reference value of Chinese character formation theory in constructing architectural languages with Chinese cultural characteristics, as well as the necessity of this interdisciplinary research.

关键词：中国文化；汉字构形；建筑设计；建筑语言

Keywords：Chinese culture; Chinese character formation; architectural design; architectural language

1 包辰，华侨大学建筑学院；chen.bao.archi@qq.com。

法国建筑学者多米尼克·雷诺（Dominique Raynaud）在《建筑五论》一书中提出："同时从人类学和建筑学语境来看，探索建筑的图像性（figurativité）是一个重要问题。图像性的丢失是信息丢失的一种特殊情况。这种在设计过程中图像性丢失的问题和图形文字在符号价值上所遭遇的问题在形式上是一致的。正如中国图形文字。"[2] 该观点从建筑学的角度关注图像性丢失所代表的信息丢失问题，并以中国图形文字，即汉字，作为类比参照物。同样作为信息传递的载体，汉字和建筑作为不同形式的视觉语言，兼具可读性和可见性，但是，以物质抽象形式存在的建筑在可读性上无法和文字相比，在表意功能上无法达到语言的高效。因此，本文以隐喻的方式提出一个问题并且试图解答：如何让建筑说话？甚至说中文？以此回应中国当代建筑的"失语症"问题。以下从建筑学视角，以汉字为参照物，分析汉字与建筑的交叉研究背景，比较和归纳汉字构形和建筑空间构形的同异，从而发现汉字学和建筑学交叉研究的潜在价值。

2 此处法语原文由作者译。RAYNAUD D. Cinq Essais sur l'Architecture: Etudes sur la conception de projets de l'Atelier Zo, Scarpa, Le Corbusier, Pei[M]. Paris：Harmattan, 2002: 57.

一、语言学与建筑学的交叉研究背景

汉字学与建筑学之间的学术渊源始于语言学和建筑学的交叉研究。20 世纪西方哲学的语言学转向，给语言学和建筑学两个原不相关的学科提供碰撞的契机。瑞士语言学家弗迪南·德·索绪尔（Ferdinand de Saussure）的结构主义研究方法把语言学扩展到各个学术领域，并在此基础上创建了符号学。符号学在 1950 年代后期的意大利首次被引入建筑学领域。当时的建筑师们正在质疑国际式建筑的千篇一律，寻求建筑的地域性；1960 年代，在法国、德国、英国等欧洲国家的建筑学研究中，符号学作为论战工具用来攻击现代建筑的功能主义缺陷。法国文化学者罗兰·巴特（Roland Barthes）以结构主义符号学的观点对城市及建筑展开论述。英国建筑学者查尔斯·詹克斯（Charles Jencks）与乔治·贝尔德（George Baird）于 1969 年编著的论文集《建筑的意义》（Meaning in Architecture），首次在符号理论的基础上讨论建筑的本质，提出建筑符号学（Archisemiotics）的概念。1970 年代以后，西方建筑学界有关语言、符号的理论体系逐渐形成：从约翰·萨莫森（John Summerson）的《建筑的古典语言》、布鲁诺·赛维（Bruno Zevi）的《现代建筑语言》，到查尔斯·詹克斯的《后现代建筑语言》，这些论著构建了西方建筑语言学基础体系。还有杰弗里·勃罗德彭特（Geoffrey Broadbent）等欧洲建筑学者的论文集《符号·象征与建筑》丰富了建筑符号学理论研究的成果。此外，在建筑语言应用方面，美国建筑学者克里斯托弗·亚历山大（Christopher Alexander）等人的《建筑模式语言》归纳了美国城乡建筑的 253 种设计模式作为原型设计语言，提供了多样化组合的可能。

相比之下，国内对于中国建筑语言的理论研究有限。1950 年代，梁思成在《中国建筑的特征》中论及中国建筑和语言的关系。他认为建筑如同语言文字，一系统之建筑自有其一定之法式，如语言之有文法与词汇，中国建筑则以柱额、斗拱、梁、槫、瓦、檐为其"词汇"，施用柱额、斗拱、梁、槫等之法式为其"文法"。因此梁思成主张运用中国历史建筑之"词汇"，遵循历史建筑之"文法"，根据不同需要解决不同问题，创作出不同的新建筑。建筑师李晓东等人在《中国空间》中论述汉语言及其思维模式对中国式空间和建筑语言的影响，提出建立自然语言和建筑语言之间的联系。师从贾平凹的史雷鸣博士在专著《作为语言的建筑》中探讨建筑、语言和文学的关系，正如其评述，目前国内在建筑语言方面的研究仍然停留在现象层面进行建筑符号化的梳理及语义解释，因此他提出文学语言与建筑语言在符号学层面进行转换嫁接的观点。

纵观上述语言与建筑的现有理论，两者交叉研究的基础在于"表意"，并且建筑作为符号表达意义。比较国内外的代表性研究成果，可以发现西方的建筑语言体系构建相对比较完整，从符号学模型到建筑语言学体系的发展脉络比较清晰。然而国内的建筑语言研究呈现碎片化的和个人化的倾向，将语言作为建筑的类比参照物，却没有清晰明确划定语言研究的具体对象。上述研究出现"词汇""文法""汉语""文学"等不同层次和范围的参照对象，都能和建筑语言建立联系，虽然从不同方面丰富了建筑学的研究，却无法构建完整的建筑语言体系。因此，本文的问题始于以表意为目的建筑，究竟该指向语言、文字抑或文学？

二、从语言到文字的选择：假设建筑说中文

1. 语言与建筑的交叉研究问题

语言作为表意的交流工具无可置疑，但建筑的表意功能尚存争议。意大利符号学家翁贝托·埃科（Umberto Eco）认为从现象学的角度，当人们意识到建筑功能性的同时，建筑就已经发挥其交流作用。但我们通常所说的建筑的意义，显然超越了功能的范畴，建筑师们总是赋予建筑更多形而上的意义。建筑的所指具有不确定性，可以从社会、美学、宗教、商业、生活方式等不同层面去理解一座建筑物；而建筑的能指表现为可见的形式、空间、体量、比例等因素，还有不可见的氛围。因此，从传递信息的精确性上，建筑难以和语言相比。再者，运用语言学模式分析建筑现象的研究方法源于西方学界，如建筑语言学、建筑符号学研究均建立在西方建筑语系的基础上，传入我国后成为中国建筑理论的基础，导致中国建筑师在设计语言方面的先天失语。中国城市建筑被评为"千城一面"，且随着当前乡村建设的深入推进，中国乡村可能面临"千村一面"的窘境。面对这样的学术研究背景和迫切的现实问题，我们能否从传统文化中找到解答，能否形成本土的建筑语言？而且，在中国当代语境下，如果建筑是语言，会是怎样的一种语言？

2. 假设汉字为建筑的参照工具

基于这些问题，我们理想的语言模型和参照对象应该是一种图形化的视觉语言，兼具可见性和可读性，既是能指又是所指，能以形表意，能使空间说话，并且具有本土文化特征。这些前提条件将解答导向具有类比价值的参照语系：汉语，并由此提出一个隐喻式的假设，"如果建筑会说话，它说中文"[3]，回应所提出的问题。

3 作者在法国发表的学术专著中首次提出该观点：
BAO C. Écrire l'idée[Xie Yi]: Entre l' écriture idéographique et lécriture architectural[M]. Berlin: Presses Académiques Francophones, 2014: 28.
包辰 . 写意：表意语言与建筑语言间 [M]. 柏林：法语学术出版社，2014.

1）语言、文字和文字之间的类比选择

事实上，语言、文字和文学与建筑的意义都能建立关系，只不过涉及建筑意义的不同表达层面。文字是最基本的单位，以真实的物像或景象为基础，包含构形和表意的双重功能；语言则以文字为载体，通过语法组合词汇和文字进而生成意义。在建筑方面，一种语言代表了一系列建筑的共性；文学则更进一步，不仅表意且以意境为目的，对表意要求更高，在建筑上反映为叙事性乃至诗意性。可见，语言和文学并不涉及视觉形式的研究，而纯粹是意义的不同组合和修辞。再者，相较西方表音体系的字母文字，世界现行文字中只有汉字具有以形表意的视觉属性，正如王宁所述"汉字本体的研究必须以形为中心"。同样从本体研究的角度，建筑本体的研究也以形为中心。

2）后结构主义的文字学转向符合建筑的时代精神

在语言、文字和文学之间选择文字，从本质上是在表意和构形之间选择。如果语言学和建筑学的交叉研究是为了更好地表达建筑的意义，对汉字学的研究则是为了研究建筑本体，研究形式的生成原理。正如 20 世纪后半叶从结构主义语言学到后结构主义文字学的转向。以结构主义分析，建筑的外形属于表层结构，建筑的意义则是深层结构。用结构主义来辨识与分析传统建筑比较简单，但对于全球性的、自我意识的、自我参照的当代建筑则行不通，后结构主义则更为适用。因此雅克·德里达（Jacques Derrida）的理论在建筑领域得到共鸣，并且德里达也发现图形文字，特别是汉字具有特殊价值，"中文模式反而明显地打破了逻各斯中心主义"，西方哲学家的"汉语偏见"和"象形文字偏见"导致了茫然无知[4]。可惜德里达没有进一步研究汉字学，只是停留在图形层面认识汉字，但德里达的思想为建筑界带来的启发是持续性的，"解构思想通过建筑语汇与批判行为，在建筑界得到扩展"[5]。

下文从跨学科的研究视角，从理论方面比较和分析汉字与建筑之间的关系，进一步论证两者交叉研究的合理性，试图从中寻找通往中国建筑语言的新路径。

三、汉字与建筑交叉研究的合理性

与语言的复杂结构相比，汉字与建筑在形式构成方面有更多的共同点。基于国内外现有研究，以下从构形目的、构形原理、构形来源三方面分析并归纳汉字与建筑之间可相互参照的合理性。

1. 汉字和建筑具有共同的构形目的

索绪尔提出世界上只有两种文字体系：表意体系和表音体系，表意体系的典范就是汉字。与字母文字中一个图形单元，即一个字母对应一个非能指的音素不同的是，中国文字是一个完整的语言符号，同时包括能指与所指，它建立在无可否认的图像基础上，具有语言和图像的双重性，兼具意义和形式。法国建筑师克里斯蒂安·德·包赞巴克（Christian de Portzamparc）认识到汉字的表意书写是从图像开始的。中国人在书写文字里保留了独特的视觉表意系统。

4 德里达 . 论文字学 [M]. 上海：世纪出版集团，1999：115-117.

5 科因 . 建筑师解读德里达 [M]. 王挺，译 . 北京：中国建筑工业出版社，2018：51.

汉字将直观的视觉系统化，作为视觉语言的汉字已不是传统意义的文字，它的表意功能不是通过口头或书面的交流，而是通过视觉形式得以实现。

前文讨论过建筑的表意功能，尽管建筑的所指具有不确定性，但不能否认其存在，其指向最基本的功能，抑或结构、美学、文化，乃至诗性。汉字所具备的符号双重性，能指与所指的一体性，正是建筑能指所追求的，尽管这种能指与汉字相比是物质且多维的，但同样是有形且可见的。在此前提下，建筑和汉字具有最根本的共性：以表意为构形目的。

2. 汉字与建筑具有相通的构形原理

汉字学者王宁在《汉字构形学导论》中提出认识汉字的两点关键：第一，汉字因义构形的表意特性；第二，汉字构形系统的存在。汉字构形是研究汉字本体的中心，建筑空间构形是研究建筑本体的中心。因此，两者的构形原理是开展交叉研究的重点。以下分别从构形和构意过程两方面来分析汉字和建筑的共性。

1）构形过程：复杂性与简单性的转化

如果将汉字和建筑的形式构成过程看做一种设计过程，该设计过程包含了简单性与复杂性之间的转换：两者都具有基本的形式元素，基于有限的构件生成无限的形式，基于最简单的形式元素表达最复杂的意义。

一方面，从汉字的二维图形分析，汉字建立在简单元素的组合之上，寻求建立不同认知的普遍形式。不论笔画多寡，每个汉字都由五种不同的基本笔画构成，并且通过不同方向定义：横（水平）、竖（垂直）、撇（左对角线）、点（右对角线）、折（图1）。这些笔画经过组合，形成具有"符号暗示效果"[6]（effet de l'illusion iconique）的独体字，然后两个或多个独体字再组合为合体字。由此可以把汉字看做由一定数量的常见简单元素构成的复杂组合系统。

图 1 汉字的基本笔画

另一方面，在建筑的二维表现层面，从线条到图形的过程是一个指向描绘、模仿再现对象的线条组织过程。汉字的五种基本笔画在法国建筑学家菲利普·布东（Philippe Boudon）的词汇里，相当于"操作线条"（图2）。他认为水平、垂直、倾斜、直线、弧形等"操作线条的组合让我们认识到形式的更新"[7]。

图 2 基本形式的"操作线条"：点、线（直、曲）、折线（直、曲）

6 此处法语原文由作者译。ALLETON V. L' écriture chinoise: Mise au point[A]//La pensée en Chine aujourd'hui[M]. Paris：Gallimard, 2007: 256.

7 此处法语原文由作者译。BOUDON P, POUSIN F. Figures de la conception architecturale: Manuel de figuration graphique[M]. Paris: Dunod, 1988: 72.

这些线条再构成建筑形式的基本元素（矩形、方形、圆形、多边形等）（图3）。从建筑物的三维层面看，每一座建筑物都可以被看成是由简单的建筑构件元素（门窗、梁、柱、墙、楼梯等），或者是有限的建筑材料（土、木、石、混凝土、金属等）构建而成的建造物。

图 3 建筑形式的二维基本形

可见两者均包含由简到繁的形式构成原理：分析"六书"[8]的造字理论，象形和指事是汉字构形的基本设计方法，从线条到单体，从笔画到独体字，根据相似性和指示性原理勾勒出所要再现的真实物象或场景，生成最初的基本形式单元；会意和形声是对这些基本形式单元的组合和再利用，利用已有形式再构新形式表达更多的意义；转注与假借则是对已有形式的借用和局部变形，严格来说，属于用字而非造字范畴。进一步分析"六书"的造字比例发现，许慎《说文解字》中有 9 353 个汉字，其中象形字占 4%，指事字占 1%，会意字占 13%，形声字占 80%，其余的 2% 是转注字与假借字（图 4）。该比例反映，绝大多数汉字是通过会意和形声的模式生成，并且由象形和指事所占比 5% 的基本形式单元创造了其余 95% 的复合形式，即，利用极少数的旧形式生成绝大多数的新形式。这种生成方式也是汉字和建筑之间的一个共同点：无论是以建筑的基本构件为单体，或者以建筑材料为单体，或者以建筑空间为单体，建筑本体在物质层面是由有限的基本单体组合成复合体。最简明的案例就是中国传统居住形式从单进四合院到多重院落民居，直至紫禁城（图5—图8），这种传统建筑的构成思维与汉字构形思维是一脉相承的。

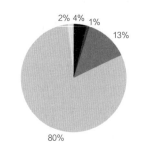

■ 象形字　■ 指事字　■ 会意字　■ 形声字　■ 转注与假借字
图 4 "六书"的比例

8 "六书"之名最早见于《周礼》，东汉学者许慎在《说文解字》中以"六书"归纳古汉字的造字规则，即"象形、指事、会意、形声、转注、假借"。

综上分析，汉字和建筑在形式构成方面具有简单性与复杂性的内在转化特征。尤其是汉字构形所体现的简单性原则，即易于理解、易于使用和易于实现这样的特点，同样应该体现在建筑构形上。这种从复杂意义到简单形式、从简单形式到复合形式的生成，不仅是汉字与建筑的共性，也反映了汉字作为中国传统文化符号的独特性和优越性。

2）构意过程：可读性与可见性的转化

汉字和建筑的形式构成过程同时也是意义构成的过程。两者的构形过程不仅体现简单性的特点，也体现对简单性的要求。构意过程则体现在把复杂的可读意义转化为简单的可见形式。以下归纳汉字和建筑在这个构意过程中体现的两点共性。

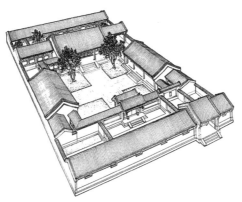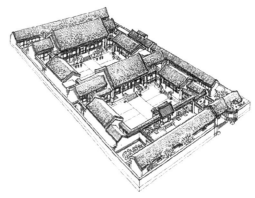

图 5 一进四合院 图片来源：昵图网　　　　　　图 6 二进四合院 图片来源：昵图网

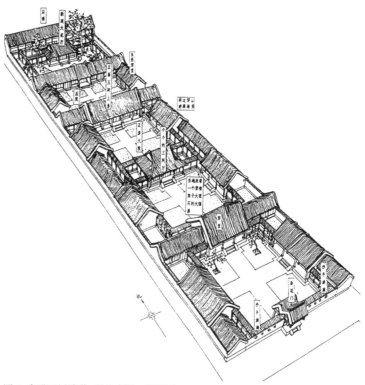

图 7 多进民居院落 图片来源：昵图网

图 8 紫禁城 图片来源：昵图网

第一，通过不同的视角进行构意：与古埃及象形文字的单一平视视角相比（图9），汉字在意义的表现上是多视角的，不同视角的选择不仅关系到形式的生成，同时也包含更精准的意义。汉字对现实事物或场景的表现可以分为固定视角和流动视角，固定视角即平视、仰视、俯视与一点透视取象造字（图10、图11）；流动视角的视点不固定，通过流动的视点观察对象并综合表现，即"流观取象"[9]。这两种汉字取象方式在建筑的二维表现中就是两种不同视角的再现方式。前者固定视角的再现方式等同于建筑制图所绘制的平面图、立面图与透视图，而流动视角更类似于中国传统绘画的"散点透视"，这种艺术化、主观化的表现方式在西方古典绘画及建筑制图体系中是没有的，但这种特殊的可见性恰恰是中国传统的建筑再现方式。

9 姚淦铭.汉字文化思维[M].北京：首都师范大学出版社，2008：130.

图9 古埃及象形文字的视角均为平视，具象且线条繁杂

图10 汉字"安"从平视的角度勾勒建筑与人的关系 图片来源：吴颐人.汉字寻根[M].上海：上海人民出版社，2009.

图11 汉字"宿"从平视和俯视的角度勾勒建筑空间与人的关系 图片来源：汉光教育基金会官网

第二，通过不同的空间位置进行构意：汉字的合体字并非单体符号的随意拼接或无限增加，而是始终在同样尺寸的正方形空间内进行构件布局和意义构成，通过不同位置的巧妙组合产生不同的意义。符号作为活跃单元被赋予自主性，同时具有很大的机动性和可能性以便和其他的符号组合。组合的条件是合理有逻辑，符合约定俗成的关系。需要注意的是，这些意义在组合方式上所呈现的结构关系：每一个汉字在相同的正方形平面空间内，内部构件或并置或重叠，或重复或围合，在左或在右，在上或在下（图12），每个构件的位置依靠所指对象的内在关系而定。从汉字到建筑，依据所要表达的意义进行不同空间位置的组构同样也是建筑空间构成的目的，是建筑表意要解决的问题，即如何在不同空间位置、不同构件之间建立关系，更加清晰地表达丰富的建筑语义，赋予建筑作品更强的可读性。

图12 汉字合体字（会意字）通过不同位置和结构的组合产生不同意义：并列、叠加、重复、围合

正如达·芬奇所说："简单的终极形式是复杂。"构形的终极在于简单，构意的终极在于可见。从构形到构意，我们看到在汉字和建筑中"形"与"意"的统一。王宁在《汉字构形学导论》中提出"结构—功能"分析法，就是基于构形与构意统一的原则，通过分析构件在汉字中的结构关系和构件在汉字中的功能来研究和确定汉字的构形模式。如果把这种分析法替换到建筑语境下，也是完全适用的，可以通过分析建筑元素（比如单体、材料、构件等）在整体建筑中的结构关系和建筑元素在建筑中的功能来研究和确定建筑空间的构形模式。经由对汉字构形的认知导向对汉字构意的理解，同样地经由构形操作导向对设计概念生成的理解。研究建筑观念的再现空间如同研究输入领域，理解线条和图形的生成，其实是理解设计方案在绘图空间里的生成方式，理解对真实存在的投射方式，也是理解在图像构形中构思的力量。正如菲利普·布东所说："当构形操作具有观念操作的价值，图形空间成为观念空间。"[10]那么，汉字和建筑中包含了怎样的观念空间？两者间是否也有共通之处？下面从汉字和建筑的形式来源一探究竟。

10 作者译。BOUDON P, POUSIN F. Figures de la conception architecturale: Manuel de figuration graphique[M]. Paris: Dunod, 1988: 59.

3. 汉字和建筑具有相同的构形来源

《中国古代建筑史》讲述商朝建筑时，首先提到商朝的文字：甲骨文。由于古建筑早已不复存在，文字却可以推测出当时建筑的形态和构造。在已发现的甲骨文中，有 50 个字左右和古代建筑有关（图 13），且采用"象物之形"的造字方法，因此今人不仅可以"观察"当时的建筑形态，还可以分析当时记录和摹写建筑形态的方式。比如从不同角度摹绘空间的汉字："宫"以建筑平面图的方式记录空间，"宗"以立面图的方式记录空间。还有摹绘人和建筑空间之间关系的汉字：家、安、宿等。梁思成曾论及中国传统沿用"土木之功"一词概括一切建造工程。"土木"的独特性也反映在汉字造字方面。中国古代以土和木为主要建筑材料的事实，造就一系列以"土"和"木"为表义形旁的

图 13 甲骨文中与建筑有关的汉字 图片来源：刘敦桢.中国古代建筑史 [M]. 北京：中国建筑工业出版社，1984：30.

形声字，比如梁、柱、栋、楹、枓、栱、檐、枋、枨、楣、桁、栏、杆等都从"木"；墙、垣、城、塔、堡、填、垛、基、堤、堵、墓、臺、室、垒、坝、坛等都从"土"。土木之外，还有其他不同的建筑材料形成不同的汉字构件，由表意的材料（形旁）加上不同的声旁造出新字。比如础、碑、砌、礅、砖、碉等字从"石"，钉、钩等字从"金"，琉、玻等字从"王"（玉），这样的造字方式清晰地表明了建筑构件的材料属性（图 14—图 18）。

梁 柱 檐 楣 桁 栏

图 14 形旁为"木"的汉字

城 塔 堡 基 堤 坛

图 15 形旁为"土"的汉字

础 碑 砌 礅 砖 碉

图 16 形旁为"石"的汉字

金 钉 钩

图 17 形旁"金"的汉字

王 琉 玻 璃

图 18 形旁为"玉"（王）的汉字

由此可见，汉字和建筑的形态设计来源于当时生活的社会环境和人类行为，从汉字中可以还原古建筑的原始形态和材料构成，从建筑中也可以发现汉字与建造行为的关系，甚至还原当时的设计概念。建筑学家汉宝德认为中国的风水理论把环境、山水当做文字或者符号看待，通过自然形态对环境做价值判断，这种观察方法和使用文字的方式有直接关系。法国作家雨果曾说"建筑是石头的史书"，而"汉字是古建筑的活化石，建筑词语本身可以为建筑文化的发展演变提供真实而深刻的镜像"[11]。

4. 汉字构形思维对建筑空间思维的影响

基于现有相关研究，我们把汉字对建筑空间思维的影响归纳为视觉思维、审美思维和抽象思维 3 个层面。

1）建筑学者汉宝德认为文化是从文字开始，建筑也不例外。中华民族是视觉的民族，文字是视觉的符号，文字构成民族的象征世界，思想观念很难脱离与文字的关系。汉字与其他语言不同之处就在于"以形为本"的理念，汉字的"象"既是语言符号又是视觉符号，从视觉思维角度来看，汉字还是一种"视觉意象"。根据美学家鲁道夫·阿恩海姆（Rudolf Arnheim）的观点，思维是借助"视觉意象"进行的，因此，汉字作为视觉符号必然对视觉思维产生影响。

11 "象物之形"、汉字与"土木"等建筑材料的研究参见：陈鹤岁.汉字中的古代建筑 [M].天津：百花文艺出版社，2005：1-4.

从"鸟巢""水立方"到"冰丝带""雪如意"，这种以建筑形式的视觉意象、象征和隐喻给建筑命名的思维，在西方建筑中是少见的，也侧面说明了中国人寓意于形的视觉思维。

2）汉字的"象"源于绘画，从绘画到书写，从具象到抽象，汉字的图形演化过程中产生了特有的美学思维。孔刃非在《汉字创造心理学》中提出汉字字形具有两条美学原则，其一是"重心居中"的原则：汉字的原初特征是"象形"，汉字的形体特征是"方形"。由于象形字是对自然界客观存在的描绘，因此，字形结构也如实反映出重力的存在。每个汉字字形都遵守"重心居中"的结构原则，这是汉字的首要美学原则。其二是均衡的原则：每一个方块字结构，内部的各部分结构并不对称，但是均衡，这是一种关于重心的更灵活的对称。均衡也是中国传统艺术区别于西方古典艺术的美学原则。潘天寿讲构图的形式美规律，首要讲均衡，并形象地用中国的老秤和西方的天平来比较对称和均衡的概念。这种均衡非对称的形式美原则主要体现在传统文人的建筑审美和中国园林之中，也是中国园林和西方古典园林的区别所在。此外，建筑师李晓东在文章《汉语和中国建筑空间》里探讨中国语言和思维模式的关系，认为汉语影响思维和空间审美认知，建筑与语言之间的关系，已经超越了符号和象征的关联。中国式审美更依赖人的感知、情绪与经验的参与，而非抽象思考。

3）由于上述以形为本的视觉思维、灵活而感性的审美认知，学界对汉字及其代表的中国式思维产生较有争议的观点：中国式语言和思维倾向形象思维，缺乏抽象思维。中国式思维是否由于使用汉字而欠缺抽象思维已超出本文的研究范围，但是由此判断汉字欠缺抽象思维则失之偏颇。正如汉字由于其突出的图形特征被称为象形文字，这种以偏概全的简化称法忽视了象形只是汉字"六书"之一，忽视了其余 90% 的汉字造字生成于抽象思维。汉语言学者姚淦铭分析汉字结构有 6 种逻辑思维方式，其中象形、指事、会意、形声是汉字构形的逻辑思维，转注和假借是汉字用字的逻辑思维。前文已分析过汉字的构形过程，其中象形和指事是按照相似性和指示性原理勾勒物象，象形字本身是对真实物象的抽象和概括，指事的重点也在"事"而非"形"，会意、形声是对已有字的组合和再利用，转注和假借是对已有字的借用和修改。因此，汉字造字不仅包含形象思维，更不欠缺抽象思维。汉字被称为象形文字是片面的，确切地说，汉字是表意文字。我们应该摆脱汉字以形象思维为主的固有思维，认识汉字造字中抽象思维的优势。汉字字形的生成过程是基于形象思维生成基本形，再以"构意"为导向，有逻辑地对基本形进行不断的抽象、组合和变形。同样的轨迹也发生在中国传统建筑的演变中：中国建筑的单体原型"大屋顶"是中国空间的基本形，与西方建筑语言相比，中国建筑的基本形在长期的历史发展中没有发生很大变化，而是根据不同的功能、类型或地域进行不同的组合和变形。中国传统建筑空间包括园林在内，造形的重点并不在于建筑单体的变化，更重视的是经过不同的位置经营和空间组合所产生的"意境"。从汉字到中国空间，构形的目的不在于形而在于意，通过构形而表意，这种"意"的构建过程是抽象思维的过程。

四、结论及反思

1. 中国建筑语言不应照搬西方建筑语言的研究方法

本文基于语言学和建筑学已有的交叉研究，提出中国当代建筑语言的问题在于长期受限于西方语言学和建筑学体系建构的惯性思维，这已造成中国城市建筑的"失语症"。中国的建筑语言不该照搬西方建筑语言的研究方法，从西方语言学的视角去研究我国建筑语言是有问题的。究竟中国建筑语言应该是怎样的，换言之，怎样的建筑空间能表达中国文化？回答这个问题，需要回顾中国传统空间是怎样的，反思中国现代建筑又是怎样的。当我们以建筑师的视角，把目光从建筑语言转向自然语言时，作为中华文化的本源，汉字在形式、意义和文化身份三方面所呈现的一体化建构，为我们提供了一种参照和解答。回归建筑本体的研究，就是从语言的表意和叙事性回归文字本体的建构研究。以汉字构形为研究对象，向汉字学习，学习的不是其"形"，而是"构形"的方法以及隐藏其中的设计思维，这是建筑和汉字交叉研究的价值所在。

2. 建筑学和汉字学的交叉研究在于"构形"而非"形"

然而，现有理论研究及实践案例表明，在该交叉领域上还存在较大空白。汉字作为参照物在建筑以外的其他艺术领域有不少融合的前例，但汉字与建筑的交叉研究踟蹰不前，其原因在于研究对象始终停留在"形"而非"构形"。建筑设计单纯以形为出发点，难免忽视功能性而陷于形式主义。而建筑师对于汉字"构形"原理的认知有限，只能从字形上去寻找汉字和建筑的联系，忽视汉字造字原理在设计方法方面具有更大的研究及应用价值。因此，超越汉字的视觉表象，需要在认知其表意本质的前提下，从设计方法的角度研究其构形方法，需要从设计思维的角度研究汉字的影响，发掘造字过程以及书写演变过程的潜在价值。这个交叉领域的研究尺度较大，尤其在构形原理和特有的汉字思维方面需要深入挖掘和归纳，本文只是提出理论性的假设，概要性地论述该研究方向的可能性、合理性和必要性，为后续研究打下基础。

当代语境下，我们提出"让建筑说中文"、向汉字学习的观点，对于构建有中国文化特色的建筑语言，不仅有学术方面的独特意义，在建筑实践以及设计教学方面同样具有持续研究的价值，也符合新时代传统文化的发展方向。

参考文献

[1] 包辰. 写意，表意，意境：以汉字艺术为载体的建筑设计教学实践 [C]// 第三届海峡两岸高校文化与创意论坛论文集. 桃园：中原大学艺术中心，2013：171–184.

[2] 鲍赞巴克，索莱尔斯. 观看，书写：建筑与文学之间的对话 [M]. 姜丹丹，译. 桂林：广西师范大学出版社，2010.

[3] 陈鹤岁. 汉字中的古代建筑 [M]. 天津：百花文艺出版社，2005.

[4] 汉宝德 . 中国建筑文化讲座 [M]. 北京：生活·读书·新知三联书店，2006.

[5] 李晓东，杨茳善 . 中国空间 [M]. 北京：中国建筑工业出版社，2007.

[6] 梁思成 . 中国建筑的特征 [J]. 建筑学报，1954（1）：36-39.

[7] 孔刃非 . 汉字创造心理学 [M]. 北京：线装书局，2008.

[8] 史雷鸣，贾平凹，韩鲁华 . 作为语言的建筑：符号学理论视域下建筑语言与文学语言的关系研究 [M]. 西安：陕西师范大学出版总社，2015.

[9] 姚淦铭 . 汉字文化思维 [M]. 北京：首都师范大学出版社，2008.

[10] 王宁 . 汉字构形学导论 [M]. 北京：商务印书馆，2015.

[11] BAO C. Écrire l'idée[Xie Yi]: Entre l' écriture idéographique et l écriture architectural[M]. Berlin: Presses Académiques Francophones, 2014.

[12] BROADBENT G, BUNT R B，JENCKS C. Signs, symbols and architecture[M]. Chichester: John Wiley & Sons, Inc, 1980.

[13] RAYNAUD D. Cinq Essais sur l'Architecture: Etudes sur la Conception de Projets de l'Atelier Zo, Scarpa, Le Corbusier, Pei[M]. Paris：Harmattan, 2002.

建筑空间意境的生成逻辑梳理

Research on the Generative Logic for Space Artistic Conception of Architecture

鲍英华[1]　刘艺晴[2]

BAO Yinghua　LIU Yiqing

摘要：建筑意境文化的深入挖掘是以建筑创作为载体传承和彰显中国传统文化的必由之路。本文立足建筑意境文化当代传承的重大价值与意义，研究建筑意境生成的实质，发现建筑意境的产生是由创作者主观创作意图凝结，通过建筑作品呈现，再由接受者进行认知和再创作的循环过程的内在逻辑；在接受过程中通过再现性、想象性和创造性的认知来获得"意"外之"境"。因此，在作品内在结构的不同层面建构不确定性、召唤性和可解释性的内容能够引发建筑空间的意境，为意境文化在当代建筑创作中的传承提供理论依据和哲学思考。

Synopsis：The inheritance and manifestation of Chinese traditional culture through architectural creation as a carrier cannot be separated from the in-depth excavation of architectural mood culture. This paper examines the contemporary inheritance of architectural context culture and the generation of architectural context. It finds that the internal logic of architectural context generation is a cyclic process in which the creator's subjective creative intention is condensed, presented through architectural works, and then perceived and re-created by the receiver. The acceptance process involves reproduction, imaginative and creative cognition to obtain the "realm" outside of the "intention". Therefore，constructing indeterminacy, evocative and interpretable contents at different levels of the inner structure of the work can trigger the mood of architectural space. It provides theoretical basis and philosophical thinking for the inheritance of contextual culture in contemporary architectural creation.

关键词：空间意境；生成逻辑；不确定性；召唤性；可解释性
Keywords：space artistic conception; generative logic; indeterminacy; summonerability; interpretability

1 鲍英华，北京交通大学；
yhbao@bjtu.edu.cn。

2 刘艺晴，北京交通大学。

意境文化根植于中国传统文化中，是诸多艺术表现形式的终极追求。中国传统文化在当代建筑创作领域的延续和对意境文化的传承是十分重要的内容。对建筑意境的深入挖掘是必要的，对于建立以中国文化创作与认知方式为基础的建筑创作理论、指导全球化背景下的当代建筑实践具有重大意义和学术价值。

一、意境文化对于建筑创作的价值与意义

意境文化是中国传统文化中最具特色和最能体现中国传统创作思维与认知方式的文化形态。对意境文化在建筑创作思维、建筑作品呈现、建筑认知过程中的落位进行理论层面的深入解读，能够从意境文化传承的角度来推动当代建筑创作语境下对传统文化精神内核的探究和延续。

中国的建筑创作和建筑学科体系，是以西方建筑体系的架构为参照发展而来的。挖掘并建构建筑空间意境的呈现方式、建构方法以及创作策略，寻求建筑作品呈现空间意境的可能性，增强建筑作品对传统文化内涵的表达，有助于当代建筑创作在开放的国际语境中寻找和建立自身的话语体系。

当下中国的建筑创作在传统与现代的结合上做出了很多新的尝试，涌现出了一批具有空间意境意味的建筑作品。从实证的角度研究和梳理这些建筑作品建构空间意境的策略，对于形成植根于中国传统文化的建筑创作实践具有指导意义。

二、建筑意境形成的实质

1. 建筑的空间意境

建筑作品空间意境的生发与呈现是通过建筑作品"虚"与"实"的关系来实现的。侯幼彬在《中国建筑美学》中提出意境是由实境与虚境共同构成的，实境是建筑空间环境表现出来的艺术形象，而虚境则是实境的艺术形象所展现的氛围、情致以及所能引发的联想和想象[3]。建筑空间意境的产生是由实境引发虚境的过程。

3 侯幼彬.中国建筑美学 [M].哈尔滨：黑龙江科学技术出版社，1997.

2. 建筑意境生成的内在逻辑

在这个由实境引发虚境的过程中，空间意境的形成并非建筑设计作用于作品的单向过程，而是一个由设计者主观创作意图凝结、建筑作品通过建筑外在形态展现、接受者进行解读并进行再创作的循环的过程（图1）。

在这个过程中，设计者的创作，在满足建筑基本需求的基础上会输入个性化的主观意图，营造具有个体审美经验和情感倾向的空间环境场所，赋予建筑场景独特的空间意象，塑造出一个实境；客观存在的建筑作品则呈现和展示这种空间意象，等待使用者、欣赏者的体验、认知与理解，客观存在的建筑空间环境是联系空间创作与认知的媒介，也是呈现实境引发虚境的空间载体；接受者在使用、欣赏建筑空间环境之外，会发现和认知设计者赋予空间的创作意

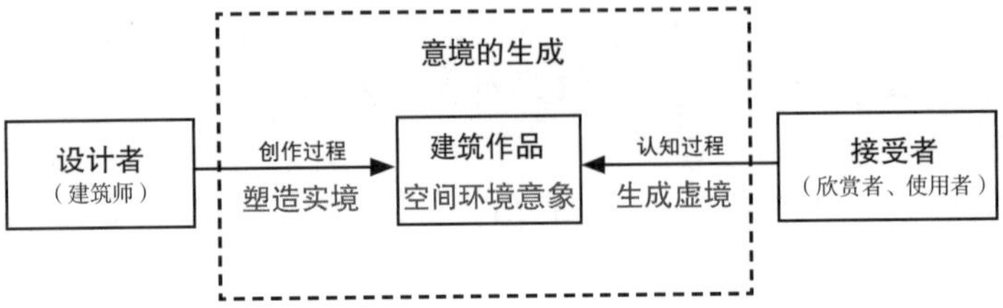

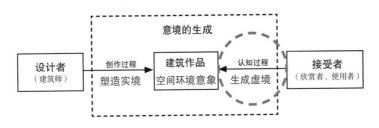

图 1 空间意境的生成过程

图，并根据自身的审美经验和情感形成理解和判断，感知空间意象形成的氛围、情致，继而引发联想和想象，产生出认知过程中的虚境。

建筑空间意境是在"创作—作品—接受"全过程的逻辑中产生的，建筑创作、作品呈现、接受认知各个环节缺一不可。

三、空间意境认知过程的特点

从接受认知的方面分析，接受过程产生虚境、引发虚境的认知过程特点无疑是意境认知研究的重点内容（图 2）。接受者对于空间环境意象的认知根据认知深度不同表现出再现性、想象性和创造性的特点。

图 2 建筑接受认知过程中产生虚境

1. 再现性认知

再现性认知的特点在建筑形态的视觉认知中表现得尤为突出。接受者在对建筑空间环境进行视觉认知时，总是自觉不自觉地凭借自己已有的生活经验，对建筑空间形态中不完全以及不完整的形象予以填补，重新建构起更加具体鲜明、完整逼真的建筑审美形象。

在建筑作品中，那些没有完全呈现的构件形状、空间形态以及空间序列，那些断开、不存在、模糊和不确定的表现为建筑中的虚空的部分，在审美心理上破坏了审美体验的完型结构，迫使接受者调动自身已有经验对其进行补充完整，进而在认知心理上形成完整的形象。基于建筑空间视觉认知的这种再现性认知特点，建筑作品空间中表现出模糊和不确定性特点的虚体的部分成为认知过程中的视觉显著点。

2. 想象性认知

想象性认知的特点更多地在接受者对于空间环境的意义与意象认知层面起作用，创作者赋予建筑空间特定的意义、意蕴或情感内容，这些内容以特定的建筑符号、空间组织形式、场所场景等呈现出来，或抽象或具体，或彰显或隐匿。但空间意义的传递相对于建筑空间使用的"实"来说，具有"虚"的特点，表达着言外之意的"意"，对接受者而言是引导和隐喻。建筑作品的空间建构方式各不相同，接受者对设计者的主观意图的领会的程度也不尽相同，但都需要接受者发挥心智潜能、细心体验感受才能对其进行想象性的填补。

3. 创造性认知

接受主体在缺乏作品明示或暗示的情况下，要对形象的能指做更深更广的挖掘拓展，从而超越作者意图感悟到新的所指，因而需要充分发挥想象和联想，更需要创造的精神，可以称之为更高层次的接受。在建筑接受活动中，通过感知建筑空间、视觉层面的形式的感知以及创造性再解释，不仅把建筑师所创造的物质、精神内容加以充分地理解、体验，而且还结合自己的性格、认识、经历创造出不尽相同的具有个性和特色的空间意境。

四、引发建筑意境的空间特质

设计者赋予建筑作品的主观意图与情感、营造出的实境在作品的被解读过程中通过再现性的、想象性的以及创造性的认知活动赋予新的内容和意义，就产生出了虚境，这样建筑的空间意境就产生了。建筑作品作为联系建筑创作与建筑接受活动的符号中介，也是由实境引发虚境的空间载体（图3）。

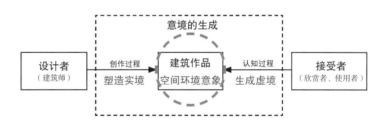

图3 建筑作品是由实境引发虚境的空间载体

建筑作品中具有不确定性、可解释性以及召唤性的空间建构，引发了认知过程中的再现性、想象性和创造性认知，形成了虚境，成为建筑作品引发建筑意境的必要条件。

建筑是对具体空间的营造，然而在意义和内涵的表现上，建筑艺术的表达具有抽象性。罗伯特·文丘里（Robert Venturi）在《建筑的复杂性与矛盾性》中指出矛盾并存，指出各要素的重叠带来"模棱两可，对立统一"，即"ambiguity and tension"，吴焕加将其译作不确定性和紧张感[4]。不确定性带来了疑问与困惑，是受到关注而引起思考的部分。不确定的部分在建筑空间构成的各个层面都有可能存在，但都表现出"虚"的特点，既可以是呈现为空缺、模糊的建筑形态构件的虚体部分，也可以是组成空间意象的空间的异化、序列的断裂等虚景的建构。

在建筑空间环境意象营造的层面上，建筑作品中具有不确定性要素的设

4 鲍英华. 意境文化传承下的建筑空白研究 [D]. 哈尔滨：哈尔滨工业大学，2009.

置，往往给接受者的认知带来猜测、回味以及联想的可能性，成为建筑作品具有可解释性的部分，接受者可以根据个体不同的主观判断以及想象来确定或填补这些不确定的部分。那么建筑作品在意义的呈现上就不是全盘肯定的，而是具有了一定的召唤性，能够吸引接受者的注意力，并不断引导接受者做出新的联想和判断。

在建筑作品的外在表现的层面，建筑作品是一定的实体与空间的存在，它的抽象意义也要凭借这些实体与空间的建构表达出来。在建筑空间实境的塑造中，具有模糊、复合、异化、消隐特点的空间以及实体表现形式，形成了建筑作品外在形态构成上的视觉焦点，内外之间以及不同功能之间的过渡空间往往具有模糊的特性；建筑形体和界面的裂变、不同性质元素的并置以及重组，形成了建筑空间形态及影像的异化；建筑功能的未定、界面的多层并置形成了空间信息以及意义的多重复合；而建筑师有意形成的建筑体量的消失、通透的体量融合于环境则形成了建筑消隐的意象，这些都构成了建筑空间意象的虚景，能够引发接受者对作品认知过程中的虚境。

五、当代建筑创作实践中空间意境的呈现

在当代建筑创作作品中，不乏对空间意境塑造的尝试。通过多种多样的设计手法来唤起接受者对建筑空间的联想与想象。

在建筑师刘家琨设计的"文里·松阳三庙文化交流中心"中，营造了一处"香樟树院"的空间场景。该中心是松阳人重要的公共活动场，经历百年沧桑，遗存不同历史时期建造的建筑及环境景观，是蔚为珍贵的情感寄托。院内1400多年的香樟树包含着对过去历史记忆的怀念，设计者巧妙地把千年古树的景色与公共建筑空间结合起来，将景观设计与环境中的情感寄托融合（表1）。

建筑师朱锫设计的"景德镇御窑博物馆"由8个线状砖拱形结构组成，它们有虚有实，这些虚实关系若即若离（表2）。

表1 情境交融的创作思想在"文里·松阳三庙文化交流中心"建筑作品中的呈现方式分析

实境的营造		
呈现方式	通过将新建建筑与旧有物质要素的矛盾转化为相互交融的关系，建立退让与保留，围合与开放共存的关系——廊道与树木交相呼应	香樟树院：集合不同时空物质遗产交融于一体，承载着不同年代的环境要素以及情感记忆
案例信息	文里·松阳三庙文化交流中心[5]；地点：中国浙江省丽水市松阳县；主创建筑师：刘家琨	

5 文里·松阳三庙文化交流中心，浙江／家琨建筑设计事务所 [EB/OL].（2020-09-03）[2024-02-23].https://www.gooood.cn/culture-neighborhood-songyang-three-temple-cultural-communication-center-china-by-jiakun-architects.htm.

表2 虚实相生的创作思想在"景德镇御窑博物馆"建筑作品中的呈现方式分析

6 景德镇御窑博物馆，江西 / 朱锫建筑事务所 + 清华大学建筑设计研究院有限公司 [EB/OL].（2020-09-25）[2024-02-23].https://www.gooood.cn/jingdezhen-imperial-kiln-museum-china-by-studio-zhu-pei-and-thad.htm.

实境的营造			
呈现方式	砖拱大小不一，形式各异，错落交替排布，虚实交替，形成若即若离的关系	水平的镂空削弱了实体砖墙面的厚重以及闭塞，将平静的湖面、茂密的植物等美景纳入眼底	半围合线性砖拱这种虚实结合的方式，创造出时而室外、时而室内的丰富的空间变化
案例信息	景德镇御窑博物馆⁶；建成年份：2020年；地点：中国江西省景德镇；主创建筑师：朱培		

　　建筑师董功设计的"长江美术馆"的光塔，是一个向上吸取天光的圆形天窗，沿着旋转楼梯越往下光线越昏暗，营造了一处幽暗的空间环境。游客置身其中，沿着楼梯盘旋而上，光线随之变化，愈发地接近光明。空间和光的组合加上人在空间中的位移变化，使人感觉仿佛在追随或是在唤起某种曾经已经消失的东西，空间带来了开放性的思考和联想（表3）。

　　在建筑大师程泰宁设计的"建川博物馆战俘纪念馆"中，不加修饰的墙体整体借鉴自然山石在外力作用下产生的裂纹、锋利的形态，用来隐喻战俘不屈的坚贞品格。展厅被切割为不规则实体展厅和虚体水院两个部分，迂回曲折的流线、扭曲而压抑的空间光环境带给游览者对于战争中的压抑情绪的无限思索，而在参观流线最后的一片几何构成般平整的水面，呈现出的宁静像是在抚平游览者内心的波澜，又像是在诉说着什么，每一处空间意象都在拨动建筑接受者的心弦（表4）。

表3 想象性认知在"长江美术馆"建筑作品中的呈现方式分析

7 史建，董功.不是要把一个事做到多完美才体现品质 对谈：关于长江美术馆[J].时代建筑，2020（2）：86-97.

实境的营造		
呈现方式	被砖石包围住的最幽暗的底层，游览者站在这里仰望便可以看到光塔顶部的光明，越向上愈发光亮，昏暗与光明的变化带给人无尽的想象空间		停憩空间，透过窗洞向内望去，光或许会唤起人们曾经的感受
案例信息	长江美术馆⁷；建成年份：2019年；地点：中国山西省太原市；主创建筑师：董功		

表4 "建川博物馆战俘纪念馆"建筑作品中的召唤性分析

实境的营造			
呈现方式	曲折的流线，粗糙的墙壁，深渊一般的牢笼召唤起人们对残酷战争的回忆，封闭，压抑的感觉	混凝土墙搭砌的向上聚拢的实墙，天空的自由和战争的枷锁同时展示出来，召唤出心底对自由、释放的期盼，却又只有黑暗牢笼的现实	通过石板路与水景的搭配以及墙体围合，最终营造出一片宁静祥和的景观，召唤人们对于和平的向往
案例信息	建川博物馆战俘纪念馆[8]；建成年份：2006年；地点：中国四川省安仁县；建筑设计：筑境设计，程泰宁		

8 建川博物馆·战俘馆，四川安仁 / 筑境设计：世界唯一以战俘为主题的独立博物馆 [EB/OL].（2018-05-03）[2024-02-23].https://www.gooood.cn/prisoner-of-war-museum-of-jianchuan-museum-complex-china-by-cctn-design.htm.

　　建筑空间意境的建构，其实质是在建筑作品内在结构的各个层面形成具有不确定性、可解释性以及召唤性的空间与环境特质，通过模糊、复合、异化以及消隐的空间处理手法在建筑的物质材料、功能内容、空间影像、意义建构等各个层面营造虚景，用以引发接受者认知过程中的虚境，进而形成建筑意境。

六、结语

　　基于建筑"创作—作品—接受"全过程的理论框架将空间意境的生成过程拆解为不同的角度和阶段，尝试探索建筑空间意境形成的本质逻辑。从这个视角考察当代建筑创作中意境的营造，提供了一种从美学、心理学以及哲学多层面、多维度解析和梳理空间意境营造路径的可能性。

参考文献

[1] 鲍英华. 意境文化传承下的建筑空白研究 [D]. 哈尔滨：哈尔滨工业大学，2009.

[2] 程泰宁. 构建"形""意""理"合一的中国建筑哲学体系 [J]. 探索与争鸣，2016（2）：16-18.

[3] 侯幼彬. 中国建筑美学 [M]. 哈尔滨：黑龙江科学技术出版社，1997.

[4] 建川博物馆·战俘馆，四川安仁 / 筑境设计：世界唯一以战俘为主题的独立博物馆 [EB/OL].（2018-05-03）[2024-02-23].https://www.gooood.cn/prisoner-of-war-museum-of-jianchuan-museum-complex-china-by-cctn-design.htm.

[5] 景德镇御窑博物馆，江西 / 朱锫建筑事务所 + 清华大学建筑设计研究院有限公司 [EB/OL].（2020-09-25）[2024-02-23].https://www.gooood.cn/jingdezhen-imperial-kiln-museum-china-by-studio-zhu-pei-and-thad.htm.

[6] 史建，董功 . 不是要把一个事做到多完美才体现品质　对谈：关于长江美术馆 [J]. 时代建筑，
　　　2020（2）：86-97.

[7]　文里·松阳三庙文化交流中心，浙江 / 家琨建筑设计事务所 [EB/OL].（2020-09-03）
　　　[2024-02-23].https://www.gooood.cn/culture-neighborhood-songyang-three-temple-cultural-
　　　communication-center-china-by-jiakun-architects.htm.

[8]　伊瑟尔 . 阅读活动：审美反应理论 [M]. 金元浦，译 . 北京：中国社会科学出版社，1991.

[9]　宗白华 . 艺境 [M]. 合肥：安徽教育出版社，2000.

一种生成——日常生活与空间形式之间的当代建筑

Becoming—The Contemporary Architecture between Everyday Life and Spatial Form

费　双[1]

FEI Shuang

摘要：集合理论将对空间的理解转向通过关系的（而非形态的）、扁平化的（而非等级化的）新视角。本文由德勒兹空间哲学启发，对集合的概念进行解读，在空间与时间、空间形式与日常生活之间超越二元论的关系中，讨论了理解当代建筑的本体论基础。本文论证了在科技革新的当代社会中，建筑是一种生成，其形式是在与主体的动态关系中不断涌现的过程。通过这个开放的命题，本文提出了建筑师作为形式与生活关系的中介而建构当代建筑文化的潜力。

Synopsis：Assemblage theory offers a new lens through which to view space, favoring a relational rather than morphological understanding, and a flattened rather than a hierarchical perspective. This paper interprets the concept of assemblage, drawing inspiration from Deleuzian spatial philosophy. By transcending the dualism between space and time, and between spatial forms and everyday life, it explores the underlying ontological principles that inform our understanding of contemporary architecture. In today's technologically innovative society, architecture undergoes a process of becoming, where its forms dynamically emerge in relations to subjects. In this dynamic context, this paper proposes that architects play a pivotal role as intermediaries between form and daily life, shaping the cultural landscape of contemporary architecture.

关键词：空间形式；日常生活；集合；生成
Keywords：spatial form; everyday life; assemblage; becoming

1 费双，哥本哈根大学人文学院；
feishuang0622@outlook.com。

一、引言

2 assemblage 在国内学术界内尚未有一个公认的翻译，常被译为集群、组合或集合。

随着近十年来集合理论[2]（assemblage theory），包括布鲁诺·拉图尔（Bruno Latour）的行动者网络理论（actor-network theory）和曼努埃尔·德兰达（Manuel DeLanda）的集合理论在西方城市研究中的运用，城市学者转向通过关系的（而非形态的）、扁平化的（而非等级化的）视角理解城市形态的复杂性。然而，存在着一种对集合概念的误用倾向，即将其简单理解为各种实体之间关系的安排。也就是说，集合所关注的空间可见系统之外的非物质性被忽略了。非物质并不是可见系统的对立面，只是其还未形成可以被书写、表述、定义的表达形式。研究在全球化和数字技术飞速发展的当代社会，物质、信息、人的流动不是物质本身的流动，而涉及的是关系的联结与分离中空间形式的转变过程。对如何从各种关系的涌现中探究空间形式显得日趋重要。本文通过梳理吉尔·德勒兹（Gilles Deleuze）哲学对空间与时间、形式与主体的关系，提出集合理论的本体论基础，并解释如何通过生成（becoming）的概念理解当代建筑。

二、空间与时间的集合

一种常识性的时间概念建立在牛顿物理学的绝对时空基础上，认为时空是在一个时间匀质流失、物质在空间中以特定模式排列的宇宙中。法国哲学家亨利·柏格森（Henri Bergson）认为这只是一种科学定义下的时间。他强调另一种时间——延绵（duration），这是生命的时间，因生命的时刻变化而使得每一个时刻的空间都呈现新的形式[3]。因此，空间之所以有其多样性，并不是因为其在位置上、形式上的区分，而是对本体运动的识别。正如沈克宁在《空间感知中的时间与记忆》中所说，柏格森否认的是一种现代时间观 [无论是牛顿，还是伊曼努尔·康德（Immanuel Kant）的时间]，"这种空间化的时间把时间设想为某种均匀单一的场所，使对象可以排列在不同位置上加以计量"[4]。柏格森的时间赋予空间渗透和连续性，他强调的生命和记忆的不可分割使空间无法作为一个结构化的模式被分离出来。"这种纯粹的绵延不断延续，不断差异，每个瞬间都有异于此前的瞬间，但是仍然保持其自身。"[5]法国哲学家德勒兹对空间的讨论追随了柏格森式的时空观。他认为，时间是空间外部的折叠，因此涌现出一种超越"欧几里得式空间"（Euclidean space）的"拓扑空间"（topological space），一个"通过折线建构的与外部空间完全共存的内部空间"[6]。

3 参见：DELEUZE G. Bergsonism [M]. TOMLINSON H, HABBERJAM B, trans. [S.l.]: Zone Books, 1991.

4 引自：沈克宁. 空间感知中的时间与记忆[J]. 建筑师，2015（4）：48.

5 引自：沈克宁. 空间感知中的时间与记忆[J]. 建筑师，2015（4）：48.

6 DELEUZE G. Foucault[M]. HAND S, trans. London: University of Minnesota Press, 2006: 108-118.

如何理解德勒兹所说的空间内部和外部？如果说"欧几里得式空间"的内外区分建立在物理边界上，那么拓扑的内外边界则无法通过物质化条件来区分，比如建筑功能、合理化的行为和运行机制。德勒兹认为，内与外是不可分割的动态过程，外部不是被固定界限划分的外部，而是一种在折叠（folding）的过程中组成的内部（inside），是一种外部的内部[7]。他分析了界限的两面：每一个内部空间（inside-space）都在拓扑上与外部空间（outside-space）联系，不受距离支配并处于生活（living）的界限上；而一种充满活力的拓扑，则远没有显现在空间中，它释放了一种时间感，使过去适应了内部，使未来发生于外部，并使两者在当下的界限处发生对抗[8]。这段关于时空关系的阐述反映了

7 DELEUZE G. Foucault[M]. HAND S, trans. London: University of Minnesota Press, 2006: 97.

8 DELEUZE G. Foucault[M]. HAND S, trans. London: University of Minnesota Press, 2006: 118-119.

德勒兹所关注的生命和生活之于空间的影响在于其时间性。生活总有无法被空间形式所定义而得以游离于空间机制之外的生命力。空间形式的复杂性和差异性源于不断涌现的生活与空间的关系，而非空间形式本身。

空间的拓扑关系质疑了存在（being）所指向的空间的同质性和稳定性。德勒兹和费利克斯·加塔利（Félix Guattari）在著作《千高原》中讨论了生成（becoming）的概念。生成指向的是一个非结构化、非层级化、非组织性的异质性连接的动态关系组合[9]。迈克·哈特（Michael Hart）解释了生成概念的动态性，"德勒兹批判的并不是辩证法未能从动态的、过程的角度认识存在，而是其从一种状态走向另一种状态的错误的运动方式"[10]。也就是说，辩证法往往将形式变化视做一种模式向另一种模式的进化发展。而德勒兹认为这实际上对空间产生了预设，只能解释空间的形式差异而不能发现实质的差异，因为这种观念忽视了形式规则之外的主体与空间的互动时刻。生成意味着没有一个既存的空间先于运动而产生；相反，空间是在某个时刻上的涌现（emerge）。正如西蒙·奥沙利文（Simon O'Sullivan）所解释的，"没有存在，或者至少没有存在是与形成过程分离的"[11]。德勒兹哲学中，存在是与生成不可分离的过程，它不是空间上的分化（differentiation），而是时间上的"实现"（actualization）。

三、空间形式与日常生活的集合

德勒兹的时空关系实际上已经反映了一个集合。约翰·菲利普斯（John Phillips）指出，德勒兹和加塔利所使用的"agencement"一词在英语中被翻译成"assemblage"（集合）是不准确的[12]。它很容易让人将"assemblage"（集合）误读为对实体的组织。正如伊恩·布坎南（Ian Buchanan）所说，集合（assemblage）常被错误地简单化为一种部分和整体的关系，一种仅仅随着组件（component）的叠加便能加强其复杂性和规模的实体[13]。然而，这种机械论的观点恰好是德勒兹和加塔利所反对的。相反，他们关注的是一种形式是在什么情况下、在何种力量关系中涌现的。也就是说，建筑的异质性无法通过形式、类型或功能的区分识别，而是通过主体与其互动的差异识别。

要讨论主体与空间的互动，必须回顾米歇尔·福柯（Michel Foucault）在《规训与惩罚：监狱的诞生》(1977年)中经典的全景模型（panopticon modal）。福柯对18世纪全景监狱的规训过程进行观察，并将这种模式扩展到学校、医院、部队、工厂，将其定义为一种将特定的感受或者行为方式强加于特定的一群个体的纯粹功能[14-15]。福柯揭露了权力对社会的规训，但他更为突出的贡献是将权力不再解读为压制力量，而是一组权力关系（power relations）。换言之，全景监狱的功能并非建筑机制的压制力量，而是与主体和空间形式的互动中形成的社会表达相关。因此全景监狱的功能反映了更抽象的社会规训功能。德勒兹认为福柯的图表（diagram）概念便指的是这种从"特定用途中分离出来的抽象功能"是如何操作的[16]。而这种抽象的图表（diagram），正如科莱特·纪尧姆（Collett Guillaume）所说，必须通过建筑和其他技术手段在特定的实体机制中被形式化而得以可见[17]。德勒兹指出了图表的抽象功能起作用的前提是两种

9 DELEUZE G, GUATTARI F. A thousand plateaus [M]. Minneapolis: University of Minnesota Press, 1987: 7-21.

10 HARDT M. Gilles Deleuze: An apprenticeship in philosophy [M]. Minneapolis: University of Minnesota Press, 1993: 11.

11 O'SULLIVAN S. Art encounters Deleuze and Guattari: Thought beyond representation[M]. Basingstoke: Palgrave Macmillan, 2006: 56.

12 PHILLIPS J. Agencement/ assemblage[J]. Theory, Culture & Society, 2006, 23(2/3):108.

13 BUCHANAN I. Assemblage theory and method: An introduction and guide[M]. [S.l.]: Bloomsbury, 2020: 4-17.

14 参见：FOUCAULT M. Discipline and punish: The birth of the prison[M]. SHERIDAN A, trans. London: Pantheon, 1977.

15 参见：DELEUZE G. Foucault [M]. HAND S, trans. London: University of Minnesota Press, 2006.

16 DELEUZE G. Foucault[M]. HAND S, trans. London: University of Minnesota Press, 2006: 72.

17 COLLETT G. Assembling resistance: From Foucault's dispositif to Deleuze and Guattari's diagram of escape[J]. Deleuze and Guattari Studies, 2020, 14(3): 386.

形式的共同适应（coadaptation）：一种是监狱的物质形式，另一种是具有社会外延的刑法的表达形式；而使二者共同产生功效的事物被德勒兹称做抽象机器（abstract machine）或一种力量关系地图（map of relations between forces）。从这个角度来看，我们或许可以说，建筑是一个抽象机器作用下的"从一个可见的元素运行到一个可表达的元素，反之亦然"的过程[18]。建筑无时无刻处不处于空间形式与社会表达之间的关系中。

18 DELEUZE G. Foucault[M]. HAND S, trans. London: University of Minnesota Press, 2006: 39.

空间的社会表达实际上是主体（subject）在与建筑的互动中完成主体化（subjectivation）的过程，也正是图表完成其抽象功能的过程。这个主体转变的过程反映了主体对建筑的能动性。德勒兹认为每个社会都有它的图表或者抽象机器，而且图表的运作在于内在性（immanence）。比如福柯的空间纪律机制不可能脱离由增产主导的城市人口激增的欧洲 18 世纪，因为"它们已经从内部作用于身体和灵魂，正如它们已经从经济领域内作用于生产的力量和关系"[19]。早在 30 多年前，德勒兹已经提出随着通信技术时代的来临主体形式的转变的问题。人类与信息技术的力量和它们的第三代机器的力量建立了一种关系，创造了人以外的东西——不可分割的"人机"系统[20-21]。这也意味着，当代建筑作为一个空间形式与主体的集合，不可能脱离当代的日常生活环境——一个信息技术主导的时代脉络得到理解。

19 DELEUZE G. Foucault[M]. HAND S, trans. London: University of Minnesota Press, 2006: 27.

20 参见：DELEUZE G. Foucault [M]. HAND S, trans. London: University of Minnesota Press, 2006.

21 参见：DELEUZE G. Postscript on the societies of control[J]. October, 1992, 59: 3–7.

在当代社会，生活方式作为建筑空间的主体，经历了剧变。我们的日常生活无时无刻不依赖网络、移动终端、定位系统、大数据，新的"人机"系统打破了传统的人对建筑的感知方式。它不再是在地的身体与物理空间的互动模式，因而全景式（panoptic）的通过功能规训行为的空间模式不再有效。以两个例子做简要说明。

鲁安东在《棉仓城市客厅：一个内部性的宣言》中提出了"纯粹的内部性"，并分析了建筑空间如何通过网红式的图像呈现在外部的网络空间中，从而引发其公共性[22]。这种情况下，主体与信息技术和社交媒体形成一种复杂的文化消费混合体。2010 年代中期开始，新奇的设计和不符合正常尺度的空间突然兴起，这股风潮与大众个性化的追寻、社交评论、大数据时代的文化消费相伴而生。这类新兴的网红建筑，不论是咖啡店、办公楼还是图书馆，其建筑功能已经与控制信息时代的消费主体的抽象功能结合到一起，形成一种新的建筑内部性。

22 鲁安东. 棉仓城市客厅：一个内部性的宣言 [J]. 建筑学报，2018（7）：52-55.

另一个例子来自在新冠疫情卫生事件中涌现的空间。人在与生物性自然的关系中形成了临时的特殊能动者。为了应对起初无法预测和计算的传播和感染过程，建筑担负起医疗健康机制的要求。正如窦平平在《从"医学身体"到诉诸结构的"环境"观念》中所说，"建筑物被理解为或者说被期待是一种医疗的设备或机制，用以保护和提升身体的健康。"[23]扫码、隔离、建筑物的临时征用等，促成当时常态化的日常表达形式。建筑作为管控这类临时的人类生物混合体的抽象功能由此产生，而不再通过设定的形式功能（酒店、家、体育馆、学校、医院）识别。

23 窦平平. 从"医学身体"到诉诸于结构的"环境"观念 [J]. 建筑学报，2017（7）：15-22.

这两个现象印证了日常生活的改变是如何作用于当代建筑的。当日常生活随技术条件的发展发生深刻的变革并从某种稳定的节奏和习惯中分离出来时，空间也会对形式重新编码。

四、结论

本文讨论了空间形式如何在时间上呈现，而这种呈现与在日常生活的转变中形成的社会表达相互关联。该时空观引向了当代中国建筑这一开放命题。"没有什么超然的东西可以引导现在，或者为某个特殊的未来定义一个模式。"[24] 在结尾中，本文希望引发探寻建筑师在当代建筑和主体之间的位置问题。德勒兹认为，有许多的中介（intermediaries），它们重组关系并调节外部环境与内部元素、表达形式与内容形式[25]。那么，建筑师如何进入建筑形式与日常生活之间的中介环境？

一种可能是建筑师弱化作为"内部"的"设计者"的身份，在自我与建筑的关系中将自己扩展到一种"外部"环境中，探索影响建筑抽象功能的可能性。回顾改革开放以来，中国建筑不断根据时代环境转变其象征意义：1980 年代至 1990 年代的改革开放初期，建筑形式创作与追求个性化的时代语境相呼应；1990 年代至 2000 年代初期，实验性建筑实践作为一种抵制全球化带来的同质化的象征；2000 年代，在城市化建设趋于放缓、中国制造业结构转型以及通信技术高速发展的条件下，建筑师倾向于通过重建系统化的理论框架作为实践的反思；2010 年代，随着大数据环境中的公共性的到来，建筑师们开始强调事件作为设计过程，空间作为集体身份的塑造。因此，对于建筑师而言，这是不断涌现的双向改变。正如安德鲁·巴兰坦（Andrew Ballantyne）所说："为建筑寻求形式总是与在自我中寻找形式并行。"[26]

抑或者，建筑师将自我置于日常生活中，探知新的身份。一直以来，建筑师习惯于通过对主体的物质化来定义生活。巴兰坦曾批评，西方建筑的高雅文化倾向于将一种理想化和比例化的形象应用到建筑设计中，并相信通过这种方式便能将一些关于人类形态（或者生命形式）基本的和重要的事物转换到建筑形式中[27]。这种固有身份本身让建筑师难以对德勒兹的空间哲学产生任何兴趣，也因此难以走向形式在拓扑上的另一面——空间作为生活记忆和感知的暂时性实现。但是对于建筑师，这种不依赖常识和规范的空间又是如此有吸引力。不论是鲁安东的"大桥记忆计划"还是何志森的"手美术馆"事件，都已通过感知、记忆、生活将空间转变成一种主体的感官和情感记忆的集合。

24 MAY T. GilJes Deleuze: An introduction [M]. Cambridge: Cambridge University Press, 2005: 63.

25 BALLANTYNE A. Deleuze and Guattari for architects [M]. London: Routledge, 2007.

26 BALLANTYNE A. Deleuze and Guattari for architects [M]. Oxon, New York: Routledge, 2007: 97.

27 BALLANTYNE A. Deleuze and Guattari for architects [M]. Oxon, New York: Routledge, 2007: 34–35.

参考文献

[1] 窦平平 . 从 "医学身体" 到诉诸于结构的 "环境" 观念 [J]. 建筑学报 , 2017（7）: 15-22.

[2] 鲁安东. 棉仓城市客厅：一个内部性的宣言 [J]. 建筑学报, 2018（7）：52-55.

[3] 沈克宁. 空间感知中的时间与记忆 [J]. 建筑师，2015（4）：48-55.

[4] BALLANTYNE A. Deleuze and Guattari for architects [M]. London: Routledge, 2007.

[5] BUCHANAN I. Assemblage theory and method: An introduction and guide[M]. [S.l.]: Bloomsbury, 2020.

[6] COLLETT G. Assembling resistance: From Foucault's dispositif to Deleuze and Guattari's diagram of escape[J]. Deleuze and Guattari Studies, 2020, 14(3): 375-401.

[7] DELEUZE G. Bergsonism[M]. TOMLINSON H, HABBERJAM B, trans. [S.l.]: Zone Books, 1991.

[8] DELEUZE G. Postscript on the societies of control[J]. October, 1992, 59: 3-7.

[9] DELEUZE G. Foucault[M]. HAND S, trans. London: University of Minnesota Press, 2006.

[10] DELEUZE G, GUATTARI F. A thousand plateaus [M]. Minneapolis: University of Minnesota Press, 1987.

[11] FOUCAULT M. Discipline and punish: The birth of the prison[M]. Sheridan A, trans. London: Pantheon, 1975.

[12] HARDT M. Gilles Deleuze: An apprenticeship in philosophy [M]. Minneapolis: University of Minnesota Press, 1993.

[13] MAY T. GilJes Deleuze: An introduction [M]. Cambridge: Cambridge University Press, 2005.

[14] O'SULLIVAN S. Art encounters Deleuze and Guattari: Thought beyond representation[M]. Basingstoke: Palgrave Macmillan, 2006.

[15] PHILLIPS J. Agencement/assemblage[J]. Theory, Culture & Society, 2006, 23(2/3):108-109.

基于现代性中的合理性视角反思当代建筑问题

Reflection on Contemporary Architecture from the Perspective of Rationality

高 欣 婷 [1]

GAO Xinting

摘要：现代性反思中最为重要的概念就是"合理性"。本文从马克思·韦伯的"合理性"思考出发，探讨建筑现代性中的合理性内涵，引出韦伯视角下建筑现代性反思的要义，探索建筑现代性体系建构方式。而后，论述建筑现代性反思视角下几类现存问题，试图以合理性作为切入角度，思考工具理性与价值理性的不断辩驳中当代建筑方法论的危机。

Synopsis：At the heart of contemporary reflections on modernity lies the pivotal concept of "rationality". This paper delves into the essence of rationality within architectural modernity, stemming from the insights of Marx Weber. It elucidates Weber's perspective on the significance of reflecting on architectural modernity and explores the methodologies for constructing architectural modernity systems. Furthermore, it discusses several prevalent issues in architectural modernity through a reflective lens, aiming to navigate the crisis in contemporary architectural methodology by leveraging rationality as a focal point amidst the ongoing dialectic between instrumental and value rationality.

关键词：现代性反思；合理性；当代建筑问题；马克思·韦伯
Key Words：modernity reflection; rationality; contemporary architectural issues; Marx Weber

1 本文受中国工程院课题"基于中国文化创新性发展的建筑理论体系建构与发展战略研究"之子课题"基于现代性反思的中国当代建筑问题解析"的资助和支持。感谢全体课题组成员（庄惟敏、贺从容、苗志坚、闫霄玥、李畯雯、崔丽千、柴虹、何文轩、董伯许）的讨论和资料分享。

2 高欣婷，清华大学建筑学院；gxt22@mails.tsinghua.edu.cn。

一、现代性的合理性反思

1. 现代性中的合理性

"合理性"（rationality）是"现代性"[3]（modernity）的逻辑基础，常常被赋予现代性的内涵，并作为"理性"[4]（logos）的反思和批判而提出。现代性是现代社会的本质特征，伴随着漫长的探索与反思过程，从启蒙现代性到经典现代性，再到反思现代性，甚至当下，我们依旧处于现代性的场域中。现代性在不同语境（context）和条件（condition）下，有着不同的构筑、应对和阐释方式[5]。其中，马克思·韦伯（Max Weber）从对资本主义社会整体结构的宏观分析展开，对现代性中"合理性"进行的解析，最为贴近建筑界和工程界现代性反思内涵。在韦伯看来，资本主义的"现代化"过程实际上就是社会的"理性化"过程，其实是片面虚伪的"合理化"，与他主张的批判的合理性（价值理性与工具理性互补）背道而驰，最终导向对工具理性、科技理性、效率理性过度倾斜。恰恰是这种对片面"合理性"的过度倾斜和推崇，催生了"现代性"的诸多问题，致使西方社会现代化进程中出现了意义丧失和自由丧失的合理性危机。

2. 工具理性同价值理性的对立

现代性反思中最为重要的概念就是"合理性"，其中工具理性、价值理性[6]等概念契合建筑领域的审判标准。工具理性在现代社会中的扩张与膨胀，最终压倒价值理性，实现对社会的掌控，使得经济发展的优先级高于人文发展，尽管带来了物质福利和工具便利，但裹挟而来的是生态悲剧与人的异化，在建筑领域体现为意义的丧失、价值的多元，继而一定程度上导致了方法论的迷茫。

韦伯通过合理性的度量，认为问题的根源在于工具理性与价值理性的失衡以及工具理性对价值理性的僭越，而这主要是由于人们对世俗利益的追求、科学的发展与世界的祛魅化造成的[7]。

二、从韦伯的合理性视角反思建筑现代性

1. "祛魅"：现代性合理性反思的起点

"魅"是指将宗教信仰等反理性的概念，作为本体存在的意义对自身的救赎，是生活的支撑力量。"祛魅"即理性化，通过对科学理性[8]效能的探索，给世俗生活褪去信仰的外衣。韦伯认为天主教改革后产生的新教对于祛魅起到了巨大的作用。新教教徒对金钱和财富的理性追求起初是为了自身信仰，但随着理性化的进程，人类逐渐觉醒，宗教的根蒂逐渐枯萎。与此同时，祛魅使得资本主义的生产方式和组织方式过分理性，引发对资本主义现代性悖论的反思——技术系统的现代性（工具理性）同人性解放的现代性（价值理性）的矛盾。

2. "祛魅"的成果：助推资本主义发展到顶峰

合乎理性精神的伦理规范和法治制度，构成了现代社会个体和组织机构的行为方式。一方面，理性本身的垄断和抽象性质弱化了与现实生活的联系，

3 现代性，源于西方，是伴随启蒙运动而生成的新的世界体系，也是西方核心价值观的体现。

4 理性，是西方文明中的核心概念，由古希腊"逻各斯"的概念发展而来，指一种必然性，包括事物内在固有必然性和人类把握事物本质的能力两个层面。在西方社会，理性是检验和评判一切存在合理性的标尺。理性漠视自身的能力边界，试图超出自身的界限之外去掌握永恒与绝对。

5 李华.现代性：一个建筑知识史的视野[J].建筑师，2020（1）：103-109.

6 韦伯把理性分为两种：价值理性和工具理性。工具理性是通过精确功利的方法追求事物的最大功效，崇拜工具和技术主义的价值观，以结果为导向，有客观标准，可操作，易达成一致。价值理性以目的为导向，强调动机纯正、手段正确，价值判断崇尚"善"与"美"，标准不一，难以找到确定的答案。

7 王森，马晶晶.理性的"吊诡"：由韦伯学说到现代性悖论思考[J].宁夏社会科学，2020（1）：30-37.

8 韦伯的"科学理性"强调宗教与社会之间的互动关系。

理性逻辑支配感性行为，逐步发展成忽视个体的垄断力量，资本主义现代性迅猛发展；另一方面，随着主体的不断觉醒，差异性个体以非理性反对理性，追求宏大共识与追求自由个性的矛盾越发激烈，埋藏了虚无主义的隐患。

3. "祛魅"的危机：自由和精神生活的虚无化

人与自然、人与人的关系决定了人势必具有科学理性和价值理性，决定了人的行动蕴含对效率和价值两方面的追求。泛灵论使对象精神化，而工业文明却把人的灵魂物化了。人成为一种机器，消费机器、赚钱机器、工作机器。决定人价值的不是引以为自豪的高贵的灵魂，而是可以放入社会和市场计算的工具价值、商品价值。人的生活不再是他的精神所触及之地，而沦丧为被规定的可以计量的单元。

科学理性的标榜使得工具理性与价值理性对立，祛除了现代人的生存价值，其内在需要被物化和形式化，使现代人陷入价值虚无主义、价值悲观主义和价值不可论境地，以及单调、贫乏、简单同一的技术性物化处境中，继而引发精神危机。

4. "祛魅"的外显：工具理性独大，功能主义城市极端发展

工业革命之前，工具理性并没打破平衡。启蒙运动"祛魅"之后，工业文明推动科学技术高度发展，工具理性才片面扩张，令现代社会所谓的理性化发展，变成了不平衡的"片面的理性"，在实践中出现很多"手段压倒目的"的现象。在科技推动下，片面工具理性的倾斜度越来越大。在这样的社会意识中，我们对理性的健全发展置若罔闻。

随着实证主义在科学中的兴盛，工具理性占据主导，功能主义盛行，效率成为建筑学的核心内容。工具理性驱动的新技术发展无疑带来了城市发展和生产效率，但片面追求效益的城市规划、物欲驱动的土地扩张与传统空间会产生不可调和的矛盾，带来了严重的社会问题和文化危机——人口爆发、阶级对立、环境预警、人为物役、精神贫瘠。在建筑上表现为，追求空间和工程上最高效的、最符合机械化世界图景的建筑功能主义。正如勒·柯布西耶（Le Corbusier）所说："我设计的建筑都是严格功利性的……'世界城市'的规划为真正属于机器的建筑带来了某种卓越。"[9] 功能主义使得城市与建筑降级为机器。当经济危机爆发，功能主义城市失去意义，千篇一律的建筑令人生厌，令人们纷纷逃离。

"工具理性"导致了一种普遍的"合理性"错觉，促使人们追求效率、功利，并不对目的和结论做意义上的考察。在这种思维模式之下，人们使用形式逻辑和符号逻辑作为其方法论基础，用形式化、符号化和数学化的方式展开计算和推论，通过计算技术、材料、空间效率的方法来指导建筑设计，并将这种方式上升为一种自明的、理所当然的建筑的"合理性"。19世纪末，工程师奥古斯特·舒瓦西（Auguste Choisy）提出了"技术决定论"："建筑的本质是结构，所有风格的变化仅仅是技术发展的合乎逻辑的结果。"密斯·凡·德·罗在1950年的演讲中说道："技术植根于过去，主宰着现在，展望于未来。它

9 海嫩.建筑与现代性：批判[M].卢永毅，周鸣浩，译.北京：商务印书馆，2015.

是一种真正的历史运动——是形成和代表它们时代的伟大运动……技术远远超过一种方法，它本身就是一个世界。作为一种方法，它在几乎所有方面都是超绝的……当技术得到真正的体现时，它就升华为建筑学。"人性在这种"合理性"面前，越来越没有价值，失去自主、自由。

然而，这种"合理性"其实只在形式上是合理的，甚至只在有限概念上是合理的，排除了更广泛的、尚未得到公认的、需要继续感知的、需要斗争的人权人性目的，实质上是对真正人类目的、真实感知的排除。

三、当代建筑实践中的合理性危机

1. 资本话语权对建筑表达的干预

建筑学与社会背景之间存在无法分割的关系，民族国家的意识形态要求建筑服务于政治。在主流话语中，第三世界的人们普遍认为尚未实现现代化即是落后的，渴望快速进化发展，甚至认为所有社会文化，无论有着怎样独特的过去，自此将朝着同一个方向行进。因此，国际式、全球化、消费主义、大众文化等概念，伴随西方资本主义主导的现代性快速"殖民"到全球。

1960 年代末，盛行一时的"大众主义"[10]（Populism）在各国的普及实现了资本的瞬间利润最大化，推行了便利便宜的工业化生产。从经济学市场的角度，"大众主义"虽然代表着进步性，但是从整体利益尤其文化精神价值的角度它是消极的。乌尔里希·贝克（Ulrich Beck）、安东尼·吉登斯（Anthony Giddens）、斯科特·拉什（Scott Lash）在他们的论著《自反性现代化》（*Reflexive Moderization*）中提出"集体性反思"[11]（collective reflexivity）的概念[12]。不论是古典主义的纪念性或是现代运动的功能主义，都不能代表公众的集体愿望[13]。"大众主义"在集体性反思的框架下，不再单纯地被无条件接受或选择，这看似更加"正确"和"合理"，但追溯其本质依旧难逃对资本逻辑的附和，甚至可以看做是资本主义通过迎合大众审美，借机巩固自身话语权的方式。

而当代建筑创作在消费语境中，成为众多商业既定模式、权力制约下的拷贝抑或有限创造，在很大程度上削弱了其作为创造性活动所应具有的自发、自主、个性和活力，符合商业生产和迅速转变的时效性获得了更大认同，进而成为一种趋向市场流行的功利性文化符号生产。

2. 过度理性化思维致使千城一面

谈及建筑领域的"理性"，就不得不溯源理性主义（rationalism）。资本主义精神的发展可以理解为理性主义整体发展的一部分，资本逻辑不断扩张及实证主义对进步的盲目信仰，使得人文风格不断被压迫，技术成为完全决定思想和行动的主导力量，迫使外部现实屈从于效率的利益，无限期推迟人类对协调的需求[14]。理性主义以克劳德·勒杜（Claude Ledoux）和艾蒂安·布雷（Étienne Boullée）为代表，试图简化装饰，以纯几何形体表现古典精神（图 1）。他们高举路易斯·沙利文（Louis Sullivan）"形式追随功能"的口号，规定了建筑

10 大众主义是意味着一种通过拒绝所有批判性讨论和破坏任何理论基础来形成其身份的建筑，本质上是一种无需向任何人道歉、无需任何解释、无需任何理论或话语的建筑模式。

11 集体性反思可以粗略地理解为，现代社会的现代化进程越是深入，工业社会的基础便越是受到消解、消费、改变和威胁，能动者（主体）越是能够获得对其生存的社会状况的反思能力，并能据此改变社会状况。

12 贝克，吉登斯，拉什.自反性现代化：现代社会秩序中的政治、传统与美学 [M].赵文书，译.北京：商务印书馆，2014.

13 弗兰姆普敦.现代建筑：一部批判的历史 [M].原山，等译.北京：中国建筑工业出版社，1988.

14 佩雷斯－戈麦斯.建筑学与现代科学危机 [M].王昕，虞刚，译.北京：清华大学出版社，2021.

设计来自一种理性分析过程：从自然形体向概念化形体转变的简洁主义建筑模式[15]。现代主义激进的抉择切断了建筑师对历史形式的借鉴和演进过程，造成建筑师与古典人文风格的符号分歧。现代主义推崇工具理性，工业化流水线作业与资本主义的阶级压迫使得城市同质化现象严重，过于重视技术因素而轻视建筑所在地的文化背景，导致产生统一呆板的外在形式。

图1 "雄心勃勃且受欢迎的"曼哈顿特朗普大厦唤起大众对于资本的渴望 图片来源：https://ajar.arena-architecture.eu/articles/10.5334/ajar.179

建筑师以堂皇的社会责任感为借口，无休止地以新技术去创造"理性的"建筑，而没有从建筑的深层文化结构上与大众的需求对应，因而逐渐发展为僵化的"国际式风格"，表现为城市化的失败和建筑语言的极度贫乏。预制装配式技术使得建筑不断走向工业化的道路，出现大面积工业化住宅（图2）、千城一面的现象。

3. 资源的恣意占用触发环境危机

资本主义追求效益的生产方式[16]是导致不公平和差异性形成的主要原因，反映在物理空间中，显示为地域发展及资源开发的不平衡。现代性发展中对资源的扩张与占有，不仅破坏了文化和生态的多样性，也使我们赖以生存的环

15 所谓简洁主义法则，是由密斯·凡·德·罗的"少就是多"发展而来。

16 资本主义生产方式的特点是生产资料私有制，以资本积累、工资劳动为目的，由资产阶级提取剩余价值，在商品经济方面，以市场为本。

图2 理性主义时期大面积工业化住宅 图片来源：https://www.bloomberg.com/company/

境更加脱离自然。甚至有学者认为我们已经进入危机社会之中，核能等技术的发展给人类的裨益远不足对人居环境带来的危机影响之重，理性工具的发展早已大大超过了人们的预期。城市诞生之初，资本主义对城市的工业化改造而导致的大量环境恶果不容忽视，从生产社会到消费社会，这种困境有愈演愈烈的趋势，在高速城市化的发展中国家，这种情况表现得更加尖锐。同时发达国家由于占据并消耗着绝大部分商品资源，带来的诸如垃圾、噪声、交通拥堵等问题也相当严重。由于畸形政绩观和国内生产总值追逐症的影响，"大拆大建"成为普遍现象（图3），建筑定位失当、建筑体量夸张、建筑效能低下均导致了资源的浪费。环境问题的根源是社会力量和权力结构对城市建筑空间的

图 3 建筑短命拆除产生大量不可回收的建筑垃圾 图片来源：https://www.theguardian.com/cities/2020/jan/13/the-case-for-never-demolishing-another-building

恣意指挥导致的，实际上与社会极化相似，想要解决它，需要建立合理的社会结构与策划机制来对抗现状环境资源保护意识的缺失。

4. 复杂问题简单化泯灭人文特性

工具合理性的推崇对文化的冲击在一定程度上诱发了虚无主义（Nihilism）思潮。一方面，原有沉重的传统抑制了现代建筑师施展身手；另一方面，美国新资本文化所带来的膨胀物欲往往也使建筑师不知所从。未来主义者企图割断传统的历史长河，狂热而又荒谬地主张在历史废城上建立新世界，反对纯艺术的唯美主义，提倡除旧更新和增强创造精神的同时，实际上却又以虚无主义的态度对待文化，认为一切传统的根基、形式及象征尺度已经穷尽，因而忽视对于栖居的营造及宗教人文的表达[17]。

17 卡恰亚里 . 建筑与虚无主义：论现代建筑的哲学 [M]. 杨文默，译 . 南宁：广西人民出版社，2020.

"装饰自己和一切触手可及的东西的冲动，就是绘画艺术的起源，文化的发展随着消除有用物品中的装饰而前进。"虚无主义思潮的代表人物阿道夫·路斯（Adolf Loos，图4）谴责了当代建筑中用于制作装饰细节的劳动力和金融资本，并最终得出结论："装饰是堕落的

图 4 阿道夫·路斯的作品穆勒别墅（1928—1930 年） 图片来源：https://www.flickr.com/photos/adamgut/3973876219/

标志！"[18] 路斯通过洁白的墙壁和纯粹的形式揭示了现代主义运动的根源，即对简洁化模式语言的执念和对经济实用性功利性的推崇。虚无主义对装饰品的反对蔓延到任何不能证明其合理性存在的物体，但持续理性化导致意义的丧失，人的内在需要被物化和形式化，建筑陷入单调、贫乏、简单同一的技术化处境中。勒·科布西耶（Le Corbusier）评论路斯的"装饰和犯罪"是建筑学的"荷马式的清洗"。

18 LOOS A. Ornament and crime[M]. London: Penguin Books Ltd, 2019.

5. 忽视造价贩卖噱头缺乏整体观

信息技术所引发的虚拟世界的发展改变了公共生活的本质[19]。人类信息革命的发展使得大数据、人工智能开始介入规划和建筑领域，智能设计工具生成的规则逐渐取代建筑师的专业决策，使建筑师从复杂烦琐的劳动中解脱。智能机器对真实世界高度简化形成的计算化分析，简化了人体的空间体验，仅通过机器训练得出人体感官模型用于指导建筑设计，这在一定程度上过于武断。此外在经济效益驱动下，不断革新的设计工具使得非线性建筑迅猛发展，高技派和参数化建筑依托复杂科学的发展而产生，前者强调结构机械化的符号表现，后者主张快速实现复杂形体的模型搭建。由于其关注效能与效率的属性同社会发展相似而被快速复制，在盛期表现出强烈的商品主义形态，建筑成为彰显实力的政治武器，工业化、大跨度、超高层、非线性怪物层出不穷，场地肌理、使用功能、结构材料被视若无睹，同质化现象明显，甚至引发可持续发展危机（图5）。建筑不是艺术产品，也不是资本的消费品，只有从建筑的本体出发思考创作，才不致失去自身的存在价值[20]。

19 芒福德. 城市发展史：起源、演变和前景[M]. 宋俊岭, 倪文彦, 译. 北京：中国建筑工业出版社, 2005.

20 程泰宁. 跨文化发展与中国现代建筑的创新[J]. 科技导报, 2013, 31（23）：3.

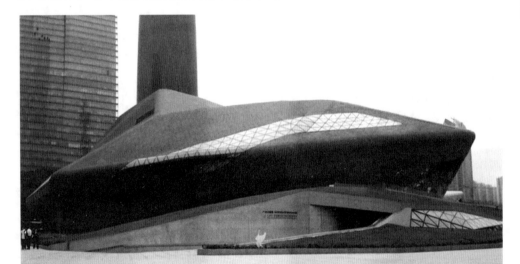

图5 某一线城市大剧院，追求外形非线性表现却忽视了施工和运维耗资

四、总结

建筑现代性的合理性反思是当代建筑理论研究的重要课题之一。从合理性反思视域，对建筑现代性发展过程中工具理性与价值理性失衡的原因予以剖析和解释，才能把握工具理性在当代社会中的扩张与膨胀的后果，从而对工具理性进行反思和修正，促进建筑理论框架合理化地发展。面对沧桑的历史和未定的未来，反思现代性的合理性，同时也是为当代的建筑创作提供视角。

参考文献

[1] 贝克, 吉登斯, 拉什. 自反性现代化：现代社会秩序中的政治、传统与美学 [M]. 赵文书, 译. 北京：商务印书馆, 2014.

[2] 程泰宁. 跨文化发展与中国现代建筑的创新 [J]. 科技导报, 2013, 31（23）：3.

[3] 弗兰姆普敦. 现代建筑：一部批判的历史 [M]. 原山, 等译. 北京：中国建筑工业出版社, 1988.

[4] 海嫩. 建筑与现代性：批判 [M]. 卢永毅, 周鸣浩, 译. 北京：商务印书馆, 2015.

[5] 卡恰亚里. 建筑与虚无主义：论现代建筑的哲学 [M]. 杨文默, 译. 南宁：广西人民出版社, 2020.

[6] 李华. 现代性：一个建筑知识史的视野 [J]. 建筑师, 2020（1）：103-109.

[7] 佩雷斯 – 戈麦斯. 建筑学与现代科学危机 [M]. 王昕, 虞刚, 译. 北京：清华大学出版社, 2021.

[8] 王淼, 马晶晶. 理性的"吊诡"：由韦伯学说到现代性悖论思考 [J]. 宁夏社会科学, 2020（1）：30-37.

[9] 芒福德. 城市发展史：起源、演变和前景 [M]. 宋俊岭, 倪文彦, 译. 北京：中国建筑工业出版社, 2005.

[10] LOOS A. Ornament and crime[M]. London: Penguin Books Ltd, 2019.

从形式焦虑到建构回归——
一场当代中国建构学的赋魅叛逃之路

From Form Anxiety to Tectonic Regression
A Road to Disenchantment and Defection of Contemporary Chinese Tectonics

何 宇 皓[1]

HE Yuhao

摘要：由于半殖民的历史起源与现代性的复杂变奏，当代中国建构学处于多重现实视阈的关联之中。政治环境风云变幻、建造技术迅猛进步、环境议题方兴未艾、媒介技术日新月异等，让建构本体经历着形式焦虑、结构理性、表皮回归、性能调控与数字建构等多维的内涵拓新。从而，建构学以风格驱魅为原点，达成了人本再生的意义赋魅，最终激发理论和实践的延伸与新机。。

Synopsis：Due to the complex variations in the history of semi-colonialism and the intricacies of modernity, contemporary Chinese tectonic theory finds itself interwoven with multiple perspectives of reality. The ever-changing political landscape, rapid advancements in construction technology, ongoing environmental issues, and the constant evolution of media technology contribute to the ontology of tectonics undergoing multidimensional reinterpretations, involving formal anxiety, structural rationality, surface return, performance regulation, and digital construction. Consequently, tectonic theory, rooted in the disenchantment of style, attains a reinvigorated enchantment for humanism regeneration, ultimately sparking the extension and innovation of both architectural theory and practice.

关键词：建构；形式；结构；表皮；性能；图像
Key Words：tectonics; form; structure; surface; performance; image

一、引言

　　"建构"（tectonics）之理论关切，诞生于特殊时代命题与地方语境中所

1 何宇皓，东南大学建筑学院；20210084@seu.edu.cn。

涌现的建筑学危机。一方面，在跨文化语境之下，源起于欧洲的建筑学科在现代性洗礼中经历着持续不断的生存危机，而建构学以学科本体的姿态回应着工业革命、技术革命、信息革命与媒介革命带来的建筑革新；另一方面，放诸我国特殊的半殖民语境，现代性则以时空剧烈压缩为表征，强势地移植至中国本土之上，据此带来的中国建构之特殊性不言而喻。因此，建构学的话语与实践便在我国多重复杂现实的时空流变中呈现出复杂性与矛盾性的集合。

1. 跨文化语境：建构文化的理论拓新

建筑学意义上的建构话语，兴起于 18 世纪以来欧洲城市工业文明的时代变革。彼时，面对新材料、新结构、新技术，建构学以批判的姿态对抗着文学或艺术等的知识侵蚀与"不着边际的哲学话语"[2]，以学科自主的立场回应了"我们应该以何种形式建造"[3]的困惑。而作为 1990 年代引入中国的建构学参考系，弗兰姆普敦的《建构文化研究：论 19 世纪和 20 世纪建筑中的建造诗学》以结构理性主义为其思想核心，是对美国语境下后现代建筑布景化的抵抗，这既是经典建构学立根之基，亦是其未来发展终将突破的桎梏。

2. 本土语境：政治本位的形式与风格

现代性起步之路上的中国，在内忧外患与社会转型中探求着建筑的本土表达。面临百年未有之大变局，中国的营造传统在 19 世纪新技术与材料的冲击下逐渐消失殆尽；对民族主义的渴求则让 20 世纪中前期的近现代建筑实践浸染在官方意识形态主导下的"民族主义形式"之中；而 1980 年代改革开放以来，在商业主义与后现代主义的推波助澜下，建筑文化再次承载了风格与审美意识的重负。因此，摆脱形式焦虑、清除"无尽的文化阐释"[4]与意义的主观干扰，成为建筑本体文化的渴望，为建构话语的引入与兴起埋下了伏笔。

二、建构之维度辨析

作为一种观念性的知识和思考，建构呈现出"一个开放的、充满张力的领域，并为建筑师们展开了一个宽广的抉择可能性的区间"[5]。在此，面对建构的模糊性与动态性，本文无意从历史维度去线性溯源或构建中国近现代宏伟庞大的建构学理或标准范式；相反，笔者从建构的本质——对抗主流的"批判建筑学"[6]——出发，试图通过具体时空命题下异质历史片段的撷取，从还原与创生、驱魅与赋魅的思辨维度来阐释建构所给予的多维、多域、多元的"批判性"答卷，并探讨建构文化（tectonic culture）的知识动态与文化建构（cultural construction）的可能途径。

1. 还原的向度：驱魅的建构

当外在于建筑本体的复杂关系强势主宰着审美与审丑、抽象意义的不确定性左右着具象形体的建造，如何解构此种建筑文化症候之"魅"、剥除过量的主观预设，成为建筑学首旨。彼时建筑学之"魅"，涵括了历史重担、身份政治、意识形态、商业主义等让 20 世纪的众多重要公共建筑沦为表意工具的话语，而 1990 年代建构话语的主动引入，便是建筑学借建构观念之利刃向彼时"政

2 王骏阳.《建构文化研究》译后记(上)[J].时代建筑,2011(4)：142-149.

3 朱涛."建构"的许诺与虚设：论当代中国建筑学发展中的"建构"观念[J].时代建筑,2002(5)：30-33.

4 朱涛."建构"的许诺与虚设：论当代中国建筑学发展中的"建构"观念[J].时代建筑,2002(5)：30-33.

5 纽迈耶.建构：现实性的戏剧与建筑戏剧的真相[J].王英哲,译.时代建筑,2011(2)：138-143.

6 王骏阳.《建构文化研究》译后记(下)[J].时代建筑,2011(6)：102-111.

治民族主义"与"学术古典主义"[7]开刀的驱魅之举，是将建筑还原至第一性存在的强效剂。"对建筑结构的重视体现和对建造逻辑的清晰表达"是本土转译下的建构学的起点，以激光般的穿透力站在的"魅"的绝对反面，以还原主义回归零度的建构。

2. 创生的向度：赋魅的建构

建构"可以被解读为一种未解决的矛盾，一种将结构视为建筑形式必不可少的精髓的本体论诉求和用诗意的语言昭示建筑的表现力的表现冲动之间的矛盾"[8]。米切尔·席沃扎（Mitchell Schwarzer）对建构文化研究的要旨总结同样适用于中国语境，亦暗示着紧随结构理性原点的建构返魅。"表面建构学"向当代建筑材料视觉盛宴做出抵抗[9]；将性能调控纳入建构视野的建构学以要素整合回应了建筑性能要求；轰轰烈烈的数字建构加入了当代的图像奇观潮流……建构话语不断向创生迸发，向主流与前卫进军，以"与时代同频的步调"审慎地达成建构的返魅，以"丰富它，让它生机勃勃"[10]。

三、建构之实践解析

低技又充足的人力资源与相对完善的工业化体系混杂，构成了中国广阔而复杂的"半工业化条件"。在这种特殊的建筑生产条件下，低技策略、精致化建造、标准化和装配化建造多元混杂，蕴含着无限的建构可能。结合上述建构的维度辨析，笔者将从建构突围下的结构与表面、环境挑战下的性能与调控、媒介变革下的图像与诗学三个角度，以时代议题为导向展开对中国建构实践的共时性抑或历时性的多面解析。

1. 建构突围下的结构与表面

随着 20 世纪末的经济复苏与建构思潮的横向移植，建筑实践开始以建构的逻辑来对抗着意识形态控制和商业文化主导下的风格化建筑，以轻盈的质感来向造价高昂、空间浪费、功能不符发起对抗的宣言……结构理性主义将建构概念还原为结构的简化宣言；而"超越结构—表皮二分法"的建构学则回应了建构对于结构的机械苛求，为建构赋魅，向当代建筑材料视觉盛宴做出抵抗。冯纪忠的竹构"何陋轩"以结构理性向装饰开刀，华黎的高黎贡手工造纸博物馆以木制表皮的亲切感官让生活回归。

1）结构自明：纯粹与理性

以细竹为结构、以茅草做屋顶，集建筑师与竹匠智慧为一体的何陋轩（图1），地处方塔园的隐僻角落，仿佛中国山水画里的水边隐居者的小亭。它以纤细的竹子构成现代理性的桁架式结构（图2），以穿着金属"鞋子"的落地竹（图3）承托着低垂旷奥的屋顶，举重若轻的视觉对比将观者的视线下引至深远的水面[11]；黑色的油漆描摹了竹子的节点，增添趣味之余，以理性彰显结构的"神韵"。于是，这场中国性原型实验凭借着竹结构的纯粹与理性，不仅将中国传统的独立人格与现代建筑的结构自明相融合，更将结构理性融入娉婷袅袅的竹构古意之中，化身轻盈悠然之真趣，与建构学原点不期而遇。

7 赵辰.立面的误会：建筑、理论、历史 [M].北京：生活·读书·新知三联书店，2007.

8 席沃扎，赵览.卡尔·波提舍建构理论中的本体与表现 [J].时代建筑，2010（3）：149..

9 史永高.表皮，表层，表面：一个建筑学主题的沉沦与重生 [J].建筑学报，2013（8）：1-6.

10 史永高.建筑理论与设计：建构 [M].北京：中国建筑工业出版社，2021.

11 HE Y H. Power of lightness, diversity of tectonics. 此文为笔者于 13th ISAIA 上发表的会议论文，截至目前正在出版中。

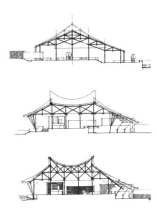

图1 何陋轩的内景和外景 图片来源：有方.中国现代建筑研究：冯纪忠、王大闳|中国空间研究计划15[EB/OL].（2016-07-21）[2024-02-23]. https://www.archiposition.com/items/20180525102647.

图2 工程档案的剖面图 图片来源：冯纪忠.方塔园规划[J].世界建筑导报，2008（3）：4-13.

图3 柱脚细部处理 图片来源：小题大做|王澍谈冯纪忠与方塔园、何陋轩[EB/OL].（2017-09-30）[2024-02-23]. https://www.archiposition.com/items/20180525112303.

2）表面再现：材料与感知

除了采用了当地丰富的木材资源和稔熟的木构经验外，以地域性为思考起点的云南高黎贡手工造纸博物馆（图4）保留了木材各种优越的天然属性，直接形成了特定的形式语言与空间特色。暴露的伞科石基础与整片的杉木元素构成了外立面，无需额外的覆层，抑或过多的装饰；室内通过特定模数的木龙骨网格裱固的手工纸，构成尺度上多变灵活、感知上细腻柔和的内部空间（图5）；竹材在形成隔热空腔的同时创造了起伏的"竹海"屋顶（图6）。木制表皮与结构融合，打破多米诺体系下的二元对立；低技的在地劳作反映木材建造的痕迹，让建筑可触可感，更融入了当下与日常，通过表皮建构学成就生活文化。

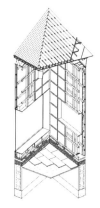

图4 高黎贡手工造纸博物馆外景 图片来源：https://www.t-a-o.cn/museum-of-handcraft-paper.

图5 高黎贡手工造纸博物馆内景 图片来源：https://www.t-a-o.cn/museum-of-handcraft-paper.

图6 剖轴测节点大样 图片来源：华黎.建造的痕迹：云南高黎贡手工造纸博物馆设计与建造志[J].建筑学报，2011（6）：42-45.

2. 环境挑战下的性能与调控

　　与"风格抵牾"并行的，还有源自雷纳·班纳姆（Reyner Banham）的建筑史议题"环境调控"。随着中国国家身份危机的日渐淡化，人类命运共同体视角下的环境危机便从建构视野中显影。它将建筑能量交换纳入建构的现代性视野，突破美学的桎梏，以文化生态学的立场直面复杂的现实世界。以复合性、系统性为特征的当代建筑实践便典型地体现了建构学的性能向度，重构差异且丰满的建构学返魅之路。朱竞翔的轻质建造以复合系统的"层叠建造"达成了低成本的环境干扰，上海工业园智能生态科研楼以空间调节形成了高质量的性能调控。

1）轻质建造：层叠与集成

　　朱竞翔的"新芽学校"（图7）实践发起了一场对经典建构学的挑战。在热工效能上，以全面性能提升为导向，利用建筑物"包裹表皮"和"层叠建造"[12]（图8）达到了良好的室内舒适度，隐没了结构的显现，与传统建构学的诚实性相对抗；在受力体系上，以轻钢和木基板材的复合建筑系统为核心，混杂的受力状况以不可读的形式显示出用料的集成与高效，与清晰、可见、可辨的传统受力要求背道而驰。最终，轻质建造以审慎、精确的层叠与集成促成结构、空间、建造与性能的一体化解决，回应了环境调控的建构学，在突破建构概念的边界之时亦获得强有力的建构表达[13]。

12 史永高."新芽"轻钢复合建筑系统对传统建构学的挑战[J].建筑学报，2014（1）：89-94.

2）空间调节：形式与能量

　　东南大学建筑设计研究院设计合作完成的中国普天信息产业上海工业园智能生态科研楼（图9），采用空间调节的设计策略，达成建筑运维阶段的低能耗与高舒适度。建筑主体下部的覆土体量与上部的高性能热绝缘围护结构在提供绝佳的热源性能的同时，形成了极低的体形系数；上部的不规则六面体体量采用形体自遮阳与可调控遮阳表皮（图10）的方式提供柔和适宜的光环境；贯穿各层的中庭充当自然通风系统的核心，结合了通风口和可开启天窗，利用风压和热压达成气流的有效贯通，减少空气调节的运行能耗（图11）。在粗放施工、制度古板、建筑文化匮乏的复杂设计生态中，空间设计或许可以为中国大地上的广普建筑提供一种聚焦于形式与能量的普世建构策略。

13 HE Y H. Power of lightness, diversity of tectonics. 此文为笔者于 13th ISAIA 上发表的会议论文，截至目前正在出版中。

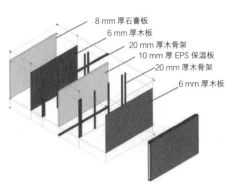

8 mm 厚石膏板
6 mm 厚木板
20 mm 厚木骨架
10 mm 厚 EPS 保温板
20 mm 厚木骨架
6 mm 厚木板

图7 新芽学校实景（下寺新芽小学和达祖新亚学堂）图片来源：朱竞翔.新芽学校的诞生[J].时代建筑,2011(2）46-53.

图8 新芽系统结构墙板模型 图片来源：贾毅.新芽轻钢系统及其轻钢骨架几何形态演变研究[D].西安：西安建筑科技大学，2013.

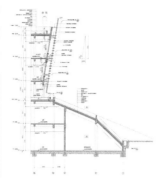
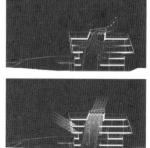

图 9 上海工业园智能生态科研楼室外　　图 10 外遮阳表皮与墙身大样　　图 11 通风与采光剖面分析

图 9- 图 11 图片来源：张彤 . 空间调节 中国普天信息产业上海工业园智能生态科研楼的被动式节能建筑设计 [J]. 动感（生态城市与绿色建筑），2010（1）：82-93.

3. 媒介变革下的图像与诗学

14 麦克卢汉 . 理解媒介：论人的延伸 [M]. 何道宽，译 . 南京：译林出版社，2019.

除环境议题外，"媒介即讯息"[14] 的时代浪潮让图像成为建筑的又一潜规则。"我思故我在"的箴言异化成为"我看故我在"的大众口号，商品拜物教美学、千变万化的视觉奇观作为当代景观社会的"纪念性"，成为建构学赖以生存的文化环境。曾参与"图像对抗"的建构学，面临着在现实奇观与建构理性之间选择恰当的当代坐标的难题：面对新、潮、酷的需求，当代建构凭借"哲学概念与计算机生成形式的联姻"[15] 构建"数字建构"（digital tectonics），以独特的图像诗学再次赋魅建构学。在这个以自我推销为媒介经济体系中，袁烽振兴整座非遗小镇的"竹里"、马岩松创作的哈尔滨大剧院等作品作为例证，不一而足。

15 HARTOONIAN G. Ontology of construction: On nihilism of technology in theories of modern architecture[M]. Cambridge: Cambridge University Press, 1994.

1）单元型构：制造与装配

竹里（图 12）的现代木结构体系采用小批量定制的非场所（non-site）建造，在节约工时、降低造价的同时，完成了从数字化设计到机器人建造的飞跃，挑战着我们关于小型乡建的在地性认知。当"建筑"成为"产品"架构（图 13）、"建造"成为先进"制造"（图 14）、"施工"成为元素"装配"之时，

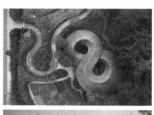

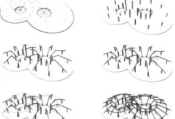

图 12 竹里鸟瞰和人视外景 图片来源：袁烽，韩力，孔祥平，等 . 竹里，崇州，中国 [J]. 世界建筑，2019（1）：58-61.

图 13 竹里拓扑找形与结构分层 图片来源：袁烽，韩力，张雯 . 数字人文时代的乡村预制产业化实践[J]. 建筑学报，2017（10）：71-73.

图 14 竹里剖面大样 图片来源：竹里：数字化设计与传统营造融合的乡村产业化实践 [EB/OL].（2018-05-08）[2024-02-23]. http://www.archcollege.com/archcollege/2018/05/40079.html.

新颖的广普乡村之建构演绎便跃然呈现：随着现代生产嵌入个体的日常居用与乡愁想象，单元"型构"[16]（configuration）的图像诗学带来的网红效应让建筑不再是沉甸甸的奢侈品，而是便于运输的通用（generic）轻质单元的组合，引领新的建筑行动与消费文化的创设，贡献于事件暂息性和信息流动性的时代脉搏。

16 史永高.可见，可辨，以及建筑行动的意义 [J].建筑学报，2021（12）：1-6.

2）异形巨构：协调与统筹

根源于古希腊罗马的贵族建筑类型，又加之悉尼歌剧院开异形剧院之先河，观演建筑被赋予了随意流畅的造型特权。哈尔滨大剧院因袭历史的"骈文"，以夺人眼球的大地景观巨构（图15），将异形建筑的数字化建构表征推至"高点"。在结构上，综合运用多种形式钢结构体系（图16）；在幕墙上，通过数字化建模系统优化尺寸，进行形式分类（图17）；在声学上，采用计算机模拟分析来优化观众厅形体与材料等等。集庞杂的专项设计为一体的剧院建筑，借助高频的跨专业协调与统筹设计、以参数化设计施工为基础平台而得以践行。以"想象抒发情感"[17]的建筑美学、借山水描摹意象的浪漫"魅惑"，在此时重返建构阈值，达至视觉崇拜的返魅极值：华美艺术品般的"高定"与精密工业品般的"高技"合而为一，共同塑造了哈尔滨的城市名片。

17 马岩松.哈尔滨大剧院，哈尔滨，中国 [J].世界建筑，2017（9）：72-73，129.

图15 哈尔滨大剧院鸟瞰 图片来源：方振宁.建筑与自然和音乐迂回 哈尔滨大剧院 [J].时代建筑，2016（3）：72-81.

图16 结构的复杂边界条件和连接节点

图17 清水混凝土板的异形幕墙构造

图16、图17 图片来源：魏冬.异形建筑数字化建造的实施：哈尔滨大剧院 [J].建筑技艺，2017（11）：112-118.

四、建构之再思

源于对创作建筑本体文化渴望的建构学，既有着"建筑本身即建构的"本体内涵，又包含着"看起来是建构的"表现论特质；既表达着建筑师凭借理性来向"形式焦虑"脱敏、向"纯粹客观"抵达的努力，亦经历着以结构理性为原点的概念扩张。既要"固守基本"，又要"创生文化"[18]的建构，巧借建外来术语移植之东风，在零度式驱魅回归后，向表皮、性能、图像等进行权力

18 史永高.建筑理论与设计：建构 [M].北京：中国建筑工业出版社，2021.

扩张，在传统中拓展边界、在模糊中辨析精微，将建构话语不断向人本、向生活、向诗性进发，携魅惑叛逃。

或许建构从来不是客观与应然的存在，相反，它对抗的正是本质主义（essentialism）的枷锁，以及先验排他的审美教条。纵使意义的浸染不可避免，回归纯然自足的努力终究是徒劳，甚至会滑向它的另一个极端，但建构的话语与实践提供的从来不是某个放之四海皆准的标准答案，而是后卫、非主流的多元选择，其内涵随着时代命题的变化而不断流转和重构：被批判的主流并非绝对"错误"，而逐步涌现的非主流也并非全然"正确"，它们的共同集合方能贡献于一个开放包容的建筑话语与实践的四维时空场域。建构学在理性与意义之间摇摆，在历史与当下之间轮回，在驱魅与赋魅之间折返，在回归与叛逃中破立共生。

参考文献

[1] 冯纪忠 . 何陋轩答客问 [J]. 时代建筑，1988（3）：4-5，58.

[2] 德波 . 景观社会 [M]. 张新木，译 . 南京：南京大学出版社，2017.

[3] 弗兰姆普敦 . 建构文化研究：论 19 世纪和 20 世纪建筑中的建造诗学 [M]. 王骏阳，译 . 北京：中国建筑工业出版社，2007.

[4] 华黎 . 建造的痕迹：云南高黎贡手工造纸博物馆设计与建造志 [J]. 建筑学报，2011（6）：42-45.

[5] 鲁安东 . 竹里，一种激进 [J]. 时代建筑，2018（1）：103-109，102.

[6] 马岩松 . 哈尔滨大剧院，哈尔滨，中国 [J]. 世界建筑，2017（9）：72-73，129.

[7] 麦克卢汉 . 理解媒介：论人的延伸 [M]. 何道宽，译 . 南京：译林出版社，2019.

[8] 史永高 . 表皮，表层，表面：一个建筑学主题的沉沦与重生 [J]. 建筑学报，2013（8）：1-6.

[9] 史永高 . 建筑理论与设计：建构 [M]. 北京：中国建筑工业出版社，2021.

[10] 史永高 . "新芽"轻钢复合建筑系统对传统建构学的挑战 [J]. 建筑学报，2014（1）：89-94.

[11] 王骏阳 .《建构文化研究》译后记（上）[J]. 时代建筑，2011（4）：142-149.

[12] 王骏阳 .《建构文化研究》译后记（中）[J]. 时代建筑，2011（5）：140-147.

[13] 王骏阳 .《建构文化研究》译后记（下）[J]. 时代建筑，2011（6）：102-111.

[14] 魏冬 . 异形建筑数字化建造的实施：哈尔滨大剧院 [J]. 建筑技艺，2017（11）：112-118.

[15] 席沃扎，赵览 . 卡尔·波提舍建构理论中的本体与表现 [J]. 时代建筑，2010（3）：149.

[16] 袁烽，韩力，孔祥平，等 . 竹里，崇州，中国 [J]. 世界建筑，2019（1）：58-61.

[17] 张彤 . 中国普天信息产业上海工业园智能生态科研楼，上海，中国 [J]. 世界建筑，2015（5）：130-131.

[18] 赵辰 . 立面的误会：建筑、理论、历史 [M]. 北京：生活·读书·新知三联书店，2007.

[19] 朱竞翔 . 新芽学校的诞生 [J]. 时代建筑，2011（2）：46-53.

[20] 朱涛 ."建构"的许诺与虚设：论当代中国建筑学发展中的"建构"观念 [J]. 时代建筑，2002(5)：30-33.

[21] HARTOONIAN G. Ontology of construction: On nihilism of technology in theories of modern architecture[M]. Cambridge：Cambridge University Press, 1994.

重思"大"——回到当代中国建筑[1]

Rethinking "Bigness" — Back to Contemporary Chinese Architecture

莫 万 莉[1]　李 翔 宁[2]

MO Wanli　LI Xiangning

摘要："大"作为全球当代建筑的一种普遍性现象，也构成了当代中国建筑在全球语境下跨文化传播与认知过程中的重要关键词之一。本文首先回溯以库哈斯为主的"大"的理论，对其理论构造及与当代中国建筑之认知之间的联系展开分析。以库哈斯为基点，"大"进而成为在关于当代中国建筑的海外展览与期刊报道中不断被运用和再生产的话语。本文从文本和图像两个角度，对这一跨文化传播过程中的"大"展开讨论，并指出其从库哈斯式的理论生产转向印象化的文本描述和图像呈现的倾向。最后，本文致力于回到当代中国建筑实践的现场，对基于当代中国建筑实践的"大"的可能性及其之于全球当代建筑的理论价值展开探讨。

Synopsis："Bigness", as a universal phenomenon in contemporary architecture worldwide, also constitutes one of the important keywords in the cross-cultural communication and cognitive process of contemporary Chinese architecture in the global context. This paper first traces back to the "bigness" theory dominated by Koolhaas, and analyzes its theoretical construction and its connection with the cognition of contemporary Chinese architecture. Based on Koolhaas, "bigness" has become a constantly used and reproduced discourse in overseas exhibitions and journal reports on contemporary Chinese architecture. This paper will discuss the "bigness" in this cross-cultural communication process from both text and image perspectives, and point out its tendency to shift from Koolhaas style theoretical production to impressionistic text description and image presentation. Finally, this paper aims to return to the site of contemporary Chinese architectural practice and explore the "bigness" possibilities based on contemporary Chinese architectural practice and their theoretical value for global contemporary architecture.

1 【基金资助】教育部人文社会科学研究青年基金项目"'中国形象'在海外建筑展览中的他塑与自塑研究（2000—2020）"（批准号：23YJCZH164）。

2 莫万莉，同济大学建筑与城市规划学院；wanlimo@tongji.edu.cn。

3 李翔宁，同济大学建筑与城市规划学院。

关键词：大；当代中国建筑；跨文化语境；库哈斯

Key Words：bigness; contemporary Chinese architecture; cross-cultural context; Koolhaas

4 李翔宁，倪旻卿.24 个关键词图绘当代中国青年建筑师的境遇、话语与实践策略 [J]. 时代建筑，2011（2）：30-35.

在围绕当代中国建筑与城市实践的全球理论话语生产中，或许没有什么比 "大"（bigness）更为广泛和频繁地用于描述当代中国建筑了。"大"，似乎正是一个为中国度身而提出的概念，"因为全世界没有比中国更应该关注'大'在建筑学和城市研究中的运用的了"[4]。自 1960 年代以来，"大"作为全球当代建筑面临的普遍性问题，引发了来自不同国家与地区的建筑师、评论家和理论家的讨论。他们致力于探索，并提出应对 "数量"（quantity）与 "规模"（scale）问题的设计方法与理论构想，而这一问题经由雷姆·库哈斯（Rem Koolhaas）之笔，最终被扼要地以 "大"（bigness）为概括。话语的精确性一方面抓住了问题的内核与挑战，即关于尺度之量变而带来的质变，另一方面也形成了它的可传播性和可意象性。当库哈斯在《大跃进》（*Great Leap Forward*）一书中试图以珠江三角洲及中国为研究对象，去探索和建构一套能够理解和阐释当代建筑之 "大"的状况的理论之时，在其后的关于当代中国建筑的海外展览与报道中，"大"往往被简化为一种印象——对于尺度的惊叹和对于图像所带来的视觉震撼。尽管如此，"大"依然一方面构成了当代中国建筑实践的独特现象，另一方面则是当代建筑学仍须应对和解决的普遍性问题。由此，如何经由当代中国建筑的实践经验，为全球关于 "大"的问题形成一种具有普遍性意义的理论建构，构成了跨文化语境中当代中国建筑之于全球建筑实践的重要价值。本文试图从 "大"的理论构造、"大"的话语与图像生产以及基于当代中国建筑实践经验的 "大"的重思这三个部分，对上述问题展开讨论。

一、"大"的理论构造

自 1960 年代以来，全球城市化进程的突飞猛进令如何理解和应对基于 "数量"与 "规模"问题的 "无定型"特大城市，成为当代建筑学领域的重要议题。从奥斯瓦尔德·马蒂亚斯·昂格尔斯（Oswald Mathias Ungers）的 "大形"（grossform）到槙文彦（Fumihiko Maki）的 "群形态"（group-form），从日本新陈代谢运动（metabolism movement）到法国空间都市主义（urbanisme spatial），从雷纳·班纳姆（Reyer Banham）在《巨构：刚刚逝去之过去的城市未来》（*Megastructure: Urban Futures of the Recent Past*）一书中对西方语境下巨构运动之兴起和随即之消散的回溯到肯尼斯·弗兰姆普敦（Kenneth Frampton）提出 "巨形"（megaform）概念来重塑建筑之于特大城市的形式力量，再到最近斯坦·艾伦（Stan Allen）借助 "地形建筑"（landform architecture）这一工作概念（working concept）来描述近年来的建筑实践倾向，"大"所引发的 "数量"与 "规模"之问题是诸多西方建筑师、评论家与理论家所关注、探索并试图解决的当代建筑与城市领域的核心议题。

在上述关于"大"的学说之脉络中，因库哈斯兼有实践者与理论家的双重身份，其"大"的理论具有了格外的意义和影响力。当上述学说仍更多地关注西方境况之时，库哈斯的"大"的理论之发展与成形恰恰与全球化的力量息息相关。从《癫狂的纽约》（*Delirious New York*）到《小，中，大，超大》（*S, M, L, XL*）再到《大跃进》以及《突变》（*Mutations*），"大"的理论不仅源自当代建筑学所面临的"数量"与"规模"之挑战的危机意识，也受益于他对中国与亚洲城市的敏锐观察与深刻理解以及大都会建筑事务所（Office for Metropolitan Architecture，OMA）的相关研究项目与设计实践（图1）。

图1 库哈斯相关代表著作 图片来源：作者拼合

处于这一理论之核心的"大"，虽然看似与尺度相关，但其引发的却是一系列观念的质变。"大"使得建筑学的诸多经典概念不再适用。"大"的体量不再能够经由一系列建筑手法的组合与构成完成，亦无需如古典建筑一般遵从建筑与城市间的得体（decorum）关系，更无需是"诚实"的现代主义建筑，向城市展露其内部的秘密。相反，如曼哈顿的摩天大楼一般，"大"用一种表面上的稳定性掩饰了其内部的复杂、混沌、变化。更进一步地，库哈斯提出了一个激进的观点，即"大"业已进入"非道德"的范畴，它无关"好"的或是"坏"的品质，而是如珠穆朗玛峰一般，存在于那儿，并不再是任何城市的组织部分[5-6]。

如果说上述观点揭示了尺度之"大"所带来的"质"的效应，那么库哈斯认为建筑学依然缺乏一种有效的设计策略来应对上述效应。无疑，一些建筑师曾就此做出不少尝试：1960年代，尤纳·弗里德曼（Yona Friedman）提出了"空间城市"（urbanism spaciale）的巨构式（megastructure）建筑方案；1977年建成的乔治·蓬皮杜国家艺术和文化中心创造出了一个"万事"皆可发生的巨大空间；而与库哈斯同时代的其他建筑师则试图通过解构与虚拟，来建立起两条应对"大"的防线。前者将"大"拆解为一系列独特的碎片与片段，后者则通过非物质性的模拟来试图超越"大"的问题。然而，库哈斯认为这些尝试，皆因或被束缚于经典建筑学的框架之中，或过于空想地希望逃脱这一框架，而均是徒劳的。弗里德曼式的巨构建筑，因其乌托邦维度而成为"作为装饰的批判"；乔治·蓬皮杜国家艺术和文化中心无视于美国摩天大楼能轻而易举实现的中性空间；解构主义的形式美学创造出一片无序的景观，却事实上使得"大"的诸多潜力被抹杀在几近可笑的几何组合中；而模拟的策略放弃了建筑的实体，进入了一种虚无缥缈的境地。

5 中文参考了姜珺的翻译。若无特殊指出，下同。见：库哈斯，姜珺. 大[J]. 世界建筑，2003（2）：44-45.

6 KOOLHAAS R. Bigness, or the problem of Large?[M]// O.M.A., KOOLHAAS R, MAU B. S, M, L, XL. New York：The Monacelli Press, 1995: 494-517.

正是基于对上述理论与设计方案的评述，库哈斯显露出他对于"大"的态度。"大"的理论一方面需要一种现实主义的态度，需要建筑师去"利用它"和"计划它"，另一方面则需要摒弃经典建筑学的固有框架。而其中最为关键的便是对内容（program）的重新认识。"大"依赖于内容的炼金术式模型：与经典建筑学中不同功能之间的强制性共存相反，这一模型令不同功能彼此回应以创造新的事件，将其从僵化的概念中解放出来，产生出一种杂交、错动、重叠的"液化"效果。正是后者令"大"具有了一种城市性，甚至进而令其可超脱于文脉之上，它不再与城市建立联系，而至多与其共存。由此，"大"最终成为"建筑最后的堡垒———一种收缩，一座超建筑（hyperbuilding）"[7]。

7 KOOLHAAS R. Bigness, or the problem of Large?[M]// O.M.A., KOOLHAAS R, MAU B. S, M, L, XL. New York: The Monacelli Press, 1995: 494–517.

可以发现，"大"的理论并非关乎尺度本身，而是尺度变化带来的一系列质变——它使得建筑学的诸多经典概念不再适用，亦打破了经典建筑学对于建筑与城市关系的认识。正如库哈斯最终提出的公式"大 = 城市 vs 建筑"所暗示的，"大"既是建筑，亦是城市。可以认为，对于库哈斯来说，"大"并非仅仅是尺度之数值巨大，而在于其是否能够突破功能的定义而形成了"内容"，是否能够突破传统意义上的建筑与城市之分野而构成了"超建筑"。在大都会建筑事务所的设计实践中，于1996年设计的曼谷高层建筑项目正以"超建筑"命名（图2）。它的图纸与模型显示出库哈斯对"大"的建筑之终极想象：它不仅仅看起来"大"，更直接地通过体块以及暗含的内容杂交，打破了建筑与城市之间的分野。而于2007年底竣工的中国中央电视台（CCTV）大楼，一方面通过图解来强调场地之规模和使用者之数量，另一方面则致力于在巨大的环形体量中去唤醒摩天大楼孵化新文化、内容与生活方式的力量（图3）。

图2 "超建筑"项目的模型与图纸 图片来源：大都会建筑事务所

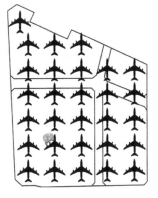

图3 中国中央电视台项目图解 图片来源：EL Croquis N. 134/135: MOA

二、"大"的话语与图像生产

近 40 余年的狂飙式城市化进程，无疑令库哈斯的"大"的理论之于当代中国建筑与城市实践具有了特别的意义。正如上文业已指出的，关于中国与亚洲的研究与实践构成了库哈斯的"大"的理论之形成的重要环节。可以说，"中国"既是"大"的理论之研究客体，亦是它的实践现场。当库哈斯试图基于"大"的理论去阐释和理解这种当代建筑与城市状况之时，"大"亦反过来在关于当代中国建筑与城市的话语与图像生产中扮演了重要角色。自库哈斯于 1997 年第十届卡塞尔文献展首次将珠三角地区城市呈现在西方观众面前以来，从 1999 年 *2G* 期刊的 *Instant China*（《即时中国》）专辑到 2006 年 *Volume* 期刊的 *Ubiquitous China*（《无处不在的中国》）专辑，从 1997 年 "New Urbanism：Pearl River Delta"（新城市主义：珠江三角洲）展到 2006 年 "China Contemporary"（中国当代）展，"大"不断以文本和图像的形式呈现于跨文化语境下的西方观众面前，并进而构成了关于当代中国建筑和城市的一种认知与印象。

在 1997 年第十届卡塞尔文献展中，库哈斯及哈佛大学设计研究生院策划的"新城市主义：珠江三角洲"展第一次将正在中国发生的急剧城市化进程，以一种极富视觉冲击力的方式呈现在西方观众的面前。展览位于卡塞尔奥托诺伊姆自然历史博物馆（Naturkundemuseum im Ottoneum）。在这座由火车站改造为博物馆的新古典主义建筑中，库哈斯通过铺满展厅的墙纸喷绘、图表、数据与文字的层层叠加，鲜明而直白地向欧洲观众展现了一种他们几乎未曾见过的城市状况。墙纸喷绘图像来自珠三角城市研究计划，以一种不甚讲究的方式贴满了所有的墙面（图 4）。它们既不追求单张图像的完整性，亦对图像组合的视觉和谐性不甚重视。满铺的图像之上，白色的大字引用了最为耳熟能详的宣传口号 "Socialism with Chinese characteristics"（中国特色的社会主义），"To get rich is glorious"（致富光荣）。近乎杂糅而混乱的图像与文字排布为富有秩序的古典主义空间带来了一种在珠三角城市才能体悟的冲击力。置身其中，观众似乎正如在珠三角城市中一般，既随时接收着新的视觉冲击，又似乎没有收到任何真正有效的信息。在一个如迷宫般的装置上，一组组数据呈现着诸如"两位建筑师，三台电脑在一夜之间设计完成了多少生活居住单元"的问题。如果说墙纸喷绘直接地呈现着城市与建筑的"数量"与"规模"，那么杂糅的信息与多种展陈媒介的综合，似乎正暗示出"大"所产生的内容杂交。而这种

图 4 "New Urbanism：Pearl River Delta"展厅 图片来源：Documenta X

展陈策略以及对于展览空间之视觉冲击力与空间混杂密度的强调,在随后的"运动中的城市"伦敦巡展、"China Contemporary"展览中被反复运用和出现(图5、图6)。

图5 "运动中的城市"伦敦巡展展厅 图片来源:Asia Art Archive

图6 "China Contemporary"展厅 图片来源:Johan de Wachter

在随后于2001年出版的、基于珠三角地区城市研究的出版物《大跃进》中,库哈斯采用了68个带有版权所有符号的术语,基于调和策略、认知概念、城市现象与实践方式四个维度,建立起一个对以珠三角地区为典型状况的当代城市进行描述和阐释的概念框架。其中,剧异城市(city of exacerbated difference, COED)作为统领性概念,概述了珠三角地区城市状态的本质,即由极度差异化的各个部分互补或互相竞争而形成的动态平衡状态,而建筑(architecture)、深圳速度(Shenzhen speed)、尺度(scale)、工厂/酒店/办公/住宅/停车场(factory/hotel/office/housing/parking)等术语,既以"数量"和"规模"描述了新的城市现实,又进一步强调了内容的杂交。作为"尺度"之意的scale,不仅指涉空间尺度,更是与社会、经济挂钩,成为衡量城市发展的指标[8]。

正是通过上述期刊媒介,对于"大"之尺度的强调,逐渐开始多于对"大"之空间潜力的呈现与讨论。这一方面固然源自"大"之尺度描述的直观性。譬如,当2G期刊的Instant China(《即时中国》)专辑的客座编辑、城市理论家米格尔·鲁亚诺(Miguel Ruano)写道,"对于大多数设计公司来说,很难理解在中国发生的变化的规模及其后果(For most design firms, it is difficult to understand the sheet scale and consequences of the changes taking place in China.)"之时,随后的记者文森特·维尔杜(Vicente Verdu)的文章 The

8 CHUNG C, INABA J, KOOLHAAS R, et al. Project on the city I: Great leap forward[M]. Koln: Taschen, 2001: 27-28.

Chinese Castle（《中国城堡》）采用了数据以及与美国、日本、印度尼西亚、韩国等国家的数据进行比较，直接地呈现出这种变化的规模及其影响[9]。另一方面，对"大"之尺度的精确描述，更容易令读者或是观众产生一种惊讶之感，从而形成更好的传播效应。以《大跃进》一书的"Architecture"一章为例，在将近百页的篇幅中，几乎每一页均存在对数字的援引。数字以其自身令人惊叹的"量"以及与西方国家的比较，形成了一种令人惊讶和难以置信的强调效果，如深圳"在 1981 年……40 座总建筑面积为 300 万 m^2 的高层建筑被建造（In 1981... forty high-rises with a total floor area of 3 million square meters were constructed）"[10]。

9 VERDÚ V. The Chinese castle[J]. 2G: Instant China, 1999(10): 4–13.

如果说上述关于"大"之尺度的描述以城市为主，那么建筑亦不例外。在西班牙建筑期刊 *Arquitectura Viva* 于 2004 年出版的中国专辑 *China Boom* 中，保罗·安德鲁（Paul Andreu）设计的国家大剧院被精准地概括为"拥有 2 416 个座位的歌剧院、拥有 2 017 个座位的音乐厅和拥有 1 040 个座位的剧场（A 2 416-seat opera house, a 2 017-seat concert hall and a 1 040-seat theater）"[11]。类似的描述也出现在了日本建筑期刊 *a + u* 的中国专辑《百花齐放 Architecture in China》（2004 年）中，并且通过体量细节，进一步烘托"大"："钛金属壳体呈椭圆体形状，最大跨度为 213 m，最小跨度为 144 m，高度为 46 m（The titanium shell is in the shape of a super ellipsoid with a maximum span of 213 meters, a minimum span of 144 meters and a height of 46 meters）。"[12] 在关于北京国际机场 T3 航站楼的描述中，则通过与读者更为熟悉的伦敦城市与泰晤士河之尺度比较，来衬托建筑之尺度"大"[13]。类似的例子不胜枚举，数字与比较的运用，在此激发出对"大"之尺度的想象和惊叹，并进而逐渐转化为一种固化的印象。

10 CHUNG C, INABA J, KOOLHAAS R, et al. Project on the city I：Great leap forward[M]. Koln: Taschen, 2001: 158–160.

11 National Theatre[J]. AV Monografias: China Boom, 2004(109/110).

12 National Theatre[J]. a+u: 百花齐放 Architecture in China, 2003 (12): 56–57.

13 Beijing International Airport T3 Terminal[J]. AV Monografias: China Boom, 2004(109/110).

更为直观的则是"大"之尺度的图像生产。在 *AV* 期刊中国专辑中，城市图像之高度秩序化的构图提示着城市化现象的发生与蔓延，并显露出这种城市化现象改天换地的剧烈程度。相同或近似形象的阵列，更进一步地加剧了重复与规模所带来的视觉冲击力（图 7）。另一些图像则通过尺度的对比来凸显"大"的存在。在建造于更早年代的日常建筑物之后，最新的现代化象征平地而起，甚至延伸至图像的构图之外（图 8）。与前景的无序和混杂相比，远景中的建筑往往是高度秩序化的：它们的体量完整而巨大，它们的立面匀质而网格化。日常景象与这些新建筑的并置，既凸显了后者之"大"，亦显露出当代中国的城市化进程是怎样一个在时间上被极度压缩的过程。

在上述关于"大"的话语和图像生产与传播的过程中，可以发现，"大"的直观形象逐渐占据上风，直至构成关于当代中国与城市的一种典型印象与观念，而库哈斯的"大"的理论所试图探讨的空间可能性则渐渐消隐。这一趋向简单化、表面化和形象化的过程，固然与所报道作品本身相关，即尺度之"大"构成了它们的一种基本属性。但更为重要的原因则是跨文化语境下的传播效应。一方面，对"自我"与"他者"之差异性的强调，并以此来稳固关于"自我"的认知，构成了跨文化传播的重要特点。另一方面，面对语言的鸿沟，直

图7 *AV* 中国专辑 *China Boom* 配图 图片来源：扫描自 *China Boom*

图8 *The Architectural Review* 中国专辑 *China* 配图 图片来源：扫描自 *The Architectural Review*

观的图像以及客观化的文字描述往往能够相对而言更加有效地形成信息传递。可以看到，当上述展览尚能通过空间效应的类比将"大"之潜力传达至观众之时，在纸质期刊以及当下更为流行的网络媒介上，由数字和图像所呈现的直观之"大"，无疑最易、也更直接地能够为读者和观众所接收和吸收，引发其情感的反映，留下深刻的印象，并最终建立起一种极具视觉冲击力和富有差异性的形象。

三、"大"的重思

无论是库哈斯的"大"的理论，或是围绕当代中国建筑与城市之"大"的话语和图像生产，均显示出"大"之议题对于当代全球建筑实践的重要意义。然而比较两种情况中关于"大"的话语，前者注重探索"大"的空间潜力，而后者则更多地关注"大"之形象。事实上，在上文提到的诸多关于"大"的学说中，尺度往往构成"大"的先决条件，却并非其根本属性。譬如，在班纳姆对"巨构"建筑的描述中，尽管尺度构成了一个要素，但更为重要的则是其形式特征，即由永久的主导构架与附属的临时占据物所形成的一组对立与辩证的关系，而如坎伯诺尔德新城中心（Cumbernauld Town Centre）、布伦斯威克中心（Brunswick Centre）等班纳姆列举的"巨构"之建成作品，它们亦并非在尺度意义上构成了绝对之"大"[14]。类似的理论倾向也出现在了弗兰姆普敦的"巨形"概念中，即它的主要特征是其水平连续性以及根据项目尺度和形式之复杂性带来的创造场所的能力。

由此，在当代中国建筑实践之"大"与围绕"大"的话语生产，以及当代全球建筑与城市的实践与理论议题之间，存在着一种错位以及由此产生的一个机会，令"大"可以、也应该在当代中国语境中被重新审视，并进而基于当

14 BANHAM R. Megastructure: Urban futures of the recent past[M]. New York: Harper & Row, 1976: 12–17.

代中国建筑的实践经验而重构一种关于"大"的理论。或许当早期的"大"往往源自一种相对无意识和操作性的空间生产之时，近年来，伴随着越来越多的中国建筑师不得不在实践中面对"大"的问题，亦开始出现一些关于"大"的更具创造性的回应。譬如，在开放建筑（OPEN Architecture）的油罐艺术中心、大舍建筑设计事务所的琴台美术馆与 MAD 建筑事务所的衢州体育公园中，建筑师均选择了地形化的策略，令"大"消解于地景之中，一方面创造出一种连续的、内部的空间体验，另一方面则基于"大"而形成了高密度城市中的开放公共空间。又如，在建筑师王灏的造村实践中，"大"被分解为一系列不同的异质元素的组合，并进而将不同时期的建筑元素吸收于其中，从而创造出一种具有时间维度的城市性。而在原作设计工作室的"绿之丘"项目中，原本平庸的烟草仓库结构通过建筑的打开与增减，成为联系周边社区与杨浦滨江的城市基础设施。它既构成了一种承载更小结构的架构，亦重塑了杨浦滨江的地形与城市景观。建筑师曾群的实践亦长期应对"大"所带来的挑战，在位于高密度核心城区的上海棋院中，"大"之于外部被化解为多样的尺度，而于其内部则保留了空间的完整性；而在其最近的作品苏州山峰双语学校教学楼中，近 200 m 长的"大"之体量令外部整体形象很难被以单一视点所捕捉，相反，内部的庭院与上下的台阶，将"大"转变为一连串空间体验的连续叠加。上述项目仅仅是近年来当代中国建筑中处理"大"之时的"沧海一粟"，但它们业已显示出在处理不同层面的关系——建筑与城市、过去与当下、外部与内部——之时，"大"能够带来的新的潜力。无论是通过地形化的策略以创造出新的城市场所，或是基于对"大"的尺度重释，来容纳时间，联结城市，丰富体验，重新回到当代中国建筑的实践现场，重新审视"大"并将其理论化，才能够为当代中国建筑的跨文化传播与理论建构形成另一种更具深度的可能性。

参考文献

[1] 李翔宁，倪旻卿 . 24 个关键词：图绘当代中国青年建筑师的境遇、话语与实践策略 [J]. 时代建筑，2011（2）：30-35.

[2] BANHAM R. Megastructure: Urban futures of the recent past[M]. New York: Harper & Row, 1976: 12-17.

[3] Beijing International Airport T3 Terminal[J]. AV Monografias: China Boom, 2004（109/110）.

[4] CHUNG C, INABA J, KOOLHAAS R, et al. Project on the city I: Great leap forward[M]. Koln: Taschen, 2001.

[5] KOOLHAAS R. Bigness, or the problem of large?[M]//O. M. A., KOOLHAAS R, MAU B. S, M, L, XL. New York: The Monacelli Press, 1995.

[6] National Theatre[J]. a+u: 百花齐放 Architecture in China, 2003（12）: 56-57.

[7] National Theatre[J]. AV Monografias: China Boom, 2004（109/110）.

[8] VERDÚ V. The Chinese castle[J]. 2G: Instant China, 1999（10）: 4-13.

新媒体时代会展、评奖、竞赛等建筑文化事件中的一贯贡献者建筑师关注趋向

A Focus on Architects with Consistent Contributions in Architectural Cultural Events such as Exhibitions，Awards，and Competitions in the New Media Era

叶　扬[1]

YE Yang

摘要：建筑相关文化事件是建筑界重要的信息传播形式，本文以会展、评奖、竞赛三类建筑文化事件中的典型案例为主要研究对象。20 多年来，中国建筑师积极投身本研究所涉及的三类建筑相关文化事件，取得的成果与获得的评价时而引发讨论或引导方向性转变，对中国的建筑发展产生了影响。本文基于对涉及中国当代建筑师表现、表达的建筑文化事件的一系列探索，提取出建筑相关文化事件的主要因素与模式结构，着重阐述了近年来三类文化事件中对一贯贡献者建筑师的关注趋向。

Synopsis：Architectural cultural events play a crucial role in disseminating information within the architectural community. This paper focuses on three types of architectural cultural events: exhibitions, awards, and competitions, using typical cases as the primary subjects of research. Over the past two decades, Chinese architects have actively participated in these events, and the outcomes and evaluations they have received have sometimes sparked discussions or directed significant shifts in perspectives. This has had an impact on the development of architecture in China. Based on a series of studies on cultural events involving the performance and expression of contemporary Chinese architects, this paper extracts the main factors and pattern structures of architectural cultural events and specifically emphasizes the recent trends in attention towards architects with consistent contributions in these three types of cultural events.

1 叶扬，北京清华同衡规划设计研究院有限公司，《世界建筑》杂志编辑部；yeyang@wamp.com.cn。

关键词：中国当代建筑师；建筑文化事件；一贯贡献者；新媒体时代
Key Words：contemporary Chinese architects; architectural cultural events; consistent contributors; new media era

一、引言 [2]

1. 问题的提出

建筑是空间与时间的产物，其信息传播具有 3 类特性：（1）异地展示难以反映建筑的真实情况；（2）语言及图像难以传递建筑的具体信息；（3）量化与推理难以评价建筑设计水平。以上三个特点为建筑设计的传播带来挑战，也使建筑文化事件在建筑信息传播中发挥着不可或缺的作用。

本文所述的研究从广泛多样的建筑相关文化事件里选取出相对具有一定共性与关联性的三类——会展、评奖、竞赛类文化事件为主要研究对象。它们本身既是信息传播媒介，也是媒体关注甚至"刻意制造"的内容，传播着建筑文化发展的信息线索。三类建筑相关文化事件及与之相关的传播形成后续长尾般的讨论，令这些事件如同地标建筑对于城市空间的作用一样，构建着建筑史标志性的信息点，所形成的"热点"也影响着建筑界建筑师、学者的理解方式和行动，具有形成建筑历史轮廓的意义。

2. 研究背景

1）中国当代建筑师的自我认同需求

作为群体的认同感，来自社会认同（social identity），而社会认同需要经历类化（categorization）、认同（identification）、比较（comparison）的过程 [3]。

当代的建筑教育体系与部分现代主义思想来源于西方建筑教育体系与建筑观，建筑师们所掌握的传统建筑文化的深度不足以在实践当中形成思想支撑，加上建筑师职业关系结构不明确与专业话语权力量不足，中国建筑师在多种观念之间摇摆，尚未建立完整的中国当代建筑设计的群体性特征语汇与逻辑，尚未在"文化根源性"方面具有完整的理解和体现。这样的观念缺失，让建筑师难以明确自身的群体属性，难以确认归属感。在相关研究中，中国建筑师群体被称为"迷茫的群体" [4]。

中国的建筑师群体在实现世界最大建设量的同时，也在需求一种"集体自尊"（group self-esteem）。从国际政治理论角度可借用的一种定义，是指"一个集团对自我有着良好感觉的需要，对获得尊重和地位的需要" [5]。这种自尊与被尊重，无法脱离开一种群体形象、群体价值观的构建。

与此同时，建筑所具有的文化属性，使建筑作品与建筑师群体表现的价值观都侧面体现出国家的文化旨趣和价值取向。著有《形象：生活与社会中的知识》（*The Image: Knowledge in Life and Society*）的美国经济学家博肯尼思·艾瓦特·博尔丁（Kenneth Ewart Boulding）指出，信息输入与信息输出构成的明确的信息资本对国家形象的认知意义重大 [6]。几乎所有建筑作品，都是从地方到国家形象构建的一块拼图。而国家形象构建强化的是国家核心价值观 [7]，表达的是国家基于历史、文化形成的行为逻辑、道德准则和社会理想。

2 叶扬. 会展、评奖、竞赛等文化事件对中国当代建筑师的影响 [D]. 北京：清华大学，2021.

3 王莹. 身份认同与身份建构研究评析 [J]. 河南师范大学学报（哲学社会科学版），2008，35（1）：50–53.

4 尹妙群. 角色与冲突：当代建筑师职业群体研究 [D]. 南京：南京大学，2016.

5 温特. 国际政治的社会理论 [M]. 秦亚青，译. 上海：上海人民出版社，2000.

6 BOULDING K E. National image and international system[J]. Journal of Conflict Resolution, 1959（3）：119–131.

7 徐蓉. 核心价值与国家形象建设 [M]. 上海：复旦大学出版社，2013：2–3.

从会展、评奖、竞赛类文化事件中选择的焦点事件均伴随着中国建筑师在其中对于中国建筑形象、中国形象的表达，既向外传递信息，也在事件中接收外界的反馈。

建筑相关文化事件所构建的"舞台"，是一个明确的进行类比、认同、比较的过程，为中国当代建筑师提供了设计实践与设计展现的机会，通过表达对人类命运共同体的关注、对提升广大人民美好生活的追求，具体化地表达了国家所倡导的核心价值观，有反映与丰富国家形象表达的作用。

重要标志性建筑、重大事件密切相关建筑形象决策的竞赛过程和它后期在会议展览、奖项等建筑相关文化事件中的表达，也更直接地反映着建筑师群体对国家形象的意涵理解和意义解读。

2）媒介变化带来的世界建筑信息传播的趋势变化

建筑是可传播事件发生的背景环境，也是限制条件。进入 20 世纪后半期以来，世界传播信息的方式发生着深刻变化，印刷媒介式微，正在急速转向电子媒介，加上新媒体的运用，传播的信息呈现出更多层次，传播速度、路径发生了根本变革。首先，全球生活逐渐同步化、文化互通，网络互联，经济趋同整合，"游戏规则"同一化。其次，高速网络化、图像化快速传播的电子媒介方式，引发了传播速度、传播方式甚至信息的内容呈现的巨变。最后，根据提出"媒介即信息"的马歇尔·麦克卢汉（Marshall McLuhan）的热媒介 / 冷媒介理论[8-9]，冷媒介需要信息发送方与接收方进行更多的信息处理和双向交流，这一需求确实在新媒体时代具体化为多种形式的"互动"。由此，信息的内容需求也在发生变化，形象容量与时空跨度更大。建筑的传播前景也变得更为广泛，而建筑相关文化事件往往既包含了建筑的视觉形象，也包含了事件内容。适应甚至运用这一转型所带来的传播趋势与机会，对于中国建筑师来说，既是大势所趋，也是势在必行。

3. 讨论三类建筑相关文化事件的基础

解析三类建筑相关文化事件的具体信息使用了以下 4 种模型和理论工具。

1）作为传播学分析基础的布伦斯维克两种认知模型

通过透镜认知模型，明晰发送者与接受者之间的信息传递关系，透镜与线索的有效性和可利用性，决定了接受者可能得到的信息。三类文化事件成为中间透镜，影响着信息传递。

2）三类建筑相关文化事件的模式同构

不同类的事件中具有相似的模式特征，呈现出模式同构的特征，是它们在本研究中进行联系、比较并归纳共同取向、趋势的基础。

3）学术场域与共同体内传播

从会展、评奖、竞赛三类建筑相关文化事件的作用上，通过筛选、选择

8 麦克卢汉的理论大意为：以信息接收方来说，参与度较低的媒介为热媒介、参与度较高的媒介为冷媒介（McLuhan，1964）。

9 MCLUHAN M. Understanding media：The extensions of man[M]. New York: McGraw-Hill, 1964.

展现出建筑评论的特质，以选择表达了主张、支持与某种形式的赞扬，最终的核心作用是形成建筑专业、建筑学术界的学术场域，并在建筑学术共同体内部引导着价值取向。

4）个人主义者与一贯贡献者

一贯贡献者（consistent contributor）的定义为，不受他人选择影响，而持续在每一轮个人与公共物品之间的"全与无"的博弈中，均选择以个人利益向公共物品进行贡献的人[10]。一贯贡献者在个人利益与团队利益发生冲突的时候，会选择团队利益，甚至将个人的时间、资本、资源、利益投入能使团队利益获得优化的过程中去。他们发起合作，引领其他人效仿，推动其他人行动起来，改变团队成员的观念和行动，成为合作的催化剂。这两种价值取向的建筑师，在会展、评奖、竞赛类建筑相关文化事件中得到了体现，不同的价值取向引导这两类建筑师发挥着不同的作用。

二、三类建筑相关文化事件的关键因素

从三类文化事件所选取的焦点事件（图 1）呈现的趋势来看，通过主题的构建、关系网络中的参与者、信息的传播，说明一贯贡献者建筑师正在获得越来越多的关注，这既是大势所趋，也是客观现实的需要。

1. 主题构建

主题构建是三类建筑相关文化事件构建意义的核心。一个关注现实重要问题、具有启发性的主题，使一个建筑相关文化事件从一系列相关或相似事件中脱颖而出。由主办方与策划方确定的好的主题，将可以激发参与者更多的参与热情。参与者的热情、真诚与投入，将会有助于建筑相关文化事件提升内容质量，产生后续的影响。对于媒体、受众，有价值的主题会产生极大的好奇推动和吸引力，使其更乐于也更享受进行参观、互动或次级传播，对于评奖、竞赛两类建筑相关文化事件，对主题的认同往往能促进人们理解其中的价值取向，更认可其结果。

在国际展览局的文件中，长期研究世界博览会的葡萄牙代表安东尼奥·麦格·费瑞拉（Antonio Mega Ferreira）曾经将主题视为一届世界博览会的"核心"："一个经过精心选择和定义的主题，对展会的组织者和一些参展方来说根本不是障碍，而已被证明是世界博览会的核心，主题将促使参展者与组织者齐心协力。"[11] 主题有助于将主题区域与公共区域形成整体，建立一个文化事件的总体形象，在组织者与参与者之间建立强有力的纽带，为各类评选提供价值准则的方针，并将文化事件的所有表达形成系统。

对于建筑相关文化事件，好的主题应当具有以下特点：
1）符合人类命运共同体价值取向。
2）面向未来的一个主要问题。
3）可以为不同群体尤其是话语权主导的群体带来提示甚至警示。

10　张琼寒. 一贯贡献者效应及其传播机制：认同与自我超越的作用 [D]. 杭州：浙江大学, 2019.

11　FERREIRA A M. Les expositions internationales: La valeur d'un theme[R]. BIE Bulletin 1996, 1996: 21-23.

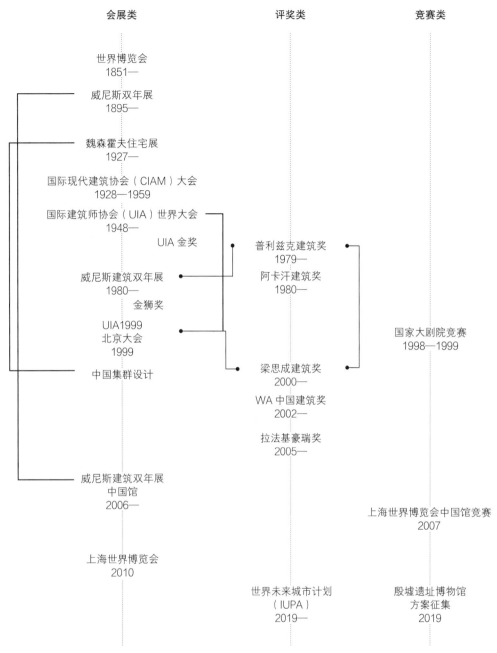

图 1 本研究所选取的焦点事件

4）具有开放性，可供不同群体展开创作、交流、对话、合作。

5）为事件相关的关系网络主体所共同关心，同时可令普通人群的日常生活受益，并有助于解决人所最关注的领域的相关问题。

6）信息接收者或称间接参与者（媒体与观众、受众）的智慧、情感、想象力可与之发生共鸣。

主题构建对于建筑相关文化事件的整体有着重要的统领作用，影响着事件构建的每一步。反过来，如果事件的其他部分偏离主题甚至相悖，一个文化事件就很难令直接或间接参与者领会核心价值诉求，最终主题与结果之间产生的偏差会使得信息线索混乱，难以甚至无法传播。

主题构建并不只作用在会展类文化事件之中，在评奖类和竞赛类的事件中也格外突出。中国建筑界不可避免地怀有身份认同的焦虑，对传统及文化空间的重视、对材料的运用、对建筑环境的认识，往往无法脱离提取中国文化的相关意义。当建筑师作为评委和专家来评价建成或未建成的建筑作品时，往往在评议中透露出关于建筑传统、传统环境的考量。当中国建筑师的作品参与到其他评奖、竞赛之中时，一旦评议者或接收到传播信息的媒体与受众意识到所评议的作品出自中国建筑师之手，也无法避免从中提取与中国传统文化之间的联系或反抗，处于欧美文化圈的建筑师无需回答的问题，在中国建筑师身上却成为隐形的线索，一直存在，无法回避。

越是无法脱离固有认知的禁锢，越是需要在主题构建上进行缜密的梳理和构建一种"中国故事"的讲法。从普遍结果而言，评议者对于中国建筑师明显的来自欧美现代建筑潮流的设计手法与风格运用很难给予较高的评价。他们相对更认可对中国传统借用符号后的后现代哲学观的解构，对于具有中国传统哲学时空观解读加上传统建筑材料的一些作品仍然表现出强烈的兴趣，时而对少数建筑师出于反重力逻辑的想法做出的屏蔽文脉信号的作品也有兴趣。

西方对于中国的认知来自西方中心主义的"文化审视"，需要中国建筑师保持清醒的认识。中国建筑师呈现的主题需要联系中国的城市发展与建筑发展，体现对于人类命运共同体、环境可持续、社会公平的思考，才能获得相对公正、全面、真实的评价。

中国建筑师作为一个群体，无论是体制内或体制外的建筑师，在普遍意义上仍然与欧美建筑设计的基本价值观有差异，包括港澳台地区建筑师在内，除了传统文化成为牢不可破的思维底色外，在建筑相关文化事件中，往往表现出超越政治社会现实的集体情感。从建筑师身份与作品的表达里，建筑师的角色往往不是个人主义"英雄"与"明星"式的，而是"一贯贡献者"式的，其表现的建筑师价值来自团队服务于人、服务于大众的使命感与价值观。由于价值取向的不同，中国建筑师更需要也更加应该尽可能地参与国际文化事件的组织，在主题构建的方向上参与讨论与议程设置。

2. 关系网络

1）主办方、发起方、组织方

主办方、发起方、组织方是三类建筑相关文化事件的引领者，事件的组织本身是基于他们的某些诉求与意图。建筑相关文化事件的规模决定了需要的投入与组织关系，主办方的身份需要具有"正当性"，不然也很难支撑对主题的有效叙述。

三类建筑相关文化事件的典型案例中，作为主办方、发起方与组织方，政府与民间有三种角色：政府主导—非政府组织/民间参与、政府支持—非政府组织/民间主导—非政府组织/民间参与、非政府组织/民间主导—非政府组织/民间参与。

重要的建筑相关文化事件或者重大事件中的建筑相关的部分，都会受到国内外媒体极高的关注，而建筑在其中是具象的空间形象表达，中国政府所代表的国家形象与建筑形象表达的价值取向、事件处理的方式和结果、事件全过程的公众表现都有关。

重大事件有赖于政府的支撑，其主题构建是表达国家形象的一部分，需要由政府主导确认，部分建筑相关文化事件需要实施落地，有些将有建成实物在未来一段时间与城乡居民的生活空间发生具体的关系，涉及城乡多种相关部门的协调与组织时，政府参与有其必要。与其他短期活动或者传媒事件相比，建筑相关文化事件的效果和结果往往会产生较为久远的影响，政府也有必要通过参与和主导来了解与管理。在中国，如果政府角色太凸显，国家形象反而有可能在国外传播中达不到预期效果。由于意识形态差异与刻板的固有认知问题，西方部分媒体对中国政府参与带着偏见，其结果是往往使得文化事件主题的中国的声音和信息难以传递出去[12]。所以，涉及对外交流的中国的重大文化事件往往采用非政府组织推动的方式。

12 唐根.西方对中国有许多疑虑和误解[J].对外传播，2008（11）：38.

非政府组织、非营利的机构包括：职业团体，如国际建筑师协会、中国建筑学会，以受国际、国内专业认可的组织名义举办文化事件，自筹相关资金或与其他机构组织合作；基金会，如普利兹克基金会、拉法基豪瑞基金会、阿卡汗基金会，企业和机构以注资的基金会的形式进行运营与相关事件的组织实施。

此外还有一类组织方是媒体，如《世界建筑》等，以媒体作为平台的方式来进行事件的推动和传播，以自筹或吸引合作方的赞助方式来推进事件的实施。组织机构的不同身份，代表了组织方的正当性，透露出其背后的推动力和价值诉求，以及进行传播的社会影响力。

2）策划者、策展人

越来越多的机构组织和建筑师意识到建筑相关文化事件对于品牌和影响力有促进效果，因此在世界范围内组织了越来越多的建筑相关文化事件，且更多的建筑相关文化事件正在被策划酝酿之中，对于策划者、策展人的需求非常旺盛。许多研究提出需要专业人士来担任这样的角色。

在大多数其他的展览活动中，策展人往往需要扮演策划者、制作人、教育工作者、管理者、实施组织者等角色，并负责编写展览相关的介绍、文章和其他辅助内容（如网络推广、社交媒体的条目等等），应对出版需求、媒体传播需求，最重要的是负责筹资[13]。

13 乔治.策展人手册[M].ESTRAN 艺术理论翻译小组，译.北京：北京美术摄影出版社，2017.

近几年来，越来越多的相关建筑相关文化事件由组织方授权给建筑师来承担策划、策展工作，其所建构的策展团队包含有专门的策展人与策展助理、建筑师与传媒从业者。这样做的好处是作为建筑师的策划者、策展人将更深刻地影响建筑相关文化事件的走向，他/她来自职业素养的洞察对于参与的建筑师有更好的评判选择能力和对作品的理解度。

对建筑相关文化事件来说,会展、评奖与竞赛类事件所持续的时间往往都不久,它们所需要的是短期进行单一项目工作的策划者、策展人,其很难像博物馆、艺术机构的策展总监拥有一个长期规划来逐步实现自己对某些重大议题的理解与呈现。而通常,尤其在中国,给策划者进行方案设计的时间并不多,甚至实施时间有限,对他们提出了更高的要求,特别需要具备以下两种能力。

(1)以敏锐的洞察力构建具有现实意义的主题。这需要对建筑师职业、中国建筑师职业环境、中国建筑学界与行业发展有必要的了解与深入的探查。(2)关系网络的链接与构建能力。在建筑相关文化事件中,策划者、策展人实际所做的并非止步于前期工作,而是深入建筑相关文化事件的实现全程。他们既需要能够影响和控制参与者投入时间、精力,做出具有一定相关性和契合度的回应,也需要能够统领全局进程,满足组织者相关的商议、汇报、统计等需要,同时必须与实施团队、公关团队、媒体方形成良好、有价值的沟通,将全部计划有序实现,将预定的信息传递出去。

3)直接参与与间接参与

信息发送者除了组织方、策划方外的直接参与者,如参评者、参与者,策划者、策展人往往需要精心筛选,参与者展现的是建筑相关文化事件预期的层次深度与内容方向。高水平、具有学术贡献或者通过设计实践建立了良好声誉的参与者,是建筑相关文化事件中重要的因素。他们的加入所带来的是对主题高质量的回应。直接参与者需要对事件的主题有统一的认同感,参评者需要公平公正的评价,而参与者则需要高投入水平与对结果的控制力。

三类建筑相关文化事件中参与者是建筑师,而参评者通常以指导委员会、评选委员会的形式包含以下类型的人选:卓有声誉的建筑师;建筑学者,尤其是来自著名院校的建筑学者,代表着一种知识层次与学术的公信力;艺术家与文化界人士,他们往往能带给建筑作品和建筑师新的理解;重要的传播媒体负责人。值得注意的是,此处传媒的定义不限于专业媒体,如建筑杂志、建筑出版物或大众媒体,也包括艺术馆、博物馆、美术馆等展览机构。某些企业基金会创办的奖项会邀请当时重要企业的负责人参与,他们中的一些人确实在当代艺术领域享有收藏家和赞助人的声誉。

作为信息接收者,媒体与受众也是信息的再次传播者,他们在接收信息后会将过滤、把关后的信息进行新一轮传播,向更多人传递正面或负面的评价与反馈。

建筑相关文化事件的参与者呈现出高度集中的状态。一个不大的国际精英群体掌握着重大建筑相关文化事件的决定权与话语权。中国建筑师群体,包含非政府组织、建筑师个体,应越来越多地通过各种途径广泛参与到建筑相关文化事件中,进行自我表达,成为构建中国建筑师群体集合印象的多种声音。广泛参与是建筑相关文化事件得以成为事件的基础,成为参与者,才能成为重大事件的见证人和沟通主体。

中国建筑师自身的国际影响力有待提升。国外建筑界在参与建筑相关文化事件的中国建筑师和建筑作品之间寻求来自"中国故事"的回答，而在评审和传播的层面，他们又尽可能避免会引发意识形态差异讨论的可能，这也是往往体制内建筑师和大型公共建筑项目不容易在事件中受到关注和评价的原因。

三、传播模式

不同类型的建筑相关文化事件之间有着密切的关联，也呈现出一种网状的联系。建筑相关文化事件是呈现建筑师与建筑作品的平台，是传播信息的媒介，也是信息本身，是建筑发展趋势的镜子。对建筑相关文化事件的梳理、研究与比较有助于理解建筑理念变化的因果与趋向。

1. 不同建筑相关文化事件的彼此补足与统一的内在模式
在同类建筑相关文化事件内部，不同事件之间具有组织与呈现上的关联和批判性。它们的运作与传播又遵循了同样的模式，即主办方、策划者、直接参与者作为信息发送者，建筑相关文化事件以主题、内容、信息组合作为信息床、媒体、受众作为间接参与者的信息接收者的模式在不同类的建筑相关文化事件中也比较突出。

2. 建筑相关文化事件作为"透镜"
建筑相关文化事件对于建筑师、建筑师群体的影响力具有透镜的效果，建筑相关文化事件自身的主题构建将会归纳、总结、提升当前建筑界的问题与直接参与的建筑师的取向，成为观察建筑师、建筑实践取向、建筑师群体特征的"透镜"。

结合埃贡·布伦斯维克（Brunswik Egon）提出的"认知透镜模型"（lens model of perception）与戴维斯·福尔格（Davis Foulger）的信息传播模型（models of the communication process），绘制了建筑相关文化事件的传播模型（图2），在这一图示中，可清晰地理解信息以建筑相关文化事件为"透镜"在信息的发送者与接收者之间进行传递。

信息发送者包含主办方、策划者、策划者选择的直接参与者，通过建筑相关文化事件进行的一整套信息呈现系统，将信息传递给作为接收者的媒体与受众。由主办方与策划者构建主题，直接参与者创作或提供内容回应主题，从中提炼出的信息以及随之产生的噪声都在向信息接收者传递。作为信息接收者的媒体与受众，观察总结、归纳阐释这些线索，彼此间互相影响，再将生成的信息反馈给信息发送者。

四、趋向转变

1. 转向关注一贯贡献者建筑师

通过对建筑相关文化事件的梳理，文化事件的主题构建与直接参与者及其创作内容呈现出一种趋势，从关注设计的形式创造性，转向越来越关注建筑对环境可持续发展与社会公平性的作用[14]。

主题构建体现的是文化事件的价值观内核，反映出建筑界正在越来越关注人类命运共同体的发展，寻求对美好生活、美好空间的建构，这一价值观指导建筑师在城市与建筑工作中的角色从个人主义的英雄明星向成为一贯贡献者组织广泛合作转变。孤芳自赏的形式审美取向、服务于极少数人的作品，无法影响更普遍的群体，无法贡献于城市，也与人类命运共同体的价值观难以统一[15-16]。

这一普遍的转向不仅存在于国际建筑师大会的主题里，也在更精英化的威尼斯建筑双年展与普利兹克建筑奖的评选中有所体现。以形式创新性、环境可持续性、社会公平性三个维度来思考与评价建筑，设计关注方向与价值观内核所发生的变化必然导致建筑师的身份与工作方式出现变化（表 1）。当建筑的环境可持续性与社会公平性诉求变得更突出时，建筑师的角色不再是个人主义的艺术家。在建筑承担的意义变得更多、更复杂的情况下，建筑师需要成为一个相对庞大、多功能的团队的主导者，一贯贡献者的价值在其中变得越来越重要。

当建筑师真正如现代主义早期的开拓者们理想中的那样成为现代生活方式的塑造者，对人类命运共同体负责，以让全球的人类生活空间向良性发展为使命，建筑师势必要从个人主义的英雄、明星转向新的一贯贡献者的角色。一贯贡献者的建筑师群体将发挥越来越大的作用，他们所设计的建筑也将服务于更具有正当性的主题与更广泛的受众。这一必然的转向，已经并将会持续影响建筑相关文化事件的主题构建（图 2）。

14 张利, 叶扬, 王寒妮. 13 个重要建筑奖项的比较与浅析 [J]. 世界建筑, 2015（3）: 32-37.

15 GILL M J, PACKER D J, BAVEL J V. More to morality than mutualism: Consistent contributors exist and they can inspire costly generosity in others[J]. The Behavioral and Brain Sciences, 2013, 36(1): 90.

16 GRAF M M, SCHUH S C, VAN QUAQUEBEKE N, et al . The relationship between leaders' group-oriented values and follower identification with and endorsement of leaders: The moderating role of leaders' group membership[J]. Journal of Business Ethics, 2012, 106（3）: 301-311.

表 1 以形式创新性、环境可持续性、社会公平性作为建筑的评价维度

形式创新性	环境可持续性	社会公平性	关键词	优点	缺点
●			策略	寻找出其不意的角度进行设计	造价高，无法为社会普遍需求服务，不可持续
●	●		实验	通过技术性介入进行创造性设计	造价高，无法为社会普遍需求服务
	●		技术	通过技术性介入找到解法	造价高，无法为社会普遍需求服务，趋同
	●	●	产品	为社会公平性需求提供可持续技术解决方案	成品大量复制推广
		●	解决	解决社会公平性建筑需求	趋同，不可持续
●		●	施救	为社会公平性问题提供创造性解法	不可持续，往往是临时性、展示性作品
●	●	●	全面	切实使社会各群体受益，提升生活品质	往往需要团队持续工作

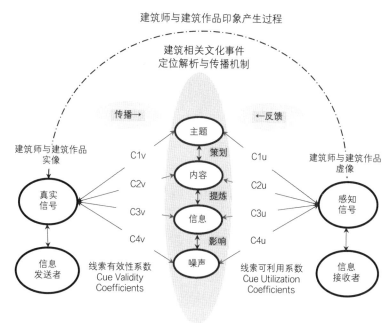

图 2　建筑相关文化事件传播模型

2. 新媒体时代对一贯贡献者建筑师的关注

　　本研究中的会展、评奖、竞赛类建筑相关文化事件在某种意义上，是来自印刷媒体时代的产物，特殊群体的人通过聚集、旅行抵达一个特殊地点进行一种有目的的活动。这种活动通过特殊群体及指定媒体把与人有关的文字、图形、简要的动态视频经过筛选、透镜的过滤记录下来，成为一种"传奇"。

　　如今，媒介发生了根本变化，在这个高速、广泛传播信息的时代，建筑相关文化事件势必会产生许多变化，而这种变化是作用于它们的媒介属性上的。新媒体对建筑相关文化事件的影响是复杂的，提供了机会，拉近了人们的时空距离。依靠新媒体发出线上活动要比一般的建筑相关文化事件具有组织方式省力、节约经费等等优点。与此同时，新媒体时代的高速、信息量大、碎片化、个体化、精准化，带来了一系列新的变化[17]，也必然会影响到建筑相关文化事件的信息传递。

　　1）碎片化的浅阅读信息获取方式

　　受新媒体方式的影响，即时获得信息立刻满足人对信息量的需求成为主流。"article"式的论文正让位于"listcle"（list+cle），后者通过要点、思维导图、大纲呈现想法，而不再对细节进行详细的逻辑性论述。建筑设计的说明变成了对"亮点"的捕捉，建筑相关文化事件的整体过程也会浓缩成几个主题句、一个主题词与视觉设计，用最简单的方式传递信息。较长的会议发言已经鲜有人耐心听完，展览也尽量使用大字、短句，复杂的需要思维加工的信息已经很难被耐心地读下去。这让细致的内容让位于口号式的结论。

　　网络算法在向使用者精准投放信息，占用大量读屏时间的同时，将信息聚焦在用户有限的喜好上。这也对建筑相关文化事件提出了新挑战，即如何能

17 JENKINS H. Convergence culture: Where old and new media collide[M]. New York: New York University Press, 2016: 2-23.

获取信息接收者的注意。

这样的信息接收方式影响了人们对英雄主义明星故事的认同，去掉了复杂的曲折性之后，这类故事的概括版本往往具有相似性，归纳出叙事模式后很容易受到受众的诟病。

2）权力分散，讨论泛化

讨论变成了可以广泛参加的形式，通过线上会议、直播、直播连线等方式，参与可以不受时间、地点阻隔，意见可以通过弹幕、评论等方式随时发布出来，人们不再需要通过旅行抵达一个建筑相关文化事件发生的地点。原有的讨论壁垒、一部分话语权、层级分配，在这个过程中被局部打破，局部重新授权。无论是直接参与者还是间接参与者，都可以随时变成一个新的信息发送者，将建筑相关文化事件的一部分放大。这样的泛化与高速，也让评价与评论变得深度和层次较低，从中找到价值和意义如大海捞针。

参与的门槛低，获取信息片段化，对形式的理解和内容的理解变得更直观、更浅表，达到视觉、听觉刺激的信息变得更容易传递，这往往也让接收者无法把握事件的全貌，甚至放弃了解主题与实际的价值诉求。大量建筑视频在 3 分钟左右，运用大量长镜头、浅景深塑造宏大感或精致感，传递的信息量却极为有限。

但是，讨论的泛化并不完全只有负面的效果。人们通过新媒体方式参与建筑讨论，打破了原有的精英壁垒，人人都有可能成为媒体终端，成为一个发报器。一旦他们与建筑相关文化事件的具体内容有联系，他们的反馈如同无数拼图一样，将构成真正意义上的"真实"，打破原来特定媒体与被授权人才有权记录和传播信息的"把关"方式。会展类文化事件在新媒体上由间接参与者发起的讨论、照片、视频，往往让主题能够有更纵深的延展效果，发掘出比参展作品更丰富的阐释和意义。在许多建筑评奖过程中，网络上由普通人拍摄的现场视频，时常成为评委的参考。原有建筑作品叙事中经常使用的一些通过文字提升意义、通过图片表达设计创意的方式，在这一情况下会收到受众身临其境的现实反馈。曾经的信息接收方所反馈的信息变得更加有影响力。它们显然与建筑师和建筑师所选择的拍摄方式有极大区别，虽然未必能传递空间本质，却反映了建筑与人真实的互动，足以丰富他人对空间的理解。对于竞赛类文化事件，新媒体舆情是最快、最及时的民意调查结果，成为下一步决策的参考。

在这种情况下，建筑设计是否能与现实问题和现实环境相关，是否能为人们的实际生活服务，提供有效的价值，变得格外重要。

3. 对社会正当价值的要求

通过以互联网为代表的新媒体，人们获得了一定的对信息的控制权与表达权，出现了重新组合的发声群体，重新对信息和意义进行再诠释。在这一过程中，"自由"已经有了获得的渠道，继而转向了对意义、正当性的追求。"意义互

18 孙立平,郑永年,华生,等.未来中国的变与不变:新秩序如何影响我们的生活?[M].南京:江苏文艺出版社,2014.

联网"促使人们形成团结共同体,"走向正派社会"[18]。从这个角度,新媒体时代,人们对建筑相关文化事件及其中信息线索涉及的建筑师与建筑作品提出了需要具有正当意义的诉求,这一诉求与建筑对人类命运共同体所起的作用达成了一致。创造性仍然重要,但建筑本质上所应具有的环境可持续与利于社会公平的服务意义正受到、将会进一步受到更多的关注。

以上三点趋势并不限于中国,而是覆盖了世界范围。这些新媒体时代的特点所倾向的价值取向是比起"故事"更看重实际成果,比起精英审美趣味更在意与自身环境的相关性,并更为欣赏社会正当性相关的价值点。

五、结论

本文基于对会展、评奖、竞赛三类建筑文化事件的长期研究,结合传播学、社会学的理念进行分析,引入了组织管理学"一贯贡献者"的概念。在新媒体时代,包括图像、视频在内的各类信息可以传递得更广、更远,而中国在社会正当价值与建筑师职业价值取向上,长期关注着一贯贡献者与团队、集体的共同成果。这将带给中国建筑师通过建筑相关文化事件传播自己价值观与建筑实践的机会,也将让中国建筑师群体能够形成集体的身份认同。

参考文献

[1] 乔治.策展人手册[M].ESTRAN艺术理论翻译小组,译.北京:北京美术摄影出版社,2017.

[2] 孙立平,郑永年,华生,等.未来中国的变与不变:新秩序如何影响我们的生活?[M].南京:江苏文艺出版社,2014.

[3] 唐根.西方对中国有许多疑虑和误解[J].对外传播,2008(11):38.

[4] 王莹.身份认同与身份建构研究评析[J].河南师范大学学报(哲学社会科学版),2008,35(1):50-53.

[5] 温特.国际政治的社会理论[M].秦亚青,译.上海:上海人民出版社,2000.

[6] 徐蓉.核心价值与国家形象建设[M].上海:复旦大学出版社,2013.

[7] 叶扬.会展、评奖、竞赛等文化事件对中国当代建筑师的影响[D].北京:清华大学,2021.

[8] 尹妙群.角色与冲突:当代建筑师职业群体研究[D].南京:南京大学,2016.

[9] 张利,叶扬,王寒妮.13个重要建筑奖项的比较与浅析[J].世界建筑,2015(3):32-37.

[10] 张琼寒.一贯贡献者效应及其传播机制:认同与自我超越的作用[D].杭州:浙江大学,2019.

[11] BOULDING K E. National image and international system[J]. Journal of Conflict Resolution, 1959, 3(2):119-131.

[12] FERREIRA A M. Les expositions internationales: La valeur d'un theme[R]. BIE Bulletin 1996, 1996.

[13] GILL M J, PACKER D J, BAVEL J V. More to morality than mutualism: Consistent contributors exist and they can inspire costly generosity in others[J]. The Behavioral and Brain Sciences, 2013, 36(1):90.

[14] GRAF M M, SCHUH S C, VAN QUAQUEBEKE N, et al . The relationship between leaders' group-oriented values and follower identification with and endorsement of leaders: The moderating role of leaders group membership[J]. Journal of Business Ethics, 2012, 106（3）: 301-311.

[15] JENKINS H. Convergence culture: Where old and new media collide[M]. New York: New York University Press, 2016.

[16] MCLUHAN M. Understanding media：The extensions of man[M]. New York: McGraw-Hill，1964.

17 世纪至今中国建筑和园林文化在法国的传播历程探析

Exploration of Chinese Architectural and Garden Culture Dissemination in France
from the 17th Century to the Present

张 春 彦[1]

ZHANG Chunyan

摘要：中国与法国的思想交流，从17世纪欧洲传教士进入中国开始逐渐拓展，包括文学、文化、宗教、艺术等领域。中学西渐，为欧洲17世纪和18世纪宣告启蒙和革命时代到来的思想家和哲学家提供了丰富的研讨资料，掀起了波澜壮阔的"中国热"。中国传统文化的广泛传播是当时建筑园林文化被法国接受认知的基础。本文从历史视角梳理中国建筑园林在法国传播时中国传统文化在法国被认知的宏观历史环境，解析从"中国热"时期起中国建筑和园林文化在法国的传播历程，进而分析当代中国建筑和园林文化在法国的传播现状，得出目前西方对于中国建筑和园林文化认知的局限性及原因，并提出相关建议。作为物质文化遗产和非物质文化遗产的中国建筑和园林文化，解析其在法国的传播历程可以为中国建筑和园林文化未来的国际传播、中国文化遗产保护理念的国际话语权发展等问题提供参考借鉴。

Synopsis：The cultural exchange between China and France has gradually promoted since European missionaries traveled to China in the 17th century, including literature, culture, religion, art, and other fields. The westward spread of eastern learning provided rich research materials for thinkers and philosophers of the era of enlightenment and revolution in Europe in the 17th and 18th centuries, setting off a magnificent "Chinoiserie". The widespread dissemination of Chinese traditional culture was the basis for the recognition and popularity of architectural and garden in France at that period. This article addresses from the historical perspective the macro-historical environment in which Chinese traditional culture was recognized in France when Chinese architecture and garden style spread in France, explores the dissemination history of Chinese architecture and garden culture in France since the "Chinoiserie" period，and further analyze status quo of the spread of contemporary Chinese architecture and garden culture in France, then draws conclusion about the

1 张春彦，天津大学建筑学院；
francezcy@163.com。

current limitations and reasons of Western understanding of Chinese architecture and garden culture, and puts forward relevant suggestions. As both tangible and intangible cultural heritage, analyzing the dissemination process of Chinese architecture and garden culture in France could provide reference for its future international dissemination and the development of international discourse power for Chinese cultural heritage protection concepts.

关键词：建筑园林文化；中国文化传播；中法文化互动；中学西渐
Keywords：architecture and garden culture; Chinese culture dissemination; Sino-French cultural communication; westward spread of eastern learning

一、早期中国传统文化在法国的传播

被历史学家称为"现代早期"的 16—19 世纪，是欧洲注目中国，并开始受其强烈影响的时期。以耶稣会士的活动为主，法国开始了对中国的发现研究。随着中学西渐，法国人为了解中国而开始译介四书五经等中国书籍[2]。中国文明的基本要点，尤其是儒学，是在 16 世纪以后由传教士，主要是耶稣会士的介绍而传入法国的。沃尔特·李普曼（Walter Lippmann）对存在于当时中国制度中的"开明统治"和"自然法则"的解释，很大程度上说明了法国人心目中的中国形象的倾向[3]。

二、17—18 世纪中国传统文化在法国的传播与"中国热"

17—18 世纪，欧洲国家荷兰、英国、法国继早期的葡萄牙、西班牙之后，进入了大规模的殖民扩张时期。与早期来华传教士把传教作为首要的或唯一目的大不相同，法国的耶稣会士来华带着双重使命：一是传教，二是研究中国的文物制度、工艺美术、文学文化、风土人情、工商贸易，并通过书信的形式不断向国内汇报。17 世纪，耶稣会士把孔子、老子的学说及其著述翻译介绍到欧洲，身处启蒙时代、追求理性之光的欧洲思想家们发现，他们寻求的"理想国"和"乌托邦"，竟然与孔子以道德为基础的大同世界理想相吻合，于是赋予了中国社会与中国文化理想、先进等象征意义。而东方艺术的特有风味与异域魅力，则满足了欧洲各国从宫廷到民间搜奇猎艳的世俗口味。到路易十四统治后期的 18 世纪初，上至君王重臣，下至平民百姓，几乎无人不对中国怀有强烈的兴趣，在华传教士们的出版物成了热门读物，来自中国的商品受到热烈的欢迎，有关中国的消息和知识不胫而走，法国兴起"中国热"[4]。

三、17—18 世纪中国建筑园林在法国的传播

自 17 世纪开始，随着中西文化交流的发展，建筑的交流也进一步扩大和深入[5]。这一时期，法国的启蒙思想家一方面从中国借用伦理思想，甚至政治

2 郑晨.中国俗文学在法国的译介与接受 [D].南京：南京大学，2012.

3 程艾蓝，陈学信.儒学在法国：历史的探讨，当前的评价和未来的展望 [J].孔子研究，1989（1）：111–114.

4 陈建伟.法国耶稣会传教士与中法文化交流 [J].中国校外教育（理论），2008（S1）：856-857.

5 张春彦.西方建筑图像资料的东传：利玛窦，中西建筑文化交流的开拓者 [J].建筑师，2012（3）：89–93.

观念，掀起了更加深刻的"中国热"新高潮；另一方面，因英国已经进行了资产阶级政治革命，并开始了产业革命，从而对之大为倾倒。在艺术领域，继巴洛克艺术风格之后，洛可可艺术风格在法国发源，并很快遍及欧洲。欧洲艺术史界一般都认为洛可可风格是在中国艺术风格影响下产生的[6]，特别是在庭园设计、室内设计、丝织品、瓷器、漆器等方面。这一时期法国造园艺术同时受到中国和英国的影响而发生了变化，追求亲切而宁静的氛围，增加了许多自然的味道[7]。

18 世纪上半叶，法国的造园风格在整体上依旧延续安德烈·勒诺特尔（André le Nôtre）的手法，但园林空间更加具有人性，洛可可风格的轻柔飘逸渐渐代替了古典主义风格的庄重典雅；18 世纪中叶，法国启蒙思想家们借用孔孟的伦理道德观念作为反抗宗教神权统治的思想武器，并且随着海外贸易的开展，欧洲商人从中国带走了大量的工艺品，法国造园也进一步受到中国文化的影响，呈现出一种较高的东方文化特征；18 世纪下半叶，由于受到启蒙运动的思想文化潮流影响，造园艺术又发生了根本的变化，走上了浪漫主义风景式造园之路，对自然风景园林大为推崇。

马国贤神甫 1710 年来到中国，在清朝宫廷任职 13 年。他多次随康熙帝秋猎塞外，陪同至承德。1713 年奉康熙令按沈嵛所画木刻板，雕刻铜版画《避暑山庄三十六景》[8]。1723 年他离开中国并带 5 名中国学生返回意大利，1724 年途经伦敦被英王乔治一世（1714—1727 年）两次接见长谈。马国贤神甫离京带走的避暑山庄图，有一套被百灵顿伯爵（Lord burlington，1694—1753 年）收藏，这是西方国家较早看到的中国园林的具体影像（图 1、图 2），后期在法国被大量印刷出版发行[9]。

王致诚[10] 神甫在 18 世纪初从中国寄回的两本画册中内载圆明园版画 40 张和皇帝在北京城外兴建的"行宫"的图画"。这些画作出现在勒·胡日（Georges-Louis Le Rouge，1707—1790 年）1776—1789 年间出版的"英中式园林"（Jardins Anglo-Chinois）系列出版物内（图 3、图 4）。

6 赫德逊. 欧洲与中国 [M]. 王遵仲，李申，张毅，译. 北京：中华书局，1995：247.

7 张春彦，邱治平. 中国建筑园林影像在十八世纪的法国及其影响 [J]. 风景园林，2016（6）：44-51.

8 法文名 "L'Ambassade de la Compagnieorientale des Provinces Uniesversl'Empereur de la Chine ou du Grand Cam de Tartarie"，1665 年出版，书中记述并表现了南京大报恩寺的琉璃塔，以及在一个叫做 "Pékkinsa" 的村庄附近所看到的一些人工掇山。

9 邱治平. 华夏西渐法国十八世纪启蒙时期园林中的中国影像 [J]. 中国圆明园学会.《圆明园》学刊第八期——纪念圆明园建园 300 周年特刊，2008：64，69.

10 王致诚（Jean Denis Attiret，1702—1768 年），天主教耶稣会传教士，法国人，自幼学画于里昂，后留学罗马，工油画人物肖像。

图 1 1712 年沈嵛绘木版石矶观鱼 图片来源：大同书局. 御制恭和避暑山庄图咏 [M]. 大同：大同书局，民国.

图 2 马国贤版画石矶观鱼 图片来源：RIPA M. Matteo Ripa, peintre-graveurmis-sionnaire à la cour de Chine. Traduit de l'italien par christophe comentale[M]. Taipei: Ouyu Chubanshe, 1983.

图 3 圆明园碧桐书院版画 图片来源: LE ROUGE G-L. Jardins anglochinois: 14–17[Z/OL]. http://gallica.bnf.fr.　　图 4 圆明园紫云普护版画 图片来源: LE ROUGE G-L. Jardins anglochinois: 14–17[Z/OL]. http://gallica.bnf.fr.

18 世纪法国地图学家、版画家和建筑师勒·胡日其顾客主要是法国上层社会的贵族们。1776—1789 年间他出版了"英中式园林"又称"时尚的新式园林之细节"（Détail des Nouveaux Jardins à la Mode），共计 21 册，包含 496 幅版画。1785 年 10 月—1786 年 10 月所出版的第 14—17 册刊登了"中国皇帝的主要行宫"和《圆明园四十景图》，以及包括避暑山庄和中国各地名山寺院等共计 97 幅版画。

在 18 世纪后期的 25 年间，这些陆续出版的画册是提供中国建筑园林信息的一个主要资源，使得"英中式"园林艺术得以在整个欧洲传播。勒·胡日将画册直接命名为"英中式园林"，较早地使用了这一名词，要早于霍勒斯·沃波尔[11]（Horace Walpole，1717—1797 年）。在书中中作者也表达了对中国园林艺术的充分肯定，例如在第 15 册扉页写道："尊敬的谢菲尔伯爵[12]，曾在毕安库尔侯爵[13]在瑞典期间，向他介绍了北京的园林，并承诺在巴黎制作相应的刻本，以推动园林艺术的进步，因为众所周知，英国园林不过是对中国园林的模仿。[14]"

18 世纪时，法国耶稣会士编辑出版了"耶稣会士中国书简集""中华帝国全志"和"中国回忆录"等 3 部篇幅巨大的丛书。另外 17 世纪末期，耶稣会士李明（Louise le Comte，1655—1728 年）出版了《中国现状新志》一书。

"耶稣会士中国书简集"共 34 卷，其中 16—26 卷是关于中国的，包括 1743 年耶稣会的传教士王致诚给达索的信，详尽描述了圆明园。他对中国园林艺术的理解较深，所以其信文在欧洲被各种书籍一再转载。另外一位法国传教士蒋友仁神父（P. Michel Benoit，1715—1774 年），是长春园西洋楼大水法的设计人和施工主持人，在 1767 年给巴比翁（M. Papillon d'Auteroche）的信里，详细说到了中国皇家园林的特点。"中华帝国全志"共 4 卷，全部著作得自 20 多位传教士的研究成果，里面有涉及皇家园林和大府邸园林的描述，书中记述了畅春园和热河。"中国回忆录"共 16 卷，该丛书内收录有韩国英神父（Pierre Martial Cibot，1727—1780 年）文章，在第二、八两卷里各有一篇。前一篇是他用散文翻译的司马光关于独乐园的长诗，附有他自己写的一片短文，

11 霍勒斯·沃波尔（Horace Walpole），英国艺术史学家，文学家，辉格党政治家。

12 谢菲尔伯爵（Carl Fredrik Scheffer，1715—1786 年），1742—1752 年间任法兰西皇家全权公使。

13 毕安库尔侯爵（Charles de Biencourt，1747—1786 年），准将，曾多次造访北欧宫廷，并向国王和国务秘书汇报这些国家的情况。

14 LE ROUGE G-L. Jardins anglochinois[M]. Cahiers 15, 1776—1788.

论述了中国园林的一般特点。后一篇叫《论中国园林》，分两部分，第一部分是中国造园史，第二部分论述中国园林艺术的基本原则和手法。另外第三卷描述了中国花卉园艺温室，第八卷还描述了从广东到北京的沿途自然及人文景观，第十一卷论述中国植物、北京宫廷等。在《中国现势新志》里，李明描述了北京的皇宫、城门、南京的大报寺塔，以及庙宇、住宅、街道等等。在谈到园林时，他明确指出，中国花园的设计意图是"模仿自然"。虽然这说法不足以概括中国园林艺术的基本精神，但毕竟近似地指出了中国园林的外表特征。后来，欧洲人一般都说中国园林"模仿自然"，并且正是在这一点上，开始向中国学习的。

1770 年左右，风景式（如画式）园林登陆欧洲大陆，法国的园林爱好者放弃了直线和几何图案而采用曲线，追求自然和人文情趣。有了前面所述有关中国建筑园林的文字及图像的传播，以及当时社会启蒙思想的发展，这一自然化的园林风格应该受到了中国园林的一定影响，因此在法国也称这一类风格的园林为"英中式"。同时，这一时期的法国开始经常使用一些小型带有中国趣味的装饰性建筑物美化装饰园林。最初都是一些轻巧的建筑，以木质骨架坐落于石基之上，在立面上镶嵌木板。因为整体都较轻巧，所以时至今日，其中大部分都建筑物已消失不见。其中巴黎附近较著名的这一类园林包括埃默农维尔园（Parc d' Ermenonville）、海思德赛园（Le Désert de Retz）、梅雷维尔园（Parc de Méréville）以及凡尔赛小蒂亚依花园（Le Jardin de la Reine du Petit Trianon）等。具有中国趣味的建筑包括尚德露园内的塔（La pagode de Chanteloup，图 5），嘉桑园内的中国亭（Le pavillonchinois de Cassan，图 6），海思德赛园内的中式房子（La maisonchinoise du Désert de Retz，图 7）等。而最初两座有记载的具有中国趣味的建筑是位于凡尔赛宫花园内的蒂亚依瓷宫（Le Trianon de Porcelaine）和吕内维尔城堡内的三叶草亭（Le Pavilion Trèfle，图 8）。

法国 18 世纪启蒙时期，中国的建筑园林影像资料基本可以分为两种形式——文字和图像。文字，给人们留下了自由想象和阐释的空间，有时甚至经

图 5 尚德露园塔立面 图片来源：LE ROUGE G–L. Jardins anglochinois: 7[Z/OL]. http://gallica.bnf.fr.

图 6 嘉桑园内的中国亭照片

图 7 海思德赛园总平面 图片来源：LE ROUGE G-L. Jardins anglochinois: 13 册 [Z/OL]. http://gallica.bnf.fr.

图 8 三叶草亭立面，埃马纽埃尔绘 图片来源：邱治平，张春彦."华夏西渐：法国 18 世纪启蒙时期园林中的中国影像"展 [Z]. 天津：天津大学，2015.

常引致虚构捏造；影像，可以转变为一般范式化的图像，无论是否忠于中国的原型，这些影像的丰富和多面性将会导向西方艺术的多样性，如洛可可艺术等，尤其是对西方园林艺术产生了较大的影响。虽然总体来说，这些使节、传教士和商人的游记、书信，对中国园林艺术的介绍还是比较零碎、表面和肤浅的，不足以形成对中国园林艺术完整而真切的认识[15]，但后续法国出现的一系列自由式的园林以及园林内的中国趣味建筑作品，是中国建筑和园林文化对西方影响的直接佐证，与早期的文字图像一同成为中西园林文化交流的历史见证。

四、当代中国建筑与园林文化在法国的传播

17—18 世纪的英中花园热潮在 19 世纪开始逐渐冷落下来，19 世纪关于中国建筑和园林的只言片语 [格罗曼[16]（J. G. Grohmann）、路易·弗朗索瓦·德拉图[17]（Louis-François Delatour）] 也随着历史的长河逐渐淡出法国主流文化视野，但是西方对于中国文化的探索并没有因为历史条件限制而放缓脚步，而是逐渐扩展并形成体系。

18 世纪末、19 世纪初，文化传播的主要群体已经不再局限于传教士，而是出现了一批专门研究中国文化的学者——法国汉学家。19—20 世纪，这些法国汉学家从语言 [马伯乐（Henri Maspero）、汪德迈（Léon Vandermeersch）]、古籍和诗词绘画 [戴密微（Paul Demiéville）]、考古文物 [沙畹（Édouard Chavannes）]、历史与艺术 [勒内·格鲁塞（René Grousset）、保罗·欧仁·佩利奥（Paul Eugène Pelliot）、谢阁兰（Victor Segalen）、亨利·柯蒂埃（Henri Cordier）]、宗教和哲学思想 [弗朗索瓦·朱利安（François Jullien）]、社会民俗 [葛兰言（Marcel Granet）、谢和耐（Jacques Gernet）] 等多方面展开中国文化研究。当然，这里我们也不能忽略欧洲其他国家学者在中国建筑园林历史和艺术方面的论述对于法国学者的影响，例如葛兰言就有文章谈及瑞典艺术学家奥斯伍尔德·喜龙仁（Osvald Sirén, 1879—1966 年）关于中国建筑和园林文化的研究[18]，但本文主要关注的还是这一领域在法国本土的探讨。在这一时期，一些法国学者在论及中国传统哲学的宏观宇宙观在微观世界的体现时，或多或少会提及城市或乡村空间、建筑或园林，但并没有对中国建筑园林及其建造理念和文化内涵等相关内容进行系统的研究和论述。

15 窦武. 中国造园艺术在欧洲的影响 [C]// 清华大学建筑工程系. 建筑史论文集（第三辑）. 北京：清华大学建筑工程系，1979：117.

16 GROHMANN J G. Recueil d'idées nouvelles pour la décoration des jardins et des parcs dans le goût Anglois, Gothique, Chinois etc: offertes aux amateurs de Jardins Anglois et aux Propiétaires jaloux d'orner leurs possessions = Ideenmagazin für Liebhaber von Gärten, Englischen Anlagen: Und für Besitzer von Landgütern[M]. Leipzig: Baumgartner, 1789–1802.

17 DELATOUR L-F. Essais sur l'architecture des Chinois, sur leurs jardins, leurs principes de médecine, et leurs moeurs et usages: avec des notes. Deux parties[M]. Paris: impr. de Clousier, 1803.

18 GRANET M, OSVALD S. L'Architecture, t. 4 de L'Histoire des arts anciens de la Chine[J]. Journal des savants, 1931(2): 91–93.

19 清代陈淏子园艺专著《花镜》由 Jules Halphen 翻译并在 1900 年出版，葛兰言晚年搬到巴黎郊区居住后开始热爱土地与植物的栽培，看到了这本书的法语版，非常希望找到这本书的中文原版。石泰安受此启发开始关注中国园林造园艺术与哲学思想。

20 STEIN R F. Jardins en miniature d'Extrême-Orient[J]. Bulletin de l'Ecole française d'Extrême-Orient, 1942(42): 1-104.

21 STEIN R F. Architecture et pensée religieuse en Extrême-Orient[J]. Arts Asiatiques, 1957(IV): 163-186.

22 PIRAZZOLI-T'SERSTEVENS M. Architecture universelle/Chine[M]. Fribourg: Éditions Office du Livre, 1970.

23 PAUL-DAVID M. Pirazzoli-t'Serstevens, Michèle: Chine[J]. Arts asiatiques, 1973(26): 293.

24 CHARLEUX I. Thote, Alain. Anne Chayet（1943-2015）[J]. Arts asiatiques, 2016(71): 137-139.

25 DURAND A. Restitution des palais européens du Yuanmingyuan[J]. Arts asiatiques, 1988(43): 123-133.

26 DROGUET V. Les Palais Européens de l'empereur Qianlong et leurs sources italiennes[J]. Histoire de l'art, 1994(25/26): 15-28.

27 法国远东学院（École française d'Extrême-Orient）源于 1898 年在西贡成立的"中国—印度考古团"，1900 年更名为现在的"法国远东学院"，为专门研究东亚、南亚和东南亚文明的国家机构。该机构于 1962 年创建了《亚洲艺术》（Arts Asiatiques）杂志，成为法国关于亚洲文明的研究的代表性刊物。

28 PIRAZZOLI-T'SERSTEVENS M. Le Yuanmingyuan jeux d'eau et Palais Europeens du XVIIIe siecle à la cour de Chine[M]. Paris: Édition Recherche sur les Civilisations, 1987.

20 世纪中叶前后，受到前人关于中国研究的启发，少数法国学者开始将目光转向中国的传统建筑和园林文化[19]。石泰安（Rolf Alfred Stein，1911—1999 年）先从园林微景观的角度去解读中国在"景"的营造中所蕴含的山水文化与宗教哲学[20]，后又尝试在建筑与宗教哲学之间寻找这种内在关联性[21]。1964—1965 年间曾在北京大学进修的艺术和考古学家毕雪梅（Michèle Pirazzoli-t'Serstevens，1934—2018 年）于 1970 年出版了一本关于中国古代城市规划、建筑和园林的专著《中国建筑概述》[22]，其涵盖了多个方面：城市规划中的街区和市场、城墙与城门、桥、皇家宫殿、宗教建筑与陵寝、居住环境与园林、园林组成要素和山水理念、园林与绘画、私家园林、皇家园林、围合式庭院等等，并在书后附有平面图与地图。虽然以上提及的每一项大概只有 1 到 2 页的内容，但毕雪梅可以说是当代最早从整体上介绍中国建筑和园林文化的法国学者，其著作被认为"弥补了法国关于中国建筑研究这一重要领域的空缺"[23]。

主要研究藏族文化的安·沙叶（Anne Chayet）于 1983 年完成了关于热河行宫（承德避暑山庄）寺庙建筑研究的博士论文，同年加入了由毕雪梅主持的关于圆明园西式建筑和园林的研究[24]。1983 年圆明园被确立为"遗址公园"，地方上正在筹备公园的保护和整修工程，而有北京留学经历的毕雪梅受到当时地方政府相关部门的委托[25]，组建了一个汇聚多个学科领域（历史学\建筑学和园林学等）学者的研究团队[26]，对 18 世纪圆明园中的西洋建筑和水景营造进行研究和分析，以辅助圆明园保护整修项目。相关成果除了发表于法国亚洲文明研究代表刊物《亚洲艺术》[27]（Arts Asiatiques，1962 年创刊）杂志中，还在 1987 年出版成专著《圆明园——中国园林 18 世纪欧式建筑和水景》[28]。此次的研究任务为法国学者提供了解中国古典园林的机会，稍有遗憾的是，尽管在法国与此次项目相关的后续发表有提及"样式雷"资料，但由于该项目关注的研究对象仅为圆明园中西式建造的区域，所以并没有对园内的中国传统建筑和园林文化有进一步的挖掘。

20 世纪的后 20 年，法国关于中国建筑和园林的研究相对有所增多。法国华裔建筑师邱治平翻译的法语版《园冶》于 1997 年正式出版，成为至今法国为数不多的介绍中国园林的专业书籍。虽然此阶段法国社会针对该议题的大多探讨仍局限于与宗教政治背景相关的历史和考古艺术研究，并未真正的涉及中国建筑和园林文化艺术和手法，但是相关研究的发表逐渐拓展了法国社会关于中国文化以及中西文化交流的认知和探索，并且这一时期也有更多的法国学者开始关注当代中国的城市发展建设。例如，弗兰西斯·兰德（Françoise Ged）从 1980 年代开始关注上海，1991 年发表关于上海建筑图像的研究报告，并于 1997 年完成了关于上海城市结构和居住环境的博士论文研究。

恰逢 1997 年法国总统希拉克访华提出了中法在建筑领域加深交流与合作的项目，又称法国总统项目"150 名中国建筑师在法国"，这次中法在建筑文化领域的重要交流，所带来的不仅仅是中国建筑师的法国深造，也唤醒了更广泛层面上法国社会对于中国该领域的关注。这个项目同时也促使法国外交和文化等部门在 1997 年正式设立了"当代中国建筑观察研究所"[Observatoire de l'Architecture de la Chine Contemporaine，2001 年被纳入"建筑与遗产城"（Cité d'architecture et du patrimoine）的组成机构]，以促进中法建筑界、城市规划界、园林景观界和文化遗产界在教学、研究和工程领域间的合作。兰德于 1997 年便被任命为这一研究所的负责人，承接 150 名中国建筑师在法国的交流学习项目；同时与中国的高校及地方政府展开合作，使得一批法国师生有机会来到中国进行实地调研并开展中法联合工作坊，为法国教师与学生了解中国社会文化、城市发展、历史城镇和乡村传统风貌等开辟了一种新的途径。位于巴黎的研究所也会不定期地举办论坛或讲座，邀请中法专家就中国当代建筑、城市发展和社会文化等议题进行交流讨论。

21 世纪，法国关于中国传统建筑和园林文化的研究以及中法之间在该领域的交流明显增多。继译作《园冶》后，邱治平成立了法国华夏建筑研究学会，联合法国建筑师与北京高校、中国风景园林学会以及法国大使馆进行合作，对圆明园的保护利用开展研究，并发表中法文相关著作 [29-30]。接触到陈从周先生园林著作的顾乃安（Antoine Gournay）从 20 世纪末便开始发表一些与中国园林空间布局相关的研究 [31]，赫美丽（Martine Vallette-Hémery）的古典散文译作带法国读者领略中国山水园林意境 [32]，奥林热（Frédéric Obringer）阐述中国人的居住智慧——风水 [33]，谭霞客（Jacques Dars）将李渔所撰写的《闲情偶寄》译成法语出版 [34]，罗琳（Caroline Bodolec）深入中国乡村研究传统乡土建筑 [35]，幽兰（Yolaine Escande）在关于中国文化艺术的研究中也对山水文化 [36] 和文人园林 [37] 有所论述。随着中国现代化城市发展所引起的关注，更多关于中国当代城市、建筑和景观建设的研究也陆陆续续开始增多。

这些以中国为主要研究对象的知名学者大部分属于法国近代现代中国研究中心（Centre d'Études sur la Chine Moderne et Contemporaine, CECMC）。通过合并实验室于 1996 年成立的法国近代现代中国研究中心是隶属法国社会科学高等研究院（École des Hautes Études en Sciences Sociales, EHESS）的重点高等教研机构，汇集了各个领域研究中国的专家，与"建筑与遗产城"的当代中国建筑观察研究所共同作为中国研究以及中法合作交流的重要平台。

这些研究和交流合作带动着法国学界不断拓展对于中国各个领域的研究，让法国对于中国当代城市发展与建设、建筑设计、遗产保护等议题有了进一步的了解。2012 年，建筑师王澍获得普利兹克建筑奖为中国建筑领域带来了更大的关注度，其传统与现代结合的建筑美学，在更广泛的范围内传播了一种具有代表性的中国当代建筑风格，也让西方对于中国传统建筑美学有了新的认知。获奖当年，受到法国肖蒙城堡国际花园节主办方邀请的王澍和邱治平为活动分别设计了"亭云"和"华庐"两个作品，在园区展现了中国园林艺术。建筑和遗产城也多次邀请王澍到法国做讲座，并为其举办个人建筑展。

2021 年夏季，法国吉美亚洲艺术博物馆举办了关于亚洲园林的展览，通过书画和瓷器展示了中国传统园林与风景美学。兰德与建筑师乐晴（Héloïse

29 CHIU C B, BAUD-BERTHIER G. YUANMING Y. Le Jardin de la Clarte Parfaite[M]. Paris: [s.n.], 2000;

30 阿岚，邱治平，姬霞霓 . 圆明园遗址的保护和利用 [M]. 邱治平，等译 . 北京: 中国林业出版社，2002.

31 GOURNAY A. Le système des ouvertures dans l'aménagement spatial du jardin chinois[C]// Extrême-Orient, Extrême Occident. L'art des jardins dans les pays sinisés. Chine, Japon, Corée, Vietnam. 2000(22): 51-71.

32 VALLETTE-HÉMERY M. Les Paradis naturels: Jardins chinois en prose[M]. Arles: Editions Philippe Piquier, 2001.

33 OBRINGER F. Fengshui, l'art d'habiter la terre: Une poétique de l'espace et du temps[M]. Arles: Éditions Philippe Picquier, 2001.

34 LI Y, DARS J. Au gré d'humeurs oisives: Les carnets secrets de Li Yu: Un art du bonheur en Chine[M]. Arles: Éditions Philippe Picquier, 2003.

35 BODOLEC C. L'architecture en voûte chinoise: Un patrimoine méconnu[M]. Paris: Éditions Maisonneuve et Larousse, 2005.

36 ESCANDE Y. Montagnes et eaux: La culture du shanshui[M]. Paris: Hermann, 2005.

37 ESCANDE Y. Jardins de sagesse: En Chine et au Japon[M]. Paris: Seuil, 2013.

38 GED F, LE CARRE H. Architectures en Chine aujourd'hui, démarches écoresponsables[M]. Paris: Museo, 2022.

Le Carrer）在 2022 年初出版的关于《中国当代可持续建筑》[38] 一书中所介绍的案例很大部分都是关于新一代中国建筑师如何利用地方传统智慧和技术，因地制宜，就地取材来实现充满地方传统风貌特色的可持续建筑。王澍的获奖以及中国新形式的可持续建筑所受到的关注，都在传递着一个重要的信息，目前法国关注、欣赏和认同的中国建筑，不再是纯粹的西方建筑语言，而是融合地方传统文化特色的建筑和景观营建，与中国传统建筑美学密切相关。

纵观当代中国建筑和园林文化在法国的传播，不同于 17—18 世纪所引起的广泛社会影响，20 世纪中叶时只有少数汉学家对中国建筑和园林做拓展研究；而后一些学者通过学习汉语或在中国进修和生活，对相关内容有了更进一步了解和研究；随着 20 世纪末中法合作交流的增多，中国的社会发展和城市建设开始引起更多学者的关注，具有地方传统文化特色的当代建筑逐渐被法国学界所认可和青睐，但除了少数专业学者，这些关注更多地源于视觉审美方面的直观感受，而并非出于对中国园林文化的理解，这与该专业领域相关的书籍很少有法语版不无关系，《园冶》《长物志》和《闲情偶寄》是目前少数可以找到的法语版书籍，所以整体上在西方或法国社会层面的影响有限。

五、结语

党的十九大报告指出"文化自信是一个国家、一个民族发展中更基本、更深沉、更持久的力量"，党的二十大报告进一步指出须"增强中华文明传播力影响力"。在文化复兴和文化自信的大背景下，中国传统建筑和园林作为体现中国文化的最具象的代表，不仅仅是珍贵的物质遗产，也是非常重要的非物质文化遗产。国际遗产保护体系建立在西方理念和话语体系基础之上，东西方传统哲学思想的差异会让这些非物质的传统文化，特别是风景园林文化有时很难被解释和理解。如何让西方对于中国建筑和园林的建造不再仅仅停留在视觉审美层面，而是对于此类的非物质文化遗产更多的认知和认同？从 17—18 世纪中国传统文化以及建筑园林在法国的传播来看，需要结合中国文化及历史的研究，系统地将建筑园林类历史文化研究向西方翻译出版，才能够形成被认知和传播的社会文化环境，并在国际体系中具备一定的话语权。

参考文献

[1] 阿岚，邱治平，姬霞霓 . 圆明园遗址的保护和利用 [M]. 邱治平，等译 . 北京：中国林业出版社，2002.

[2] 陈建伟 . 法国耶稣会传教士与中法文化交流 [J]. 中国校外教育（理论），2008（S1）：856-857.

[3] 程艾蓝，陈学信 . 儒学在法国：历史的探讨，当前的评价和未来的展望 [J]. 孔子研究，1989（1）：111-114.

[4] 窦武. 中国造园艺术在欧洲的影响 [C]// 清华大学建筑工程系. 建筑史论文集（第三辑）. 北京：清华大学建筑工程系，1979.

[5] 赫德逊. 欧洲与中国 [M]. 王遵仲，李申，张毅，译. 北京：中华书局，1995.

[6] 邱治平. 华夏西渐法国十八世纪启蒙时期园林中的中国影像 [C]// 中国圆明园学会.《圆明园》学刊第八期——纪念圆明园建园 300 周年特刊，2008：64，69.

[7] 张春彦. 西方建筑图像资料的东传：利玛窦，中西建筑文化交流的开拓者 [J]. 建筑师，2012（3）：89-93.

[8] 张春彦，邱治平. 中国建筑园林影像在十八世纪的法国及其影响 [J]. 风景园林，2016（6）：44-51.

[9] 郑晨. 中国俗文学在法国的译介与接受 [D]. 南京：南京大学，2012.

[10] BODOLEC C. L'architecture en voûte chinoise：un patrimoine méconnu[M]. Paris: Éditions Maisonneuve et Larousse, 2005.

[11] CHARLEUX I. Thote，Alain. Anne Chayet（1943-2015）[J]. Arts asiatiques, 2016(71): 137-139.

[12] CHIU C B, BAUD-BERTHIER G. YUANMING Y. Le Jardin de la clarte parfaite[M]. Paris: [s.n.], 2000.

[13] DELATOUR L-F. Essais sur l'architecture des Chinois, sur leurs jardins, leurs principes de médecine, et leurs moeurs et usages: avec des notes. Deux parties[M]. Paris: impr. de Clousier, 1803.

[14] DROGUET V. Les Palais Européens de l'empereur Qianlong et leurs sources italiennes[J]. Histoire de l'art, 1994(25/26): 15-28.

[15] DURAND A. Restitution des palais européens du Yuanmingyuan[J]. Arts asiatiques, 1988(43): 123-133.

[16] ESCANDE Y. Montagnes et eaux: La culture du shanshui[M]. Paris: Hermann, 2005.

[17] ESCANDE Y. Jardins de sagesse: En Chine et au Japon[M]. Paris: Seuil, 2013.

[18] GED F, LE CARRE H. Architectures en Chine aujourd'hui, démarches écoresponsables[M]. Paris：Museo, 2022.

[19] GOURNAY A. Le système des ouvertures dans l'aménagement spatial du jardin chinois[C]// Extrême-Orient, Extrême Occident. L'art des jardins dans les pays sinisés. Chine, Japon, Corée, Vietnam. 2000(22): 51-71.

[20] GRANET M, OSVALD S. L'Architecture, t. 4 de L'Histoire des arts anciens de la Chine[J]. Journal des savants, 1931(2): 91-93.

[21] LI Y, DARS J. Au gré d'humeurs oisives: Les carnets secrets de Li Yu: Un art du bonheur en Chine[M]. Arles: Éditions Philippe Picquier, 2003.

[22] OBRINGER F. Fengshui, l'art d'habiter la terre: Une poétique de l'espace et du temps[M]. Arles：Éditions Philippe Picquier, 2001.

[23] PIRAZZOLI-T'SERSTEVENS M. Le Yuanmingyuan jeux d'eau et Palais Europeens du XVIIIe Siecle à la cour de Chine[M]. Paris: Édition Recherche sur les Civilisations, 1987.

[24] STEIN R A. Architecture et pensée religieuse en Extrême-Orient[J]. Arts Asiatiques, 1957(IV): 163-186.

[25] STEIN R F. Jardins en miniature d'Extrême-Orient[J]. Bulletin de l'Ecole française d'Extrême-Orient, 1942(42): 1-104.

[26] VALLETTE-HÉMERY M. Les Paradis naturels: Jardins chinois en prose[M]. Arles: Editions Philippe Piquier, 2001.

城市更新视角下 "一江一河" 滨水岸线公共空间研究

Research on Waterfront Corridors and Public Spaces of " Huangpu River and Suzhou Creek" from the Perspective of Urban Renewal

刘 刊[1] 周 毅 荣[2]

LIU Kan ZHOU Yirong

摘要：上海滨水（水岸）开发是驱动当代上海城市更新的核心力量之一，国际的设计公司、中国的大型设计院与个人建筑师都参与了上海黄浦江滨江带的更新开发项目。上海黄浦江两岸采取总体规划、分段开发与独立项目设计的开发模式，通过公共空间的贯通串联，形成了带状空间，这一空间同时成为一条当代建筑实践展廊。本文以此为研究背景，收集了时间横跨 2009—2023 年共 76 件滨水项目（含在建项目）的基本信息，以数据驱动探讨不同时期、不同类型的项目（机构）如何在水岸空间中分布、叠加与群聚。在不同时期，本文对于三类设计机构间的合作关系、参与项目类型的倾向以及实践项目分布进行分析，总结出各类设计机构在面对水岸更新命题时的策略倾向，反映了全球性与本土性的城市更新经验的交织。本研究希望呈现出国际经验及本土实践如何重塑上海滨水空间，同时也对于上海 "一江一河" 近十年的发展做出梳理和总结，兼论建筑全球化对当代都市空间和实践策略的影响。

Synopsis：The development of Shanghai's waterfront（riverside）areas is one of the core forces driving contemporary urban renewal in Shanghai. International design firms, large Chinese design institutes, and individual architects have all participated in the renewal and development projects along the Huangpu River waterfront in Shanghai. The development mode for both sides of the Huangpu River involves master plan, phased development, and independent project design. By connecting public spaces, a linear space has been formed, which has also become a gallery of contemporary architectural practice. This paper, using this as the research background, collected basic information on 76 waterfront projects spanning from 2009 to 2023（including projects under construction）. It explores, through a data-driven approach, how projects（institutions）of different periods and types are distributed, overlapped, and clustered in the waterfront space. The paper analyzes the cooperation relationships

1 刘刊，同济大学建筑与城市规划学院；2033776@tongji.edu.cn。

2 周毅荣，同济大学建筑与城市规划学院。

between three types of design institutions at different times, their tendencies towards participating in project types, and the distribution of practical projects, summarizing the strategic tendencies of various design institutions when facing the challenge of waterfront renewal. This reflects the interweaving of global and local experiences in urban renewal. This study aims to present how international experience and local practice reshape the waterfront spaces of Shanghai and also reviews and summarizes the development of Shanghai's "Huangpu River and Suzhou Creek" over the past decade. Additionally, it discusses the impact of architectural globalization on contemporary urban spaces and practice strategies.

关键词：一江一河；城市更新；滨水空间
Keywords：Huangpu River and Suzhou Creek; urban renewal; waterfront space

一、"一江一河"发展背景

从世界文明起源到城市发展历程来看，河流一直扮演着举足轻重的角色，上海地处江南水系网络，汇集苏州河、黄浦江两条主要河流，因此繁盛的水系也奠定了上海这座城市商贸繁荣的基础。黄浦江如同上海的经济大动脉，推进了上海的城市发展，自 1843 年开埠以来，上海的近代城市发展拉开帷幕，随着城市工业化进程的发展与推进，近代工业也向滨江南北两个方向发展，逐渐确立了上海成为中国经济中心城市的核心地位[3]。苏州河是太湖流域洪水入海的主要河流，同时也是和上海之间的重要运输渠道，因此曾经孕育出大批的上海民族工业，也奠定了上海工商业的发展脉络，在今夕的对比间成为记录城市风貌变迁的重要印记。

1990 年代，上海的核心发展区域以黄浦区沿江区域为中心，但此时的浦东与浦西间的发展有着巨大的隔阂，"东城西乡"的发展格局使得浦东地区的城市化进程缓慢，与此同时工业发展区域主要集中于苏州河沿岸、杨浦滨江以及龙华地区滨江，因此这段时期上海滨水区域主要以服务产业发展的功能导向为主。随着 1990 年国务院提出浦东开放政策以及 1993 年浦东新区设立，黄浦江两岸的发展逐渐拉平，浦东新区则承担了华东地区的经贸、金融、交通枢纽等方面的多项重要功能。这段时期的苏州河，于 1996 年开始全面启动苏州河环境综合整治项目[4]，从 1996—2018 年期间一共进行了四阶段环境整治工程，苏州河的水质和综合环境得到明显改善和提升。由于苏州河流经大量居民区，因此苏州河的整治逐渐引起了上海市民对于生态的重视，成为城市生态文明意识发展的起点。2005 年洋山港开港后，黄浦江的货物运输功能逐渐褪去，如原先的十六铺码头、民生码头的货物装卸功能逐渐被取消，同时港口的仓储用地得到相应的解放，如此一来大量的滨水空间将被释放并需要重新进行规划。

2010 年是上海"一江一河"公共空间建设中最重要的一次转折，世界博

3 《上海改革开放 40 年大事研究》丛书出版 [J]. 上海地方志，2018（3）：2.

4 柯文. 苏州河"华丽转身"靠什么？[N]. 上海科技报，2022-09-28（1）.

览会展区选择黄浦江两岸现有地块进行改造,将当时沿江的两座工厂江南造船厂和上海第三钢铁厂进行迁移,同时将保留的部分工厂遗址改造为展馆,为上海的城市发展留下一些记忆。改造前后的新旧对比极好地体现了"城市,让生活更美好"这句口号所传达的理念。世界博览会的成功举办奠定了黄浦江两岸未来发展的文化形象,同时也促进了之后的徐汇滨江改造、浦东前滩与后滩地块的开发建设。

在 2015 年党的十八届五中全会中提出了五大发展理念,分别是"创新、协调、绿色、开放和共享",2015—2017 年三年时间,黄浦江两岸 45 km 公共空间实现贯通开放,2018—2020 年又经历了三年时间,苏州河两岸 42 km 基本完成贯通开放,而"一江一河"正是这五大发展理念的最佳实践区。2019 年举办的上海城市空间艺术季以杨浦滨江南段 5.5 km 滨水公共空间为主展场,将原上海船厂旧址地区(包括船坞和毛麻仓库)作为主展馆片区,让黄浦江杨浦段滨江空间的百年工业遗址全面开放,形成"工业遗存博览带、原生景观体验带、三道交织活力带"的"三带"融合国际一流滨水空间,此外也是对于"一江一河"贯通建设成果进行一次阶段性的展示[5]。"一江一河"整体项目项目贯穿多个行政区,各个行政区之间求同存异,在保存区段特色的同时体现协同发展的理念。"一江一河"聚焦市民需求,以人民为中心推动着黄浦江与苏州河两岸的持续建设与发展,在这一长段城市的核心带中,杂糅了多元功能的复合、人文与历史的荟萃以及景观空间品质的提升。

2020 年上海发布《黄浦江沿岸地区建设规划(2018—2035)》《苏州河沿岸地区建设规划(2018—2035)》,拓展"一江一河"建设规划范围,黄浦江范围自闵浦二桥至吴淞口,长度增加为 61 km,苏州河拓展至上海市域段全段,长度为 50 km。黄浦江沿岸的发展目标被定位为国际大都市发展能级的集中展示区,苏州河沿岸则被定位为特大城市宜居生活的典型示范区,总体将按照建设世界级滨水区为最终发展目标。黄浦江与苏州河见证着上海的城市发展与历史文明的更迭,因此"一江一河"不仅对上海这座城市来说有着地理意义,同时也象征着海派文化、现代艺术以及工业锈带等文化符号的融合,以江河文化激发城市魅力,以打造世界级滨水区为目标,建设具有世界影响力的国际化大都市[6]。

二、"一江一河"项目概况与趋势

本文搜集到"一江一河"项目总数为 96 件,将项目的类型以滨水建设、建筑更新、商办文娱、服务交通 4 个类型进行初步归类,再将各项目类型与空间点位分布情况进行可视化呈现(图 1)。因"一江一河"项目的性质多以滨水空间为主,所以滨水建设类型占据最多项目数量;而前滩、董家渡、西岸等地区的商办金融区规划策略,使得商办文娱类成为第二多数量的项目类型(图2)。从整体项目的完工时间情况来看,2021 年以前完工项目(含 2021 年)为 80 件,预计 2022 年以后完工项目总数为 16 件,其中,自从 2010 年上海世界博览会举办结束至 2019 年城市空间艺术季举办这一期间,滨江更新与新建

5 王晨. 以文化事件为触媒的城市公共空间微更新的设计策略研究:上海实践案例分析 [D]. 南京:东南大学,2021.

6 华霞虹,庄慎. 以设计促进公共日常生活空间的更新:上海城市微更新实践综述 [J]. 建筑学报,2022(3):1-11.

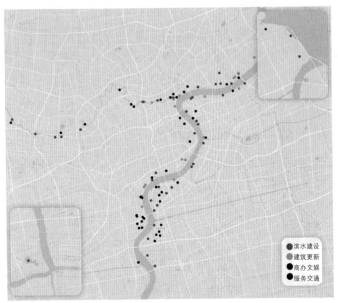

图 1 项目点位分布图

图 2 项目类型占比图

项目的平均年增长率为 31.80%,其中 2019 年所完成的项目数量最多,为 19 件,其次为 2017 年,完成项目 10 件。2019 年之后的滨江项目数量递减,下降率为 56.32%。除此之外,以 2022 年为节点有 13 个项目正在进行中,大部分集中于徐汇滨江、西岸以及前滩地区。

从滨水项目类型以及区域分布总体来看(图 3、图 4),2016—2019 年间以景观类及更新类项目为主,其中大部分项目分布于浦东新区以及杨浦区两个行政区内。在未建成项目中,商业与办公占比较大,其中徐汇西岸地块具有的项目数量较多。再以行政区划分单独分析,浦东新区因行政区划范围较大,贯穿完整的黄浦江东岸,因此在项目类型、数量、完整度以及项目之间的连贯性上最优。杨浦区因历史因素,拥有大量工业遗址,同时 2019 年的上海城市空间艺术季以杨浦滨江作为主展区,因此集中在 2019 年前后以更新及景观类项目为主要类型。徐汇区前期滨江项目主要集中于 2010 年上海世界博览会用地的更新与改造,中后期相继进行西岸艺术中心与西岸智慧谷的建设项目,使得徐汇滨江的整体贯通更加完善。虹口区因滨江岸线较短,且主要用地已被航运

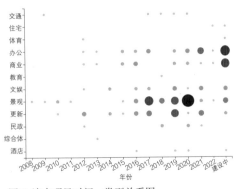

图 3 滨水项目时间—类型关系图

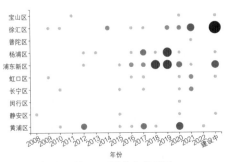

图 4 滨水项目时间—区域分布关系图

业务功能占据，因此项目数上不占优势。黄浦区除去北段外滩历史保护区外，南段主要以外滩SOHO、外滩金融中心、董家渡金融中心所串联起来，以商业及办公项目为主。宝山区及闵行区由于距离核心段较远，因此项目数量最少且多为景观类项目。

三、黄浦江滨江项目分析

通过对76件黄浦江滨江项目基本信息的统计与研究，将参与的设计机构类型主要分为三类：一是境外事务所，二是境内事务所，三是境内大型设计院，总计68家设计机构。其中境外事务所有27家参与设计，占比39.71%；参与项目共48件，占比63.16%。境内事务所有25家参与设计，占比36.76%；参与项目共47件，占比61.84%。境内大型设计院有16家参与设计，占比23.53%；参与项目共58件，占比76.32%。根据参与设计机构与黄浦江滨江项目类型数据（图5）分析，项目种类占据比例最大的分别是景观、商业及办公，其中商业与办公项目大多以境外事务所与境内大型设计院合作的形式完成项目设计，其次境外事务所占比适中的景观类、文娱类及更新项目也都有境内大型设计院进行合作设计。在境内事务所占比较大的景观类及更新项目中，大部分项目也需境内大型设计院参与设计。综上所述，不论是境外或是境内事务所，中大型项目的设计皆以事务所与大型设计院合作设计的形式完成项目设计。

在境外事务所中，项目数量占比较大的KPF建筑事务所参与的7件项目设计，分别是董家渡金融商业中心、西岸智慧谷、西岸传媒港、央视上海总站、

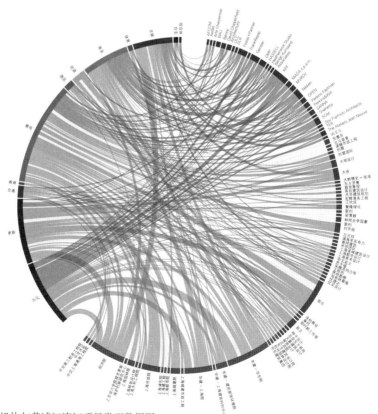

图5 参与设计机构与黄浦江滨江项目类型数据图

前滩中心、前滩媒体城西区以及晶耀前滩，项目大多分布在黄浦区滨江南端至徐汇滨江与浦东新区前滩地区，类型以商业及办公为主。其次，晋思（Gensler）、GMP 建筑师事务所（Architekten von Gerkan, Marg und Partner, GMP）与福斯特建筑事务所（Foster+Partners）皆参与 3 件项目设计。其中，Gensler 参与的西岸智慧谷、西岸传媒港、上海中心大厦三个项目，凸显了 Gensler 的超高层建筑设计优势；GMP 参与的南外滩滨水岸线公共空间设计（复兴东路轮渡站至南浦大桥）、外滩 SOHO、上海东方体育中心综合体育馆游泳馆项目，包含景观、商办及体育建筑等类型，项目多元的类型体现 GMP 的多元设计能力；Foster+Partners 参与的外滩金融中心、西岸智慧谷、阿里巴巴徐汇滨江 T 地块项目，皆以办公类建筑为主。

在境内事务所中，项目数量占比较大的有原作设计工作室 10 件、大舍建筑设计事务所 5 件以及刘宇扬建筑事务所 4 件。其中，原作设计工作室参与项目有杨树浦电厂遗址公园、杨浦滨江公共空间二期、人人屋、杨浦滨江公共空间示范段、黄浦江东岸滨江公共空间、灰仓美术馆、绿之丘、明华糖厂、上海当代艺术博物馆、白莲泾 M2 游船码头，参与项目类型多以景观及改造为主，集中于杨浦滨江段；大舍建筑设计事务所参与的项目有杨树浦六厂滨江公共空间更新、龙美术馆西岸馆、民生码头八万吨筒仓、上海艺仓美术馆及其长廊、日晖港步行桥，参与项目类型以文娱建筑以及遗址改造为主；刘宇扬建筑事务所参与的项目有杨树浦六厂滨江公共空间更新、上海民生码头水岸景观及贯通、洋泾港步行桥、民生轮渡站，参与项目类型以滨江岸线连通、景观构筑以及遗址改造为主。

在境内大型事务所中，项目数量占比较大的有华建集团华东建筑设计研究院 15 件、同济大学建筑设计研究院 11 件以及华建集团上海建筑设计研究院 9 件。其中，华建集团华东建筑设计研究院独自设计项目 4 件，与境外设计机构合作设计项目 6 件，与境内设计机构合作项目 3 件，与境内境外共同合作设计项目 2 件；同济大学建筑设计研究院独自设计项目 1 件，与境外设计机构合作设计项目 7 件，与境内设计机构合作设计项目 2 件，与境内境外共同合作设计项目 1 件；华建集团上海设计研究院与境外设计机构合作设计项目 6 件，与境内境外共同合作设计项目 3 件。

从项目建成时间分析，首先对黄浦江滨江项目的建成年份进行分类排序，其次对参与项目的设计机构类型进行分类。除去在建项目以外，主要项目完成的时间集中分布于 2016—2020 年期间，从设计机构类型来看，这段时间境外事务所、境内事务所以及境内大型设计院三类皆占据大量的项目比例。

从境外事务所黄浦江滨江项目年份分析图（图 6）中可以看出，境外事务所在参与滨江项目的年份上缺乏一定的连贯性，大部分的事务所在滨江项目中仅参与过一次设计，占比为 55.56%。从年份分布来看，在建项目占据较大比例，共占比 40.81%，其中大部分参与在建项目的设计机构均在 2022 年以前的年份有其他建成的滨江项目，依整体趋势来看，境外事务所在滨江项目参与的数量

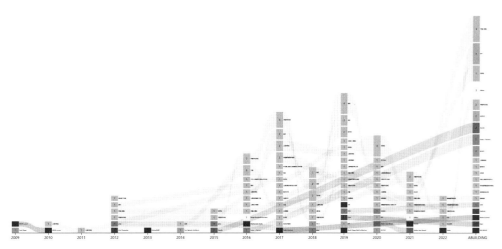

图 6 境外事务所黄浦江滨江项目年份分析图

上有上升趋势。

从境内事务所黄浦江滨江项目年份分析图（图 7）中可以看出，境内事务所参与的滨江项目建成年份分布具有一定的集中性，且大部分项目集中于 2016—2020 年期间，共占比 81.25%，其中原作设计工作室在 5 年期间皆有项目完成，在 2019 年更是有 4 件完成的滨江项目，其次是大舍建筑设计事务所、刘宇扬建筑事务所、致正建筑工作室以及大观景观设计，这些境内事务所在这 5 年期间，于项目的数量上以及连续性上皆有较好的表现。

从境内大型设计院黄浦江滨江项目年份分析图（图 8）中可以看出，大型设计院在项目完成年份的覆盖范围普遍较广泛，连续有项目完成的时间跨度也较大，这得益于 73.68% 的滨江项目采用境内或境外事务所与境内大型设计院合作的设计形式完成，因此在境内大型设计院参与滨江项目设计的年份分布上、境外与境内事务所参与滨江项目的年份分布上有高度正相关性。在被选择作为合作设计对象的大型设计院中，以华建集团华东建筑设计研究院、同济大学建筑设计研究院、华建集团上海建筑设计研究院、上海市政工程设计研究总院以

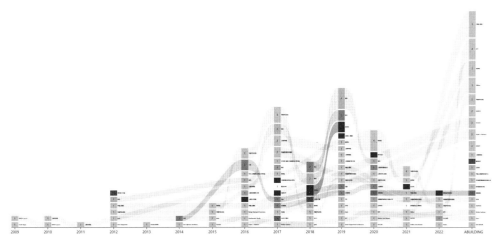

图 7 境内事务所黄浦江滨江项目年份分析图

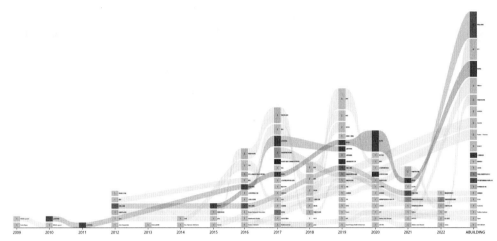

图 8 境内大型设计院黄浦江滨江项目年份分析图

及华建集团建筑装饰环境设计研究院为主要的合作对象。在参与的 16 家设计院中，这 5 家设计机构所参与的项目占所有设计院参与项目的 79.31%，其中属于华建集团旗下的设计机构占比就高达 50%。可见不论是境内或者境外事务所，其选择的合作设计机构，与机构本身的实力与规模、设计能力以及往期项目完成的质量上有高度相关性。

四、苏州河滨水项目分析

通过对 20 个苏州河滨水项目基本信息的统计与研究，将项目依照文娱、民政、酒店、景观、更新、办公 6 种类型进行分类（图 9），共计 21 家设计机构参与苏州河滨水项目。其中，境外事务所有 4 家参与设计，占比 19.05%，参与的项目类型以景观及更新项目为主，具有代表性的更新项目有戴卫·奇普菲尔德建筑事务所（David Chipperfield Architecture）参与设计的洛克·外滩源，景观项目有 BAU 的临空滑板公园；境内事务所有 11 家参与设计，占比 52.38%，其中原作设计工作室拥有较高的占比，在苏州河岸飞鸟亭、介亭、丸子公园和中石化一号加油站等项目中，以景观项目为主导；境内大型设计院有 6 家参与设计，占比 28.57%，其中以华建集团华东设计院占比较高，项目类型涵盖办公、更新以及酒店项目，多以合作设计的形式完成。

项目建成时间分析：基于苏州河滨水项目的建成年份进行分类排序（图 10），除去在建项目以外，主要项目完成的时间集中分布在 2020—2021 年。2019 年的上海城市空间艺术季以城市滨水空间作为主题，因此逐渐引起上海对于滨水空间品质的重视。

从设计机构与苏州河滨水项目年份分析图（图 10）中可以看出，在所搜集到的苏州河滨水项目中，境外事务所参与设计的项目主要分布于 2020 年以前，且大部分仅参与一次项目。相较之下境内事务所在参与项目的数量上占据一定的优势性，其中原作设计工作室依据自身在杨浦滨江所进行的滨江更新实践的经验优势，在苏州河滨水空间所进行的景观项目对现今苏州河滨水空间品

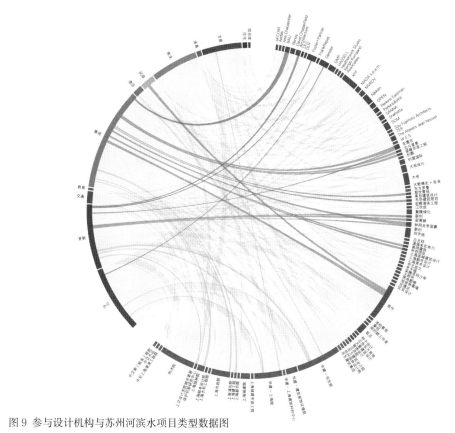

图 9 参与设计机构与苏州河滨水项目类型数据图

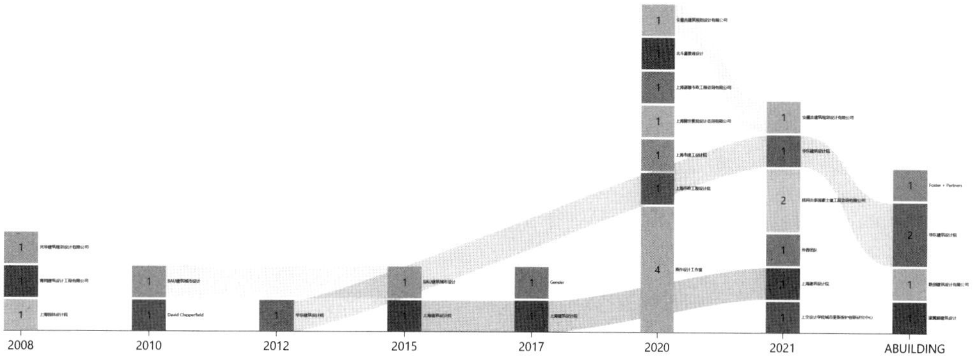

图 10 设计机构参与苏州河滨水项目年份分析图

质提升起到了一定的作用。境内大型设计院由于大多数以合作设计的形式参与项目，因此在项目年份的覆盖广度以及整体数量上都具有优势，其中以上海本土华建集团的华东建筑设计研究院以及上海建筑设计研究院参与的项目数量较多。

五、参与"一江一河"项目境外事务所的上海项目分析

除此之外，针对境外事务所的部分又进行了深度的研究，以参与滨水项目的 27 家境外事务所为核心，共搜集了 165 件在上海所进行的其他项目。从境外事务所在上海参与滨水项目数量比例图（图 11）中可以看出，GMP、Gensler、KPF、Benoy 以及 HASSELL 5 家设计机构占据了 55.76% 的项目总量，而 SANNA、W.E.S. Landscape Architecture 以及 Snøhetta 则各仅有 1 项上海项目，

同时这些项目也包含于前面的滨江项目分析当中，且均为在上海的首个落地项目。

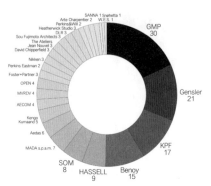

图 11 境外事务所在上海参与滨水项目数量比例图

基于参与滨水项目的境外事务所在上海参与滨水项目的完成时间及类型桑基图（图 12）的分析可以看出，境外事务所在上海所涉及的建筑类型多元，涵盖了民政、综合体、居住、娱乐、体育、商业、零售、酒店、景观、教育、交通、更新、产业以及办公等多种建筑项目类型。其中，参与项目数量在 10 件以上的事务所有 GMP、Gensler、KPF 以及 Benoy，其主要涉及的项目类型以商业及办公为主，同时这两类项目也占整体的 61.31%。在建成年份的分布上整体呈现较为均匀的状态，同时在参与项目数量的关系上，也呈现出数量越少而项目时间相对越晚，项目数量越多而项目所涵盖的时间范围越广且时间分布越均匀的情况。

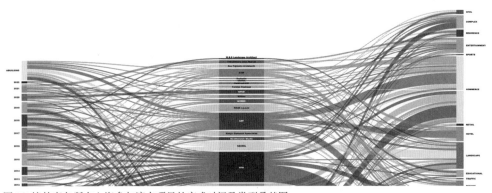

图 12 境外事务所在上海参与滨水项目的完成时间及类型桑基图

六、结语

基于"一江一河"滨水项目的多方角度分析，可以看出不同时段滨水空间发展情况、项目类型与不同建筑机构之间的相互影响关系。除了政策的发展变化与城市更新策略的变化影响外，境外事务所在对于参与项目的选择上通常更加倾向于自身具有优势的项目类型，其实践为上海带来具有独特性、试验性以及前瞻性的优质建筑项目。同时，境外事务所与境内大型设计院的合作项目也促进了彼此的技术交流，让境外事务所可以逐渐了解中国落地项目的本土文化及传统底蕴，也为内地前沿机构带来新的设计思路与新技术。

境内建筑事务所则大致分为 2 种类型：一种是在滨水进行一系列实践项目的以高校、实践为主导的建筑师；一种是以商业项目为主导的民营中大型建筑设计机构及事务所。前者往往与相关学科的学术界以及国际建筑界有着广泛的交流与合作，具有拓宽国际视野以及机会，所参与的实践项目也具有一定的先锋性与试验性，因此在滨水项目中往往负责多个项目甚至是一连串的项目集群，在本土的创新项目中具有发挥优势[7]；后者由于受到自身经营策略或核心

7 刘刊. 同济中生代建筑师事务所机构群体略论：以"同济八骏"为例 [J]. 时代建筑，2018（5）：56-59.

竞争力等因素影响，在项目参与的数量及连贯性上都不具有显著优势。由此可以看出，"一江一河"项目的成功除了归因于具有明确的阶段性规划以及强大的实践能力外，也要归因于不同设计机构间的合作与相互影响起到的创新推进作用，城市滨水空间的建设持续保持多元化，对未来的城市的整体发展也起到了积极正面的影响。

参考文献

[1] 丁凡，伍江.上海黄浦江水岸发展的近现代历程及特征分析[J].住宅科技，2020，40（1）：1-9.

[2] 华霞虹，庄慎.以设计促进公共日常生活空间的更新：上海城市微更新实践综述[J].建筑学报，2022（3）：1-11.

[3] 柯文.苏州河"华丽转身"靠什么？[N].上海科技报，2022-09-28（1）.

[4] 刘刊.同济中生代建筑师事务所机构群体略论：以"同济八骏"为例[J].时代建筑，2018（5）：56-59.

[5] 《上海改革开放40年大事研究》丛书出版[J].上海地方志，2018（3）：2.

[6] 上海市规划和自然资源局.黄浦江、苏州河沿岸地区建设规划[R]，上海：上海市规划资源局，2020.

[7] 上海市规划和自然资源局.一江一河：上海城市滨水空间与建筑（汉英对照）[M].上海：上海文化出版社，2021.

[8] 王晨.以文化事件为触媒的城市公共空间微更新的设计策略研究：上海实践案例分析[D].南京：东南大学，2021.

基于社会公平性的体育中心复合化设计——
南京六合复兴桥体育中心设计

Comprehensive Sports Center Design Based on Social Fairness — Nanjing Luhe
Fuxing Bridge Sports Center Design

李 焱[1]

LI Yan

摘要：当代中国建筑创作文化反映了当下中国的社会文化，面对快速发展带来的不平衡问题，社会公平性变得愈发重要。大型公共建筑创作实践中，如何推进社会公平性，是值得讨论的问题。后疫情时代，健康需求变成全民需求，所以在体育中心设计创作实践中，需要考虑基于社会公平性的综合设计策略。

Synopsis：Contemporary Chinese architectural design culture reflects the current Chinese social culture. Facing the problems of inequality brought by rapid development, social fairness has become more and more important. It is worthwhile to discuss the issue of promoting social justice in the design of large-scale public building. In the post-epidemic era, the needs of mental and physical health have become an essential issue across the nation. Therefore, in the practice of sports centers design, it is necessary to consider integrated design strategies based on social fairness.

关键词：体育中心；社会公平性；社区多样性；非正式运动空间；平疫结合
Keywords：sports center; social fairness; community diversity; informal action space; integration of epidemic prevention and control for normal time and emergency

　　中国早先建设的传统体育中心多以赛事举办为主要目的，采用封闭独立的空间体量组合。很多造价昂贵的传统体育中心在赛事结束后进入萧条状态，很难融入城市生活，也很难吸引不同收入群体和不同年龄段的市民积极参与。

　　随着社会的进步，现代的市民对个人健康的重视，促进了日常性的体育活动的空间需求不断增长。我国 2016 年发布了《"健康中国"2030 规划》，党

1 李焱，南京市建筑设计研究院有限责任公司；liy@njadi.com。

的十九大也提出了明确实施"健康中国战略",将全民健康提高到国家战略高度。

健康公平是社会公平的重要组成,是一项基本人权,健康公平指向了不同社会成员都享有同等的健康权利。进入 21 世纪,在相关政策、市场成熟等条件下,我国体育健康产业有了长足的发展,但实际生活中仍存在多方面的健康不平等的问题。针对这一问题,国外相关学者史蒂夫·巴腾(Steef Baeten)等[2]的研究表明我国的健康不平等和居民收入不平等存在相关性,并和国家平均收入增长不相关。高收入群体的平均体育锻炼投入高于低收入群体,健康水平也同样高于低收入群体。国内学者通过对居民的调查问卷中得出,居民参加体育锻炼呈现出中青年运动较多、教育程度越高运动参与更多、收入越高运动参与越多的特点。其原因主要体现在年龄差异、收入差异、教育差异以及运动时间等群体差异上。

2 BAETEN S, VAN OURTI T, VAN DOORSLAERA E. Rising inequalities in income and health in China: Who is left behind[J].Journal of Health Economics, 2013, 32(6): 1214-1229.

本文通过南京六合复兴桥体育中心设计实践,探讨基于健康公平性的一系列具体设计策略。南京市六合区人均体育面积接近全市人均面积,但面向社会开放的体育面积却较低,所以政府考虑新建六合区复兴桥体育中心。项目总体规划将不同功能整合,采用环绕式布局,场地内部通过建筑围合出一片公共场地,形成 5 700 m² 的中央体育公园,可以满足多种场馆联动、灵活多变的使用需求,鼓励社区居民能在此聚集、休憩、游玩和运动。

一、基于社区多样性的复合化设计

社区多样性是城市可持续发展中的一个重要属性,也反映了社区生活中社会活动参与以及公共活动参与的丰富度和频率。简·雅各布斯在《美国大城市死与生》中提到:"城市生活就是复杂、多样且混乱的。"不同年龄、不同性别、不同教育程度、不同收入程度以及不同基础配套设施需求等群体差异性带来了城市的活力和社区的多样性。这种多样性的结果是可以促进交往、消费、休闲、工作以及教育等相关社会行为,也在一定程度上促进了社会的公平循环以及可持续发展。

1997 年,国家体委等联合发布的《关于加强城市社区体育工作的意见》明确了社区体育的定义。随着社会的发展,社区体育从区域性的群众体育逐步走向休闲、体育、消费、文化、培训、社区服务等多功能为一体的综合体育活动。社区体育建筑面向不同群体,通过复合化设计,对业态重新组合,构建新的模式,以增强社区居民的吸引力和建筑本身的可持续性,减少群体的年龄和教育差异,并在一定程度上促进了不同代际年龄运动锻炼时间的重组。基于多样性的复合化设计主要考虑两个主导因素:功能业态复合化和空间复合化利用。

1. 功能业态复合化

当下中国体育中心的建设从集中走向社区化,注重和社区市民的生活圈相结合。由于社区的多样性,需要对多功能进行复合化设计,重点考虑"体育 + 社区商业""体育 + 青少年培训"以及"体育 + 社区医疗"等复合策略(图 1)。

体育中心和社区商业的结合，使得商业消费的行为带动了整个体育中心的日常人流，日常性的消费行为给体育中心健身运动带来黏性，避免设施的浪费。社区商业的盈利也为整体体育中心的运营提供了一定程度上的运营资金支撑。体育中心明确的主题提升了商业零售的体验感，也为社区商业带来人流，带动了零售餐饮等消费行为，形成了互相依存的关系。

图 1 功能复合化图解

体育中心和青少年培训的复合化，通过课外培训的方式促成不同代际的共通，让家长和学生可以在相同时间段进行运动健身，使得原本差异化明显的锻炼时间段可以尽可能地重合。青少年培训功能的介入给其他年龄段的人们带来了运动机会，从而促进整体社会行为形成闭环。

体育中心和社区医疗的复合设计使得"体医结合"，让人们，尤其是老年人群体，不仅通过运动会，而且通过介入的理疗康体等医疗业态，更加关注身体健康，通过瑜伽、游泳等科学健身方式，结合康复、评估等医疗手段，引导人们践行以科学健康为导向的生活方式。在国家倡导的大健康的背景下，体育中心和健康产业发展将形成互相结合，带动良性循环。

强化社区多样性需要考虑统合体育、社区配套、社区商业、社区医疗和社区培训之间的相互关系和空间资源分配，从而形成功能联动、激发活力、平衡体育中心的运营可持续性。

以六合复兴桥体育中心设计为例，原本的设计要求是建设三个满足赛事需求的运动馆，包含篮球馆、游泳馆和球类馆以及一些服务设施。如果按照传统体育中心规划布局方式，场地能放下三个独立的运动馆，还留下一些不规则的外部空间。第二种设计思路是集约化思路，增加各种运动的碰撞机会，做一个集约化的场馆，在竖向叠合不同的运动空间。通过研究，我们采用了第三种思路：采用围合串联式的规划布局形式，在尽可能地高效利用场地空间的同时，把相近的功能复合，增强功能之间的水平联系；将零售业态打散分布，穿插在每层空间，也将展示空间打散分布在各层；通过将培训业态放在顶层，提高顶层空间利用率，同时增强各层的业态人流转化，刺激各种运动的发生和迭代以及被展示的可能（图 2、图 3）。

本项目功能复的合适度地超前定位，预留了未来可持续发展的空间，在让建筑空间具有历时性的同时，也为未来社区多样化生活预留了复合化场所空间。

2. 空间复合化利用

空间的复合化利用需要考虑对标准化场馆的复合，减少传统场馆只提供

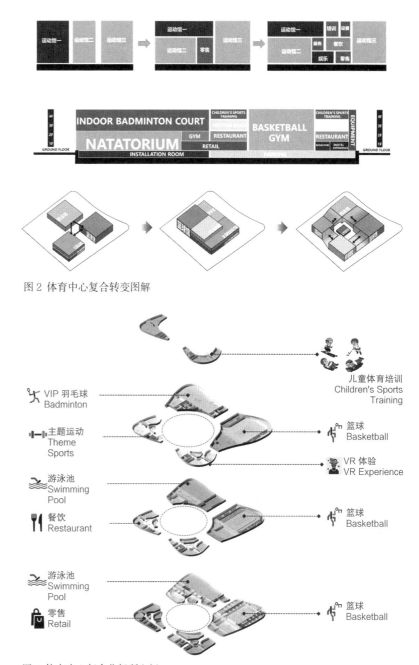

图 2 体育中心复合转变图解

图 3 体育中心复合化场所空间

一块标准化场地的现象，避免场地闲置造成浪费。单一空间需要在考虑满足场地需求的情况下，尽可能地整合相同场地功能的需求，灵活设置活动看台和家具收纳系统，为场馆空间的弹性使用提供可能。相同功能的运动空间则进行组团式整合，随着运动的多元化，新的运动形式需要匹配新的运动空间。

六合复兴桥体育中心对篮球馆进行复合设置，活动看台被去掉后可以满足不同的运动需求。单一场馆的弹性化复合，使得篮球馆同时可以满足篮球、羽毛球、手球、排球以及多功能展厅等多种运动或者活动形态的需求。同时，六合复兴桥体育中心也将相近的球类空间叠合设计，使得场馆可以互相联动运营，形成空间互补，满足资源不均时的变化形态的需求（图 4 ）。

| 场馆复合化弹性化
Complex and flexible venues | 可形成篮球场
Basketball court can be formed | 可形成羽毛球场
Badminton courts can be formed | 可形成排球场
Volleyball court can be formed | 可形成大小展厅
Large and small exhibition halls
can be formed |

图 4 场所复合化

空间的复合化设计打造了"单一空间的多义共存""多个空间的组合叠加"以及"室外运动空间的附加环绕"三种空间复合化社区体育中心。

二、倾向群体性运动，压缩竞技性运动

国内外研究表明了收入的不平等和健康不公平的相关性。目前我国市场上不同经济成分和经营规模的健身中心多样，但都存在运动类型结构失衡、定价过高的问题。针对低收入水平群体的运动场所和类型都偏少，公共性开放性也不够。

根据社区居民的调研结果（图 5）和相关文献查阅可见，大部分普通社区居民的运动场所选择偏向群体性运动而非竞技性运动。基于社会公平性考虑，项目前期设计适当地减少了竞技性场所，向社区群体性运动场所倾斜，以为不同年龄、不同收入的人群提供活动空间和活动内容。典型的群体性运动需要的场所是户外共享运动空间。

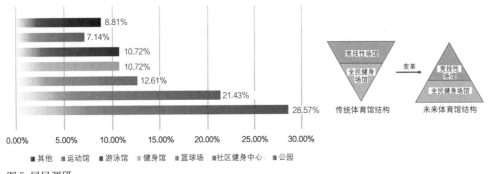

图 5 居民调研

户外运动空间是不同收入群体共同接受的运动场所。1988 年，英国社会研究学者杰奎琳·伯吉斯（Jacquelin Burgess）提出人们对户外运动空间的需求的报告，报告中指出，"具有不同生活经历的人们在运动中都乐于享受与户外自然空间的直接感观联系。尽管一般人们进行不同方式的体育活动，所占有的体育设施分布不均，但人们对户外开放空间的需求却近乎一致。不同收入群体都更喜欢在户外的空间进行体育锻炼，孩子们也喜欢安全的户外嬉戏场所"。虽然居住区设计考虑了小尺度的户外空间，但难以满足多种运动需求。所以简洁明确的场地布置、丰富多样的体育活动与有机自然景观结合的户外环境，是现代体育场所需要考虑配置的重要功能空间。

与传统体育中心相比较，六合复兴桥体育中心取消了不友好的宽阔的礼

图 6 复兴桥体育中心鸟瞰效果图

仪性入口广场和低效的退让空间，尽可能地设计了更多进入场地的架空空间，使得内部活动空间最大化。这样的设计使得建筑内部拥有了 5 700 m² 的全龄段体育公园，有面向儿童的嬉戏空间、室外城市剧场、网球和篮球场以及音乐台场地，便于举办集会和各种活动。大型的共享场地在提供了丰富的功能之余又吸引了不同年龄段的人进入空间，参与运动（图6）。

三、连续运动路径创造"非正式运动空间"

非正式空间的概念最早源于经济学领域的非正式经济，非正式经济的概念被投射到对应经济活动的物理空间上就形成非正式空间的概念。非正式空间包含城中村等自发建造空间，以及对公共街道等占用的外摆空间。随着城市的发展，人们逐步意识到非正式空间对城市的积极意义。而非正式运动空间属于非正式空间的一种，区别于规范性专业运动场所，源于自组织的社群引导，自发地形成没有边界、无特定功能的运动空间。其空间特性和周边的运动功能紧密相连，基于参与运动的使用者的行为模式赋予空间特定的属性功能。

非正式运动空间的意义体现在 3 个方面：创造了运动社交；过渡不同正式运动空间；激发不同群体运动潜力。运动社交促进了不同运动爱好者的交流，也增强了居民的社区性。非正式运动空间过渡不同的运动空间，对减少由群体差异给运动结构带来的影响起到了重要作用。事实上，城市的非正式运动空间是相对缺乏的，且缺少过渡空间，所以广场舞需求的老年人和运动场需求的年轻人之间发生矛盾的新闻才被常常被报道。非正式运动空间对激发不同群体运动潜力起到至关重要的作用。不同收入群体、不同年龄段对运动的理解认知有很大差异，非正式运动空间提供了了解和探索运动、增强人们的好奇心的作用。

传统体育中心大多采用独立的建筑体量，缺乏非正式运动空间，广场和交通空间占据了场地的大部分剩余空间。所以在六合复兴桥体育中心的设计中尽可能减少外部低效空间。考虑到建筑作为一个巨构，承载着场所精神的集体记忆，所以以比较完型的外部体量表达其特征性。而内部环绕式布局、起伏的双曲屋顶，让建筑体量从内部削减，直观地使得内部活动的人忘却建筑体本身的形式，而专注于体育活动本身。项目设置了从室外空间延伸到建筑每一层的长 2 km 的连续运动路径（图 7）。慢行运动路径与不同场景的半开放运动空间相结合，增加了随机活动的触发率。连续运动路径也串联了室内外的活动场所，使得项目成为社区社交、运动和休闲的重要场所。

连续运动路径的创造，起到贯穿非正式运动空间的作用，同时激发了随机运动的可能性。连续路径如同商业综合体中的

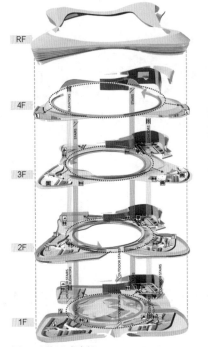

图 7 连续运动路径

商业动线，延长了运动者的随机浏览路径长度，也增加了运动时间。随着时间的增加，运动者和非正式运动空间结合得更加紧密，进而激发了运动社交和潜力，使得原本冷漠封闭的体育建筑转化为界面友好、开放丰富的社交非正式空间。

项目设计的非正式运动空间带来了互动的积极性，在满足青少年好奇心的同时，不仅为老年人提供了参与式的活动空间，也为中间年龄段群体提供释放生活压力的社交空间。

四、平疫结合的设计

新冠疫情的传播，对居民身体健康构成严重的威胁。方舱医院作为新型公共卫生概念，于 2020 年在武汉被提出。面对急剧增加的新冠患者，普通传染病医院的医疗资源已明显不足，而方舱医院能大规模收治未能入院的轻症或者无症状患者，既可避免传播，又能让患者得到及时治疗。大型的体育馆、会展中心等拥有大空间的场所，能有效降低病毒浓度，且配套设施全面，可以通过快速简单改造成为临时应急医疗中心。

后疫情时代，体育中心作为高大建筑空间，是比较好的方舱应急医疗场所。以《公共卫生事件下体育馆应急改造为临时医疗中心设计指南》为设计依据和指导，在体育馆设计之初就考虑到平疫结合，在平时作为体育场馆正常使用，而疫情防控期间则作为方舱医院使用。在设计上考虑洁净区和污染区，响应最新的方舱医院指导意见，进一步压缩半污染区，减少储备和建造成本，同时预留交通转换的可能性。

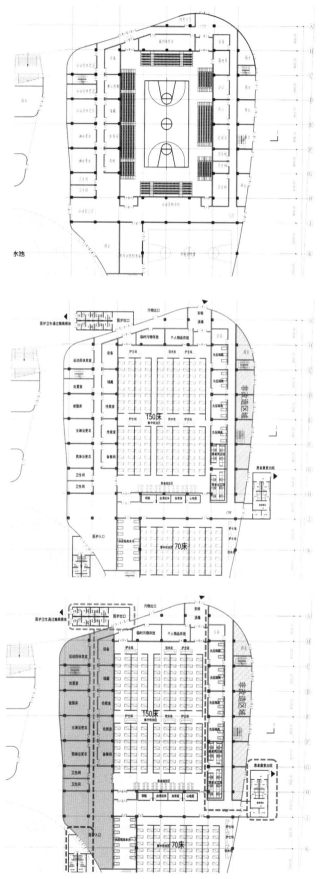

图 8 平疫结合图解

以六合复兴桥体育中心设计为例：在疫情时期，原有的入口转化为方舱医院的不同功能入口，原有体育中心的运动员休息区、更衣室转换为医护休息、物资库房等洁净区，原媒体发布区等转换为治疗、处置室等，后勤的部分出入口转换为重症转院的出入口，原多功能场转换为集中收治区（污染区）。篮球场可用做集中收治区，在其中设置护士站以及病床等空间。六合复兴桥体育中心的运动员训练场和篮球场一共设置了16个医护单元，能确保220张床位需求，同时还设置5个重症看护病房，用于处理紧急情况（图8）。

病患和医护人员对洗消、卫浴的需求很大，所产生的废水不能直接排放到市政管网，需要集中收集处理。为尽可能减少对既有建筑影响，提高洁污分流的效率，六合复兴桥体育中心的医护卫生通行、患者卫浴、康复洗消等功能采用集成预制化模块处理，并在建筑的几个出入口设置集装箱式移动模块。

五、结语

大型公共建筑的设计除了满足基本的功能需求之外，也需要更多地考虑社会公平性的问题。健康公平性指向了不同社会成员都享有同等的健康权利。面对因为年龄差异、收入差异、教育差异以及运动时间等群体差异造成的健康不平等的情况，如何在具体设计实践中改善是本文重点探讨的方向。

在六合复兴桥体育中心的设计实践，试图提出4个具体的设计策略：（1）基于社区多样性的复合化设计；（2）倾向群体性运动，压缩竞技性运动；（3）设置连续运动路径创造非正式运动空间；（4）平疫结合的设计应对变化的卫生健康需求。项目本身试图激发普通市民对运动的热情和社区参与感，也为体育中心的可持续运营带来更多可能性。

在全民健身的背景下，基于社会公平性的复合化设计并不是为了创造新的范式，而是期望通过摆脱抽象的公平性讨论，回到具体的日常性场所空间中。通过具体的操作手法和设计策略回应社会发展中遇到的社会问题，进而改善国民健康水平，提升社会公平性。

参考文献

[1] 蔡娇丽.国民收入、健康不平等与健康产业发展 [D].武汉：武汉理工大学，2018：204.

[2] 李雨楠.高密度城市环境下社区体育中心复合化设计研究 [D].重庆：重庆大学，2018：234.

[3] 乔文娇，刘伟.全民健身背景下社区体育馆多功能化设计策略 [J].城市建筑，2020，17（26）：71-73.

[4] 秦笛，刘慧.体育建筑与城市共生：西安奥体中心设计 [J].建筑技艺，2021，27（6）：37-41，36.

[5] 张向宁，姚知秋.全民健身背景下的社区体育中心复合化设计研究[J].城市建筑，2021，18（31）：83-87.

[6] 郑皓怀，钱锋.国外社区体育设施的发展建设初探[J].建筑学报，2008（1）：41-45.

[7] 宗轩，肖韦，汤朔宁.体育建筑更新与再造刍议[J].时代建筑，2020（6）：168-173.

[8] 朱美霖.健康公平视角下城市社区体育设施评价研究：以吉林市中心城区为例[D].哈尔滨：哈尔滨工业大学，2020：143.

传统文化的相关思考

辽西走廊传统村落中的民族文化交融研究与实践 [1]

Research and Practice of Ethnic Cultural Fusion in Traditional Villages along the West Liaoning Corridor

蔡 雨 晴 [2] 刘 思 铎 [3] 蓝 崚 毓 [4] 王 奇 [5]

CAI Yuqing　LIU Siduo　LAN Lingyu　WANG Qi

摘要：辽西走廊是民族经济与文化交流的重要场域，在这条线路上，中原与东北不同民族迁徙往来，演绎出民族融合与文化交流的双重变奏。本文指明了辽西走廊传统村落的发展困境，分析了辽西传统村落文化基因，从建筑艺术和营造技术两个方面探析辽西走廊传统村落体现的民族文化交融表征，以辽西故道华山村为例，阐述了文化引领下的辽西走廊传统村落保护与利用实践。

Synopsis：The West Liaoning Corridor is an important area for national economic and cultural exchange. Along this route, various ethnic groups from the Central Plains and Northeast China migrate to and from each other, showcasing the dual dynamics of ethnic integration and cultural exchange. This paper identifies the developmental challenges faced by traditional villages in the West Liaoning Corridor, examines the cultural essence of these villages, and analyzes the manifestation of ethnic cultural fusion represented by traditional villages in the West Liaoning Corridor, focusing on architectural art and construction technology. Using Huashan Village, situated along the old road of West Liaoning, as a case study, it elaborates on the preservation and utilization practices of traditional villages in the West Liaoning Corridor guided by cultural considerations.

关键词：辽西走廊；传统村落；民族文化交融
Key Words：West Liaoning Corridor; traditional villages; ethnic culture fusion

1 【基金资助】2022 年辽宁省教育厅高等学校基本科研项目：辽西走廊传统村落生态恢复及综合利用设计关键技术研究。

2 蔡雨晴，北京建筑大学建筑与城市规划学院；85171889@qq.com。

3 刘思铎，沈阳建筑大学建筑研究所。

4 蓝崚毓，大和事务处理中心（大连）有限公司。

5 王奇，辽宁工业大学文化传媒与艺术设计学院。

　　习近平总书记在中国共产党第十八次全国代表大会上提出了脱贫攻坚及乡村振兴战略，这一战略是新时期党的农村建设政策的升级，而乡村文化建设是乡村全面振兴的重要基础和保障，是乡村全面振兴的关键。乡村文化向世界展现了中华民族璀璨悠久的农耕文明，展现了中国人民伟大的劳动和智慧成果，乡村文化是中华传统文化的根基，是维系乡民情感的精神纽带。挖掘与整理村落历史文化资源，将其转化成为乡村振兴的巨大推力和抓手，是文化搭台、经济唱戏、深化改革成果、实现共同富裕的关键所在。

辽西走廊沿线的建筑遗存见证了中原地区与东北地区的族群交往、民族融合，见证了东北地区与中原地区的经贸往来与文化交流，是民族文化传播、技术交流的成果。东北地区自古以来就是多民族的聚居区，由肃慎系民族、秽貊系民族、东胡系民族和汉民族四大族系文化所构成，按照民族文化区划分可分为满汉农耕文化区、蒙古草原游牧文化区、北方渔猎文化带（区）和朝鲜族丘陵稻作文化区。东北地区民族文化丰富多彩，处处散发着中华民族共有的精神特质，塑造着中华民族多元一体大格局，这些民族精神特质可从建筑文化中窥见一斑。

一、辽西走廊传统村落发展困境

河西走廊（西北走廊、甘肃走廊）、藏彝走廊（茶马古道）和南岭走廊，再加上武陵走廊、古苗疆走廊、辽西走廊，即形成六大走廊分布格局。辽西走廊，特别是辽西走廊传统村落是民族交往、文化交流的重要交通线路和场域，其传统文化的蕴藏量相当丰富。学界对"辽西走廊"的研究涉及地理交通、民族迁移、文化融合、生态环境、城市建设、旅游开发、遗产保护、文学交流、政策制定、语言、饮食等方面，虽然涉猎广泛，但从建筑学角度将辽西走廊建筑群作为研究对象深入研究民族文化交融的并不多见，以宏观视角整体研究辽西走廊传统村落的研究有待加强。

1. 环境之困：生态破坏，污染严重
在城镇化的助力下，传统村落建设的管控难度进一步加大，传统建筑和街巷肌理遭到严重破坏，原来的村落街巷在改造过程中被硬质水泥代替。随着现代化生产生活方式的不断引入，有些村落自然环境遭到破坏，如作为村落主要水源和生态屏障的河流，出现河床不断抬高、水质恶化以及经常性断流等严重问题，河流生态效应被逐渐弱化。

2. 文化之困：城进村退，乡愁难续
村庄发展日趋"城镇化"，为了促进城市发展，满足城市用地拓展需要，对其进行适当的物质环境建设和城市功能植入，这使得传统村落的乡村文化正处于消逝状态，传统村落和乡土特色的保护面临危机。部分传统风貌建筑由于保护意识的缺乏，年久失修，损坏严重。

3. 技术之困：因材施用，适宜生态
辽宁省西部作为连接关内外的重要地域节点，其民居形制和技术特征反映了当地的建筑文化特征。随着社会的发展、民族的融合，辽西民居也呈现出特

有的建筑特征。辽西传统村落的营造技术体现了医巫闾山原住民对当地建筑材料的运用能力和建筑技术的掌握能力。如今，随着人们生活水平的不断提高，如何结合古建传统工艺有效地适应和利用环境，有效地提升了保温、隔热、通风、采光、太阳能利用以及降低环境噪声影响等建筑物理性能等潜力，最终形成以经济的代价换取最大限度的宜居性传统古建村落物理环境改善体系，是当前需要考虑的技术问题。

二、辽西传统村落文化基因

1. 文化特色因地制宜

辽宁是中原文化与游牧文化的交会点、过渡地段，其独特的文化体系和地理位置形成了不同于其他地域的文化特色。辽宁省境内聚居着以满族、蒙古族、锡伯族、朝鲜族和回族为代表的少数民族，在民族演化的历史进程中，多民族聚居的地区，形成了独特的多元文化交流区。辽宁多个村落被《中国传统村落名录名单》《中国少数民族特色村寨》收录，在经济产业、民居风貌以及风俗习惯等方面都表现出鲜明的民族特色。

2. 营造技术因材施用

辽西传统村落营建技术是辽西民居建筑动态传承的重要手段，具有独特的营建体系。辽西传统村落营建体系由各个工种匠人协力合作完成，由准备材料、选址营基、搭建屋架、垒砌墙体、苫铺屋顶5个主要工序组成，具有造价低、适宜性广泛的特点，体现了当地的建筑文脉，反映了辽西匠人在掌握处理与地域环境相互适应的建筑技术方面的能力与智慧。辽西传统村落营建体系面临如何传承、如何保护、如何再生的问题，这也是当下建筑师们应该考虑的首要问题。

三、辽西走廊传统村落中的民族文化交融

1. 丰富多彩的建筑艺术

因地域、气候、人文的影响，辽西走廊传统民居呈现出特有的建筑形态（图1）。由于辽西地域多风少雨，因此，建筑的屋顶采用了坡度不大的囤顶形式。辽西走廊传统民居的墙体采用石块（卵石）和少量的青砖砌筑，墙体的勒脚

图1 辽西民居

图 2 辽西民居山墙

部分或使用附近山脉的山石或使用河道里的卵石。勒脚之上砌筑两皮青砖，后期则用红砖代替，起到了拉结找平的作用。对建筑材料特性的熟知和利用在辽西走廊传统民居建筑上得到逐步发展，并形成辽西民居的建造特色。辽西走廊传统民居的山墙采用了五花山墙的形式，其"软心"形式丰富多彩，均以石块填充（图2）。

图 3 辽西民居窗台

早期的辽西走廊传统民居的窗台多使用木质榻板，这样的榻板在北方很少见，也有一些窗台由石块砌成（图3）。由于青砖价格较高，因此只应用在东西两侧大山墙前凸出来的"撞头"上。过去盖房子的木匠将两侧的"撞头"称为龙头、抬头，它们有着独特的象征含义。

2. 巧于因借的营造技术

辽西走廊传统民居的施工顺序是：先砌墙，再上房梁。檩木用锛子去锛，打上线，先在地上按照一檩、二檩、边檩分类型摆好。正常檩粗15 cm，梁小头粗20 cm以上，梁大头粗30 cm以上。3间房需要2架梁，7根檩，加上前后檐檩，一共9根檩。檩条对着搭接，凿出一凸一凹的公母榫，使之搭接牢靠。做公母榫时用纸壳画样，使两者恰好相扣，这样两根檩子不用钉子就能相互连接。这种做法叫做按插头。而相对粗糙的做法是搭山墙，即不适用梁，檩直接搭在山墙上（图4）。

图4 辽西民居屋架

屋面坡度需要根据木料适时调整。梁上有一根像雀替一样的枕木，起承托大梁的作用，上面有卯，凿进去之后露出一个木楔子，正好坐在露出的檩子上。梁上有榫卯，将其插到梁上。小短柱叫挂柱，因为梁并不平直，挂柱的高矮就是协调梁和屋面坡度的有效手段。

辽西走廊传统民居屋面防水做法特色鲜明，屋架望板之上覆盖了羊角（音同，当地的一种草）的黄泥，通过特殊处理形成防水层。黄泥分两层，第一层不用羊角，只需将黄泥放到毛树杈（音同，指高粱秆）上，大约7—8 cm厚，用于保温，黄泥干了以后再用细土将产生的裂口缝隙堵上。第二层黄泥中需要加入羊角，然后再撒盐，起到防水的作用。将大粒盐用碾子压碎，再用烫板抹一遍。盐返碱以后就能起到防水的作用。其原理类似人们熟知的盐碱地，下雨的时候，雨水不会渗透进屋面而是顺屋檐而下。

四、文化引领下的辽西走廊传统村落保护与利用

从辽西走廊视角开展民族村落研究，将深挖辽宁少数民族村落历史文化资源置于更为整体的视域和宏大背景下，为研究提供了新的思路。以建筑寻文化，通过辽西走廊村落物化艺术实证揭示东北地域民族文化交融问题，能够对单一村落缺失的文化现象做出适当的补充，对少数民族村落的民族文化融合、文化传播与交流等许多问题做出解释。

1. 华山村美丽乡村建设意义与目标

在《中共中央关于制定国民经济和社会发展第十四个五年规划和二〇三五年远景目标的建议》中关于全面推进乡村振兴的总体部署的指导下，对北镇市华山村进行美丽乡村建设规划与设计，项目内容包括华山村地区现代农业生态休闲小镇规划设计和单体建筑设计。在发掘并保持辽西农村特色、整合资源建设旅游项目的前提下，本项目最终实现了"改善居住环境、提高生活品质；推动产业发展，提升区域经济竞争力；增强商贸活力，繁荣现代服务业；丰富区域发展内涵，提升文化吸引力"的目标。

2. 挖掘华山村区域资源

从辽西走廊全域旅游视角，系统思考项目整体规划，梳理、挖掘、利用

现有区域资源，结合游客体验需求，规划设计旅游产品，创造新资源，打造新的引擎项目，突破传统形象，塑造区域新标签。以"观光游—短时度假游—长时康养居住旅游"为核心发展轴，系统打造华山村特色文旅小镇。

3. 因地制宜规划置入

华山村全长 15 km，呈线性分布，两侧为连绵的山脉，中间沿道路分布着民居。村头处有水库，中间段有传统村落，分布着传统民居，村尾处有小华山，小华山脚下有和尚庙。根据现有的景观基础，方案着重关注了华山村的四个重要节点，即位于村头水库旁的游客中心、位于水库一端的露天营地、位于传统村落的民宿改造和位于和尚庙处的静修院。

整体规划采取"无焦点"的视觉构图，尽可能将建筑体量融于自然之中，使之犹如从山坳中生长出来，试图将建筑的风景界面最大化。单体建筑设计采用消解建筑体量的小体块组合式空间形式，并以巧妙的动线设计，将游山观水的情趣引入建筑的空间体验中，汲取辽西本土化的构造元素和传统材料，于新式的建筑设计当中，赋予村落建筑新风貌。设计根植于辽西地域，在一形一构中勾勒出景观环境的延续性（图 5）。

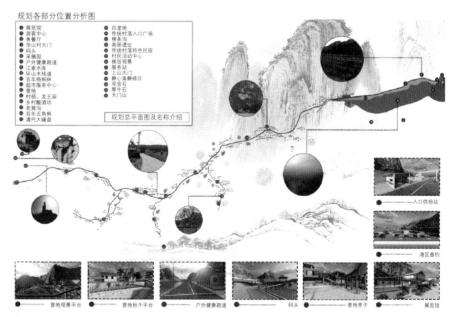

图 5 华山村规划分析图

4. 游览模式

经过充分调研，规划设计围绕游线时长、线路景点分布和主题线路等因素展开（图 6）。

1）游线时长分析。游线时长分析考虑了瞬时游、短时游、长时游和农村新居民游线四种方式。瞬时游游线主要服务于过境旅客和短时观光旅者，其游览形式以水库游玩体验以及华山观光体验为主。短时游游线主要服务于想充分感受华山村全貌、在 1—2 天内对华山村所有景点进行游览体验和感受民宿文

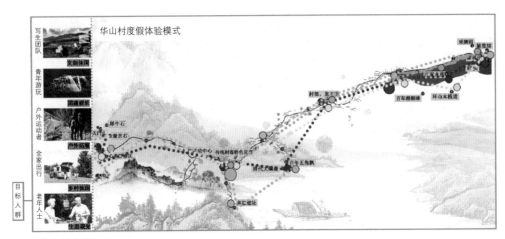

图6 华山村度假游览模式

化的旅客。长时游游线主要服务于可以游玩整个华山村、短暂停留多日体验乡村生活的长时度假游客。农村新居民游线主要服务于在每年气候较好的月份到乡村度假式养老的退休居民。

2）线路景点分布。结合景点，策划了两条线路。线路1：游客中心—江家水库—环山木栈道—百年梧桐林—营地—龙王庙—酒厂—传统村落—静修斋—上山。线路2：游客中心—江家水库—采摘园—营地—水上娱乐—龙王庙—老窝沟—百年五角枫—大碾盘—传统村落。

3）主题线路分析。主题线路包括鱼文化、田园养生、清心静修、户外野营4个主题。鱼文化主题线路设计了休闲垂钓、捕鱼体验、体验渔民生活、野外放生、吃鱼、鱼塘认领等项目活动。田园养生主题线路设计了采摘体验、农田认领、品茶、种植体验等项目活动。清心静修主题线路设计了打坐静修、斋戒、林间行禅、静修瑜伽体验、交流、聆听讲座等项目活动。户外野营主题线路设计了野外露营、户外烧烤、篝火体验、户外电影院、树屋游乐、房车野营、户外观星等项目活动。

5. 功能置换

结合场地分析与游览模式，华山村的规划设计对部分原有建筑做了功能置换，包括增加游客中心、水库营地和位于和尚庙处的静修斋，以及对传统村落民宿进行改造。

游客中心为给游客提供便捷、舒适、愉悦的空间体验。服务性空间被布置在一层，与游客连接紧密，方便使用。办公性空间布置于二层，动静分区明确。茶亭、茶室、咖啡厅、活动厅等开放性休闲空间结合景观环境布置，使建筑空间与室外景观相互渗透，相互交融（图7）。

静修院功能分为静修区、餐厅区、双层廊亭区，这三部分功能结合场地高差进行设计。餐厅区位于场地最高处，景观视线最佳，餐厅区与静修区中间通过广场连接，分区明确，动静组织合理，为静修区提供相对安静的静修环境。

图 7 北镇市华山村游客中心

餐厅部分既为山上游客提供餐饮，也为静修人员提供餐饮。

6. 建筑风貌

在结合传统建筑风格的前提下，既要考虑当地建筑特色的特殊性，又要兼顾施工方法的普遍性，以及色彩运用、周边特色民居与自然环境的协调性。在不破坏现有村落肌理的基础上，寻根创新，充分利用借景和框景，通过营造空间序列感，提升整个项目的凝聚力。建筑立面采用棕灰色板材，墙裙用小青砖装饰。门窗由简化的木质门窗制成，采用格栅和格子的组合，以棕灰色调为主。通过条状组合形成连续透明的门窗，整体风格色调和谐统一，体现了被时间冲刷后老房子的厚重感。

在不同的民族文化中，色彩的象征意义也是不同的，建筑色彩特征的形成是由区域气候条件决定的。由于辽西走廊传统民居建筑材料更多地选用砖、石材和白灰，因此建筑新增部分采用了灰色和原木色，与传统建筑的色彩保持和谐一致，与连绵起伏的山色浑然一体。

五、结语

推进农村人居环境整治，建设美丽宜居乡村是落实习近平生态文明思想的举措，贯彻乡村振兴战略的关键环节。在辽西走廊宏观视域下，其线路上的乡村建设应以辽西走廊文化为引领，秉持文化先行、以点带面、分期规划、功能置换的原则，采用适用技术，经济发展和生态保护相辅相成，通过优化农村人居环境提升辽西乡村价值，增强乡村振兴的内生能力。

文化交会视角下的潮州饶平道韵楼建筑特征探析[1]

Study on architectural characteristics of Daoyun Lou in Raoping County Chaozhou City from the perspective of cultural intersection

陈 丹[2]　陈建军[3]

CHEN Dan　CHEN Jianjun

摘要：在民系文化交会区，传统民居呈现出广泛的包容性。饶平县位于潮汕民系和客家民系文化的交会区，基于对道韵楼黄氏家族、建筑平面格局、建筑形制、装修装饰等方面的调查分析可知，伴随着黄氏家族在民系认同上从客家至潮汕的转变，道韵楼通过改建、更换构件、重修等方式，逐渐形成多民系建筑艺术协调并存的特征。正是先后对客家、潮汕两种建筑体系中最具代表性的理念和做法的兼容并蓄和灵活运用，塑造了道韵楼卓越的建筑文化、艺术成就。本文对民系文化交会区传统民居汲取众长、融会贯通的设计思路和艺术特征的解析，为理解我国传统民居风格特征和演化路径提供了新的视角。

Synopsis：Traditional residences in the intersection area of folk culture exhibit a remarkable inclusiveness. Raoping County of Chaozhou City, situated at the cultural intersection area of the Chaoshan and Hakka people. Taking Daoyun Lou as the research object, based on the investigation and analysis of the Huang family, the architectural plan pattern, form, decoration, and other aspects of Daoyun Lou, it is evident that the transformation of the Huang family from Hakka to Chaoshan in terms of ethnic identity has led to the gradual formation of Daoyun Lou, which exhibits the distinctive characteristics of multi-ethnic architectural art, through maintenance, component replacement, and reconstruction. The exceptional architectural culture and artistic accomplishments of Daoyun Lou are shaped by its inclusive and adaptable application of ideas and practices from both Hakka and Chaoshan architectural systems. This paper examines the design concepts and artistic features of traditional residence in the intersecting realm of folk cultures, offering a fresh perspective for comprehending the stylistic characteristics and evolutionary trajectory of Chinese traditional folk residence.

1 【基金资助】国家自然科学基金青年项目（52108007）；广东省社科规划青年项目（GD21YYS04）。

2 陈丹，广东工业大学建筑与城市规划学院；jzchendan@gdut.edu.cn。

3 陈建军，华南理工大学建筑学院。

关键词：土楼；传统民居；文化交会；客家民系；潮汕民系
Key Words：Tulou; traditional residences; cultural intersection; Hakka people; Chaoshan people

一、潮州饶平道韵楼

饶平道韵楼是一幢八边形土楼民居，始建于明成化十三年（1477 年），历经 110 年于明万历十五年（1587 年）竣工。道韵楼坐南朝北，直径约 100 m，建筑呈三环，一、二环单层，外环三层，墙高约 11.6 m。因历史悠久、平面独特、规模宏大、建筑艺术造诣较高，在众多土楼民居中独具一格，道韵楼于 2006 年 5 月被国务院批准列入第六批全国重点文物保护单位。

道韵楼位于广东省潮州市饶平县北部山区的三饶镇南联村。饶平县地处粤东沿海，被誉为"粤首第一县"，其东和东北与福建省诏安县、平和县交界，北与广东省梅州市大埔县接壤，西和西南与潮州市潮安区和湘桥区、汕头市澄海区毗邻，南濒南海。饶平北邻的大埔县属广东客家民系核心区，南面毗连的潮州市区则是潮汕民系的大本营。因此饶平县处于客家民系与潮汕民系相互杂居、客家文化与潮汕文化交会融合的区域。

本文基于实地调查测绘和文献、口述史研究，聚焦道韵楼始建、加建的全生命周期及黄氏家族发展脉络，从民系文化交流融合的视角，解析民系文化交会区传统民居博采众长、融会贯通的设计思路和艺术特征，为理解我国传统民居的风格特征和演化路径提供新的视角。

二、民系认同的转变：从客家到潮汕

道韵楼的建造和居住者是黄氏家族。据《黄氏大成宗谱》和《潮州大宗谱》记载，黄氏第一世祖为昌意公，姬姓，黄帝（轩辕氏）和嫘祖的儿子。关于黄氏家族南迁入闽粤的事迹，各派家谱记载不一。与道韵楼黄氏相关的记载有：1）邵武禾坪派《黄氏大成宗谱》是黄氏各派宗谱中最完整的一本，据载：入闽始祖为时文公次子膺公，三子敦公。膺公自河南光州固始，迁居至邵武（福建南平邵武县）。膺公长子皓，传任公，任公传锡公，锡公传峭山公，峭山公三夫人二十一子，散居闽粤各地。2）庚本《黄氏大宗谱》记载：汀郡黄氏，即峭山公第十一子宁公，徙居宁化石壁。宁公传梗全公，梗全公传十六朗公。迁永定金丰奥杳乡，为奥杳乡之始祖。永定奥杳乡派再传至潮州、潮阳、普宁、揭阳、漳州、南靖、诏安及嘉应州梅县等地。

黄得胜《南联村村落概况》引《道韵谱》载："元朝延祐元年甲寅（1314 年），始祖建饶公（讳七郎）从福建汀州府宁化县 [4] 石壁乡移居广东潮州府海阳县弦歌都下饶堡肇基创业。"《黄氏旧谱》载"潮汕黄氏多自 126 世的'九子公'黄潜善",黄潜善在南宋初曾官至宰相。饶平黄氏主要有两支:一支立黄全为始祖,为嘉善堂系,黄全为黄潜善长子久昌的第五子;另一支立黄建饶为始祖,为道韵系,黄建饶是黄潜善第七子久安的长子。

黄姓族谱中关于黄潜善的记载主要有2种:1)邵武禾坪派《黄氏大成宗谱》载,黄潜善是邵武黄氏黄峭(峭山公)的第八代孙,传递世系是黄峭—化—道—文—省察—春—仁—潜善。然而宋人王庭珪在为黄潜善之子黄秬所作《故右朝奉郎通判筠州黄公墓志铭》[5]中,记黄潜善祖孙五代人的世系名字,无一与族谱相合,族谱是否有误尚待考证。2)朱熹《晦庵集》卷九十一保存了邵武青山派黄中的墓志铭——《端明殿学士黄公墓志铭》[6],文中朱熹明确指出黄中是入闽始祖黄膺的第十二世孙,黄潜善是黄中的族祖父,那么黄潜善也属黄膺的后代,是黄膺的第十世孙。

因此,道韵楼黄氏极大可能属黄氏青山派,由河南光州固始,经过湖北江夏迁居福建邵武,继至汀州府宁化县,元朝再次迁居至潮州府饶平县;也有一定可能属于黄氏禾坪派、奥杳派,为峭山公之后,经湖北江夏、福建邵武、宁化,又辗转至永定,最终定居广东潮州府海阳县弦歌都下饶堡。

由表1可知,无论道韵楼黄氏是直接从邵武迁居汀州宁化,后迁居潮州府饶平县,抑或辗转经福建邵武、汀州宁化和永定,最终定居潮州府饶平县,都经过了一个至关重要的地点:福建汀州府宁化县石壁乡。

表1 江夏黄氏各派系迁居闽粤路线

派系	先祖	原居住地	迁居地	年代
禾坪派	膺公、敦公	河南光州固始县	福建邵武	唐代末年
	峭山公	福建邵武	散居闽粤各地	唐末宋初
奥杳派	宁公(峭山公第十一子)	福建邵武	福建汀州府宁化县石壁乡	北宋
	十六朗公	福建汀州府宁化县石壁乡	福建汀州府永定县金丰奥杳乡	北宋
道韵楼黄氏家族	建饶公	福建汀州府宁化县石壁乡	广东潮州府海阳县弦歌都下饶堡	元朝延祐元年(1314年)

石壁乡现为石壁镇,隶属于福建省三明市宁化县,位于宁化县西部闽赣两省交界处。客家民系是由中国历史上几次重大的北方汉人南迁而形成的一个独特民系,宁化石壁是客家人南迁途中最重要的集聚地,因此石壁被海内外称为"客家摇篮",俗谓"北有大槐树,南有石壁镇"。石壁客家公祠是世界客家人的总家庙[7],宁化县石壁客家祭祖习俗也于2011年6月入选国家级非物质文化遗产名录扩展项目名录(第二批)[8]。

显然,道韵楼黄氏原属客家民系。但从实地访谈结果看,历经28世、500余年的道韵黄氏如今已讲潮汕方言,在民系认同上归属于潮汕民系,并认为家族是由"福建"迁移入粤。居民普遍认为先祖是福建的"福佬人",而不了解

5 王庭珪《卢溪文集》卷四十二,《四库全书》第1134册,第294页。

6《四库全书》第1146册,第134页。

7 第六批中国历史文化名镇(村)公布 [EB/OL].(2014-03-27)[2020-12-20].http://politics.people.com.cn/n/2014/0327/c70731-24754098.html.

8 三明市地方志编纂委员会.三明地名纵横 [M].福州:海峡文艺出版社,2013:114-115.

先祖实质上迁徙自福建闽西的客家区域。

这样随着历史发展、动态化的民系认同在各民系文化交会区并不罕见，例如在广府民系与客家民系交会的广东惠州市，同样有客家民系的家族逐渐使用粤语，自我认同为广府民系，其民居建筑也逐渐广府化。饶平位于客家、潮汕民系交会之地，两个民系的文化风俗长期以来存在深刻而丰富的交流融合，这种交融如细雨春风，渗透到当地居民中，表现在传统民居上，道韵楼建筑的设计和艺术特征便有诸多鲜明体现。

三、始建围楼：客家建筑文化的体现

1. 兴建道韵楼

建饶公从宁化县石壁乡移居海阳县弦歌都下饶堡肇基创业以来，传至第四世裔孙诚简公，近百年间并没有建造土楼、围寨等大型民居建筑，而是像大多数村落一样，小家庭独居，大家族聚居，有的居住在地势较低的倒塽下厝，相当于现在的南联村；有的居住在地势较高的倒塽顶厝，相当于现在南新、南淳、乌洋等村。

及至明朝成化十三年（1477 年），饶平置县当年，诚简公第三子秉礼公（下厝）和第四子秉智公（顶厝）开始集资筹建造大型土楼民居——道韵楼[9]。后由秉礼公之子豁达公、雅约公、勤朴公和秉智公之子勤羡公继续合资共建。经历数次倒塌，在三四代人不断努力下，于明万历十五年（1587 年）竣工（表 2）。

9 黄朝铃，黄武昌，《中国最大八角（八卦）楼——道韵楼》（非正式发表）。

表 2 道韵楼始建历史

世系	人物	事件	年代	说明
第一世	建饶公	移居饶平县海阳弦歌都下饶堡倒塽村	元朝延祐元年（1314 年）	—
第五世	秉礼公（下厝）	秉智公（顶厝）	明成化十三年（1477 年）	集资筹建
第六世	豁达公、雅约公、勤朴公	勤羡公	继续合资共建	—
—	—	建造完成	明万历十五年（1587 年）	—

那么黄氏家族缘何在饶平制县当年才骤然开始集资筹建大型土楼呢？黄汉民研究发现，土楼民居并非客家民系首创，闽南福佬文化区的土楼民居在数量和质量上都不逊于闽西客家区域，而宁化县石壁乡客家祖庭的客家人并不使用土楼民居，同时粤东北、粤北地区的客家民居是围龙屋，亦非土楼[10]。

10 黄汉民.福建土楼：中国传统民居的瑰宝[M].北京：生活·读书·新知三联书店，2017：294.

11 潘莹.潮汕民居[M].广州：华南理工大学出版社，2013：147.

实质上，在明朝中期之前，围寨土楼也并不是潮汕地区的普遍居住方式[11]。明成化十三年（1477 年）饶平制县的原因是，一方面，"岭东之海阳，程乡（今梅县）二县，因疆域宽广，壤连福建汀（洲）、漳（洲）二府，崇山峻岭、民变啸聚、难以治理"，故巡抚右都御史吴琛上奏，请在三饶增设县治，以利统治。可见彼时，粤闽交界的梅州、潮州饶平等地，外来汉民系与土著少数民族以及各汉民系之间的矛盾冲突频繁，已经到了必须增设行政机构进行控制的地步。

另一方面，明代是我国海上倭患最严峻的时期，明嘉靖（1522—1566年）持续到隆庆（1567—1572年），至万历四十年（1612年），倭寇为害尤甚，史称为"嘉靖大倭寇"。山贼、海盗、倭寇空前猖獗，官府却无力维持安定，号召散居百姓归并大村，呼吁村民们在聚落设防自卫[12]。故明清以来，在东南地区产生了大量具有强烈防御性特征的民居，主要是内陆山地丘陵地区的土楼和沿海地区的围寨[13]。

12 陈春声，肖文评.聚落形态与社会转型：明清之际韩江流域地方动乱之历史影响[J].史学月刊，2011（2）：55-68.

13 宁娟.闽中地区防御性乡土建筑的代表：尤溪县"大福圳"民居建筑探讨[J].南方文物，2021（6）：296-300.

道韵楼黄氏家族定居饶平南联村后，在很长一段时间里是延续客家人原来的院落式小家庭民居。直到明成化年间，面对越演越烈的倭寇、山贼，黄氏家族才加入兴建土楼围寨的大潮流中，这是居住在东南沿海地区的客家人、福佬人在应对同样社会问题下的一致选择。

2. 单元结合通廊式平面

尽管客家人、闽南人、潮汕人皆兴建土楼，但其内部空间组合方式是存在差异的。按交通形式可将土楼分为三类：通廊式、单元式、单元结合通廊式（图1）。在福建，闽西客家人的土楼多采用通廊式，闽南人的土楼通常为单元式[14]，粤东、粤东北客家地区的土楼则主要为单元结合通廊式。

14 黄汉民.福建土楼：中国传统民居的瑰宝[M].北京：生活·读书·新知三联书店，2017：269.

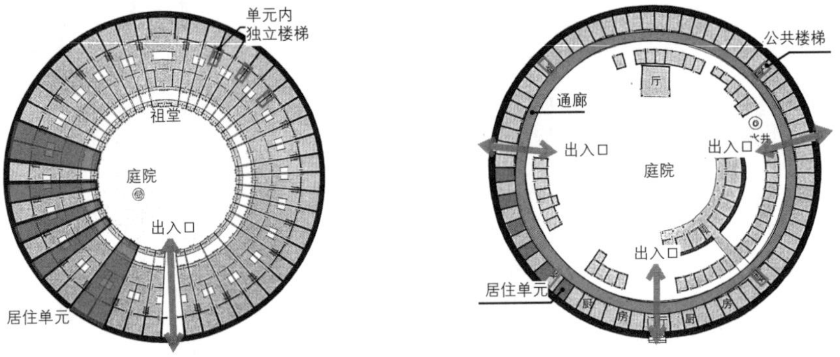

图1 通廊式土楼（左图为顺裕楼）与单元式土楼（右图为龙见楼）

通廊式土楼内空间由廊道串联，使用公共楼梯，在房屋分配中各家可分到不同楼层、不同朝向的房间，平衡各户房间的楼层和朝向，促进家族成员深度融合，也更利于民居的长期维护和修缮，避免家族成员随意买卖房屋。但各户空间的私密性较差，使用公共楼梯，生活起居不方便。

单元式土楼是一户一单元并联，各单元有独立楼梯，楼内既有适合小家庭生活的私密空间（单元户内的居住空间），又有满足大家庭使用的半私密、半公共空间（内院和祠堂），还有供家族活动的公共空间（前埕和池塘）。但各个单元之间的联系较弱，不利于对外防御，在全楼日常维护和修缮事项上也更难协调。

通廊式土楼在空间模式上体现了为家族利益牺牲家庭享受的取向，小家庭拥有连续或分散的数间房屋，类似集体宿舍，没有私密性和独立性。闽南和潮汕土楼则体现出更多独立性和私密性，创造了更舒适的居住条件，类似联排别墅，反映了福佬（潮汕）民系在民居空间处理上既"重家族"也"重家庭"。

广东大埔、饶平等地的土楼民居基本属于单元结合通廊式。单元结合通廊式兼具前两者的优点，既形成了"公共—半公共半私密—私密"的多层空间类型，又有公共走廊加强各单元间的联系，增强土楼的防卫性和家族凝聚力。

道韵楼便为单元结合通廊式平面，中心是大内埕，各居住单元均从中心内埕进入，空间序列依次是门厅—前院—中厅—天井（侧廊）—后厅（后半部分为卧室），后厅侧边靠墙是各户独立通往二、三层的楼梯。公共空间、半公共空间与私密空间层次分明（图2、图3）。

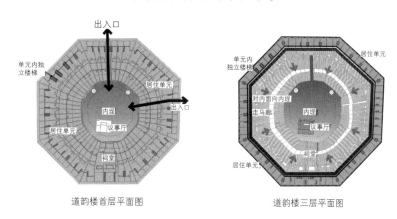

图2 道韵楼单元结合通廊式平面分析图（内廊）

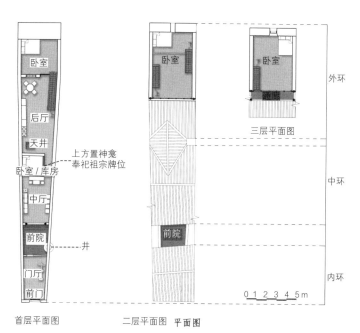

图3 道韵楼平面功能分析图

道韵楼外环三层内侧挑出一环宽约80 cm的走廊。走廊内侧装隔扇门窗，外侧装实腹连续木质栏板。除了正中后期改建的懋侃公祠阻隔外，走廊连接了道韵楼三层所有居住单元，以便遭遇进攻时协同御敌。

3. 客家民居"化胎"意象的呈现

　　道韵楼地面处理的一个显著特征是内埕靠近居住单元有一圈宽约 3.5 m 的通道，尽管中央内埕生土面总体平整，这条通道却是由北边主入口始，分两边起缓坡向上至南边，坡度约 3.35%，且东、西两面分别做三步阶梯抬高，东面在第 9 户、13 户、20 户抬高，西面在第 33 户、40 户、45 户抬高。随着地面抬高，第一、第二环建筑屋面也依随高差，北边屋面最低，自东、西两面做两阶抬高。此外，起坡的通道上并未做类似三合土的平整硬铺地，而是满铺鹅卵石（图 4）。

图 4 道韵楼起坡通道

　　究其原因，从建筑学的角度看，道韵楼用地是一处南高北低的缓坡地，道韵楼坐南朝北，随坡地展开，便于雨污排水。但平整的场地对居民劳动和生活更便利，因此在闽粤广大的山地丘陵地带，绝大多数土楼民居内部地面是平整的，排水通过暗沟、明沟进行处理。另外道韵楼 3.5 m 宽的通道为何满铺鹅卵石？事实上，这种建筑内部地面起缓坡、上覆鹅卵石的做法在闽西客家土楼和闽南、潮汕土楼中非常罕见，却恰恰是粤东北客家围龙屋民居中十分重要的元素——"化胎"的形态特征。

　　化胎是广东客家围龙屋的一个重要识别标志，又称胎土、花胎或花头。"化胎"这个名称既表形又表意，它在形态上仿女性的腹部，是一个中间凸起，往前、左、右三个方向下倾斜的曲面体；在意义上象征母体，将围龙屋的核心——"堂屋"抱在怀中，祈盼长眠于此的列祖列宗保佑围龙屋人丁兴旺[15]（图 5）。

15 吴卫光. 围龙屋建筑形态的图像学研究 [M]. 北京：中国建筑工业出版社，2010：132.

　　客家围龙屋一般沿山脚建在平地与坡地连接处，化胎、围龙和风水林为围龙屋创造了从平地往坡地逐级向上延伸、建筑依地势前低后高的形态。此外，化胎在平面上是突出地面的半圆形，围龙屋前的水塘是凹下地面的半圆形，这两个半圆形呈呼应关系，象征"太极"图像，代表阴阳两极将堂屋围护其中，意为阴阳交合，生生不息，有着深远的文化内涵（图 6）。

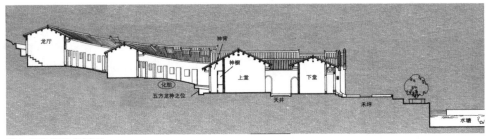

图 5 梅县德馨堂剖面

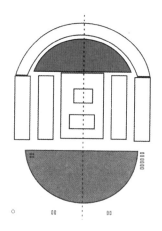

图 6 围龙屋化胎与水塘的对应关系

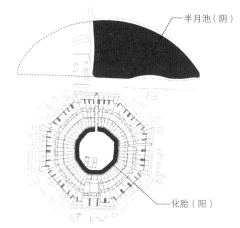

图 7 道韵楼的化胎、月池关系

16 罗香林.客家研究导论 [M].
上海：上海文艺出版社，1992：
180.

17 吴庆洲.建筑哲理、意匠与
文化 [M].北京：中国建筑工业出
版社，2005：56.

罗香林在《客家研究导论》中描述："花胎，龙厅以下，祖堂以上，填其地为斜坡形，意谓地势至此，变化而有胎息。"[16]"胎息"是客家围龙屋化胎的一个重要又神秘的概念。唐代卜应天撰写、清代孟浩注解的《雪心赋正解四卷》记载："体赋于人者，有百骸九窍；形著于地者，有万水千山……胎息孕育，神变化之无穷；生旺休囚，机运行而不息……胎，指穴言，如妇人之怀胎……息，气也，子在胞中，呼吸之气从脐上通于母之鼻息……故曰胎息。"[17]这是对围龙屋化胎和胎息精辟形象的解释。古人将化胎描述为一个动态的系统，蕴含着蓬勃的生命萌动。据此就不难理解化胎的表面为何不用石块或三合土覆盖，而用千万粒鹅卵石或小石子铺设了：鹅卵石或小石子象征百子千孙，石子间的缝隙又可让化胎内的"龙气"转化为"胎息"，这是围龙屋民居中生殖崇拜意识在建筑图像上的反映。

由此推断，道韵楼弧腹形起坡并满铺卵石的通道，不仅仅便于排水，更体现着重要的精神文化内涵。它是粤东北客家围龙屋中重要的精神元素——"化胎"的象征和变体，体现出对客家民居文化中核心概念的呈现与灵活变革（图7）。

四、改建与更换：潮汕建筑文化的融入

1. 改建潮汕风格的祠堂

道韵楼竣工伊始，内环八边形共 56 个开间，每边各 7 个开间，正北边中央主出入口占 1 间，全楼共 55 个居住单元，并未设祠堂。这在粤东北和潮汕地区的土楼民居中颇为常见，例如大埔花萼楼，楼内全部单元尺度一致，正对主入口的单元为观音庙，亦非祠堂。并且在兴建道韵楼之前，饶平黄氏家族已经建设数座家族祠堂，例如黄氏礼派宗祠奉先堂、雅约公祠（六世祖）、秉礼公祠（五世祖）和木轩公祠（七世祖）。

现道韵楼南边的两座祠堂于1919年改建而成。"垂统公祠"位于中轴线上，是下厝大房的宗祠；"懋侃公祠"位于中轴西侧，是下厝三房的宗祠。垂统公、懋侃公皆为十一世祖。据黄氏居民介绍，两座祠堂既是慎终追远、发扬和继承

祖德祖训的精神空间，也是族内接济孤寡、学子助学的公益机构（图8、图9）。

道韵楼居住单元采用了客家土楼的惯常做法，朴素的硬山搁檩屋架，二层、三层内檐柱与金柱间采用桐柱穿斗梁架，桐柱用一层或两层水束拉接，简洁的插栱挑檐用料较小。然而改建而成的两座祠堂、大到门楼、梁架样式，小到柱础、梁头做法，却皆为潮汕建筑样式。

垂统公祠中厅前檐使用斗立桐穿斗梁架，后厅前檐在砖墙上也灰塑出斗立桐穿斗梁架的形象；垂统公祠中厅心间使用等级更高的桐柱、斗立桐抬梁梁架，圆形鸭母桐（图10）。垂统公祠中厅心间金柱是潮汕建筑典型的石质圆形梭柱，柱头无栌斗，直接承梁（图11）。其柱础为圆形鼓磴，下垫覆盆，叠珠型。垂统公祠中厅和后厅前檐的石屐头也为潮汕建筑清晚期十分盛行的柿花型。客家与潮汕两套建筑风格在道韵楼中各处其位，各尽其责，和谐统一于礼制秩序之下。

在装饰方面，垂统公祠与懋侃公祠皆施潮汕脊檩彩画。垂统公祠门厅脊檩彩绘暗八仙，中厅脊檩为包袱彩画，中画先天八卦和太极图，子孙梁书"光前裕后"。懋侃公祠中厅脊檩同为包袱彩画，中画先天八卦和太极图（图12）。

2. 更添潮汕风格的构件

现在道韵楼52扇户门中，有杉木门框15扇、石门框37扇。石门框大多

图8 垂统公祠

图9 懋侃公祠

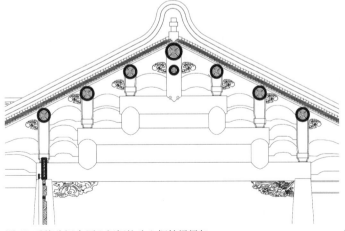

图10 垂统公祠中厅心间桐柱斗立桐抬梁梁架

图11 道韵楼垂统公祠中厅金柱

图 12 道韵楼懋侃公祠中厅脊檩彩画

图 13 道韵楼第 25 户（浣香别舍）门簪（雕刻: 万子千孙）

配方形石门簪，上刻九叠篆方印，大多为一簪一字，垂统公祠、懋侃公祠、浣香别舍等 8 户为一簪二字，内容为"福禄""寿喜""富贵""万子千孙"等吉祥字语。杉木门框则十分简单，皆无门簪。采用石门框与篆刻方印石门簪是潮汕建筑清中期后的流行做法（图 13）。

类似的还有道韵楼外环三层各户的隔扇门窗，现存大多数门窗有着统一形制，在格栅形制较完整的 39 户中，有 26 户的门窗运用客家民居常见的一码三箭直棂槛窗和隔扇门，朴素雅致。而其他形制的使用量显著减少，推测是后期更换，例如如意灯笼锦隔扇 2 户、破子棂槛窗 5 户、方格步步锦槛窗 1 户、雕花槛窗 5 户，雕饰明显更复杂富丽，亦为潮汕建筑清中后期常见的门窗样式。

那为什么道韵楼自明万历十五年（1587 年）建成后历经 300 余年都未改建祠堂，而在民国八年（1919 年）突然改建祠堂？为什么客家土楼里改建的祠堂为潮汕样式，居住单元也逐渐更换潮汕建筑典型的建筑构件？

明嘉靖已降，潮汕传统建筑大致经历了四次营建高潮[18]，道韵楼改建祠堂的时间正处于潮汕地区第四次民居营建高潮。韩江流域的潮州经济文化发展较早，清晚期汕头开埠后商贸繁荣，其文化艺术也卓越领先。梅江和汀江是韩江上游的两大支流，所以潮汕文化在梅江和汀江流域有较大的传播势能。客家核心区梅县的各种建筑工头都要到潮州学艺，石匠、雕花匠、油漆匠等都从潮州聘请[19]。

例如清光绪十二年（1886 年）始建的梅县侨乡村南华又庐，由旅居印度尼西亚华侨侨领潘祥初出资兴建，是一座中轴三堂、两横八堂、共 118 间房的大型客家围龙屋。然而，其最具观瞻意义的大门两侧檐柱是标准的晚清广府花岗岩束腰型柱础，中堂心间则采用雕饰精美的潮汕瓜柱抬梁梁架，可以说南华

18 蔡海松 . 潮汕民居 [M]. 广州：暨南大学出版社，2012: 7.

19 吴庆洲 . 建筑哲理、意匠与文化 [M]. 北京：中国建筑工业出版社，2005: 30.

图 14 梅州侨乡村南华又庐大门檐柱柱础　　图 15 梅州侨乡村南华又庐中堂心间梁架

又庐真正意义上做到了超越民系，博采众长（图 14、图 15）。

五、结语

由于饶平县位于潮汕民系和客家民系文化的交会区，道韵楼在规划设计上呈现出潮汕、客家两种建筑体系相互融合的特征，并且道韵楼在设计上兼容并蓄，汲取了客家、潮汕两种建筑体系中最具代表性的理念和做法。正是对客家和潮汕两套传统建筑精粹的灵活运用造就了道韵楼建筑文化和艺术的卓越成就。

相较民系文化核心区，文化交会区的传统民居呈现出广泛的包容性，有如梅州侨乡村南华又庐，在建造伊始就博采各民系建筑之所长，融通一体；更多的则是如饶平道韵楼，在漫长的时间发展中，通过逐渐增加或改建的方式，形成多民系建筑艺术特征协调并存的风格。

参考文献

[1] 蔡海松 . 潮汕民居 [M]. 广州：暨南大学出版社，2012.

[2] 陈春声，肖文评 . 聚落形态与社会转型：明清之际韩江流域地方动乱之历史影响 [J]. 史学月刊，2011（2）：55-68.

[3] 陈志华，李秋香 . 梅县三村 [M]. 北京：清华大学出版社，2007.

[4] 黄汉民 . 福建土楼：中国传统民居的瑰宝 [M]. 北京：生活·读书·新知三联书店，2017.

[5] 罗香林 . 客家研究导论 [M]. 上海：上海文艺出版社，1992.

[6] 宁娟 . 闽中地区防御性乡土建筑的代表：尤溪县"大福圳"民居建筑探讨 [J]. 南方文物，2021（6）：296-300.

[7] 潘莹 . 潮汕民居 [M]. 广州：华南理工大学出版社，2013.

[8] 三明市地方志编纂委员会 . 三明地名纵横 [M]. 福州：海峡文艺出版社，2013.

[9] 吴庆洲 . 建筑哲理、意匠与文化 [M]. 北京：中国建筑工业出版社，2005.

[10] 吴卫光 . 围龙屋建筑形态的图像学研究 [M]. 北京：中国建筑工业出版社，2010.

[11] 张华莹 . 三饶道韵楼：土楼之王遗世子立 [J]. 源流，2010（15）：70-75.

社会模式演进下的中国古典建筑分期方法研究

Research on the Staging Method of Chinese Classical Architecture under the Evolution of Social Patterns

李 子 昂[1] 姜 省[2]

LI Zi'ang   JIANG Xing

摘要：中国古典建筑在历史演进过程中保持了很强的稳定性和延续性，其分期断代问题一直存在争论，常见的以朝代等历史时期为依据的划分方法面临较多质疑。作为人类社会因素共同作用之表象，建筑的生发演化与社会模式的更替紧密相关。本文尝试在多学科交叉的思路下引入"原型"概念，对复杂多样的建筑形态进行抽象提炼，以探讨社会模式演进对各阶段建筑的影响。经研究可将中国建筑发展分为三个阶段：第一阶段为原型出现前的共性发展期，对应采集社会；第二阶段为原型生成与稳定期，对应社会模式向农耕转型后的原型逐渐孕育并稳定存续的阶段；第三阶段为原型危机期，即近代工商业文明传入导致中国社会面临深度转型，中国古典建筑固有模式亦难以为继。

Synopsis：Chinese classical architecture has maintained strong stability and continuity in its historical process, and the issue of its periodization and dating has always been debated. The division method based on dynasties and other historical periods in the past has faced many doubts. Architecture is the result of the joint action of different factors in human society, and the evolution of architecture is closely related to the replacement of social patterns. This article attempts to introduce the concept of "prototype" in a multidisciplinary approach, in order to abstract and extract complex and diverse architectural forms, and explore the impact of social pattern evolution on various stages of architecture. Through research，the development of Chinese architecture can be divided into three stages: the first stage is the common development period before the emergence of prototypes, corresponding to the collection society. The second stage is the period of prototype generation and stability, corresponding to the stage where prototypes under the agricultural social model gradually conceive and stabilize. The third stage is the prototype crisis period, which is due to the introduction of modern industrial and commercial civilization leading to a deep transformation

1 李子昂，广州大学建筑与城市规划学院；lza@gzhu.edu.cn。

2 姜省，广州大学建筑与城市规划学院。

of Chinese society, and the inherent pattern of Chinese classical architecture is also difficult to sustain.

关键词：中国古典建筑；分期断代；建筑原型
Key Words：Chinese classical architecture; staging and dating; architectural prototype

一、中国古典建筑分期断代之困局

中国古典建筑在漫长的历史演进过程中稳定存续，一直存在难于分期断代的问题。从建筑形态出发，中国古典建筑确不似西方建筑一般有着明显的分期节点。例如，图1中选取的三座建筑建造的时间均相隔千年，但其空间组织方式与建筑形态却延续了相同的元素，均存在轴线与院落围合等空间特质，这体现了中国古典建筑在漫长的历史演进过程中的高度稳定性。李允鉌在《华夏意匠》中谈道："中国建筑……实在是难于对之分期断代。有人做过这件工作，但没有详细提出划分的根据。"[3] 伊东忠太在谈及中国建筑时也坦言"至今犹保太古以来左右均齐之配置，城天下之奇迹也"[4]。可见，中国古典建筑的断代问题困扰学界已久，在本学科那些已被奉为经典的著述中，中国古典建筑的断代多以中国古时的朝代划分[5]，这是较为直接有效的方法，但也会有很多弊端。所谓"易姓改号，谓之亡国"，"亡国"与"亡天下"的争论间接表明相较于朝代变更，经济因素和技术进步对人们生产、生活包括建筑营造活动的影响显然更大，毕竟，工匠并不会因为政权更迭而革新营造技艺。

a. 凤雏西周遗址复原　　　b. 沂南东汉墓画像石的建筑形象　　　c. 敦煌莫高窟中的晚唐宅院

图1 不同"时代"的中国古典建筑[6]

建筑作为众多社会因素共同作用之表象，其发生发展与人类社会的整体进程息息相关，因此对其的分期断代依据也应放大考察范围，将关注视野扩展到人类社会的发展进程。因此，本文尝试以人类学、历史学、社会学等相关学科的观点回视中国古典建筑，寻求产生不同既往的结论，为该问题的解决提供潜在的思路。

二、逻辑前提——人类社会的单向度演进

"社会学之父"奥古斯特·孔德（Auguste Comte）认为，人类社会与动物社会本质并无不同，对于人类社会的研究应纳入自然科学的范畴中。人类是动物进化的"最终项"，"社会"本身与生物体一样是一个"有机体"，社会生

3 李允鉌.华夏意匠：中国古典建筑设计原理分析 [M].天津：天津大学出版社，2014.

4 伊东忠太.中国建筑史 [M].陈清泉，译补.长沙：湖南大学出版社，2014.

5 现有的建筑史学术著作中，中国古典建筑的断代多以中国历史朝代划分。如伊东忠太转引的断代方法，分为前期（石器时代、铜器时代、铜铁时代、汉艺术发达时代）、后期（三国至隋、唐、宋、元、明、清）。《中国建筑史》《中国古代建筑史》《中国古代建筑史》五卷本中的分期方法多以朝代为节点。但相较于朝代变更，经济因素和技术进步对人们生产、生活包括建筑营造活动的影响显然更大，毕竟，建筑营造技艺的革新并不会受政权更迭左右。

6 本图选取的三座建筑建造的时间均相隔千年，但在图像中，其空间组织方式与建筑形态几无二致，均展现了轴线与院落围合等特质，这体现了中国古典建筑在历史发展过程中的高度稳定性。图片分别引自：侯幼彬，李婉贞.中国古代建筑历史图说 [M].北京：中国建筑工业出版社，2002：12，25，63.

7 王东岳.物演通论：自然存在、精神存在与社会存在的统一哲学原理[M].北京：中信出版社，2015：264-265.

活规律是自然规律、生物进化规律的延续，这无疑是极富见地的。王东岳认为，社会的本质也是"物"，而且是与实体物态如动物、静物等无区别的"物"，社会存在与自然存在并不应被区别对待[7]。简而言之，即原子—分子—生物（有机大分子）是在同一脉络上发展而来的（图2）。生物中，从单细胞藻类直至发展为拥有高端理性思维的人类；社会中，则从原始氏族部落的亲缘关系衍生至今日的极端复杂之构型。两者均呈现为从简单发展为繁复、从低级发展为高级、个体从"全能"发展为"残化"的过程，而这一过程是不可逆转的。即，人类作为一个物种不可能"重回"单细胞藻类，同理，当下的工商业社会也无法回归到之前的农业社会乃至原初之状态。

8 "本原"可被认为是老子《道德经》中的"道"，亦可看做宇宙爆炸前的"奇点"，是最原初、最同质的存在。夸克是现今人类发现的最小粒子，夸克互相结合形成强子。强子中最稳定的是质子和中子，它们构成原子核。天然元素组成分子，数以万计的分子构成生物大分子。在这条自下而上的序列上，是复杂程度的递增和稳定性的递减。详见：王东岳.物演通论：自然存在、精神存在与社会存在的统一哲学原理[M].北京：中信出版社，2015：28-31.

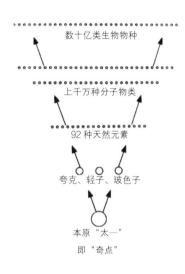

图2 宇宙演化进程图[8]

本文将基于人类社会模式演进（包括采集社会、农业社会、工商业社会三个阶段）的过程"回看"中国古典建筑之生发演化，从而为上述困局寻求破解之法。

三、"原型"概念下的中国古典建筑分期思路

1. 文明前阶段的共性发展期

人类学研究证明，现代智人到达世界各地的时间有很大的差异，但直到他们"占领"美洲大陆南端[9]，处于采集社会时期的各地先民还未诞生真正意义的"文明"。因此，各地域的人类在很长一段时期内的发展是非常接近的，勒芬·斯塔夫罗斯·斯塔夫里阿诺斯（Leften Stavros Stavrianos）在其著作《世界通史》中将这段时期称为"文明前阶段"。

9 人类学研究表明，美洲大陆是现代智人最后抵达的大陆，约1.2万年前，他们从白令海峡大陆桥抵达北美，在约1万年前到南美大陆的南端尽头，至此，世界各大陆皆被现代智人所"占领"。

10 "避难所"（refuge）理论由英国地理学家杰·艾普里顿（Jay Appleton）提出，包含隐蔽和保护的含义；希尔德布兰德转引了这一说法，他认为，远古的人类需要藏身之所，躲避寒冷、风雨、暴晒以及危险的动物，人类自身也渴望"隐私场所"，当然，为了便于观察周边的情况，开阔的视野（prospect）也是必需的。详见：希尔德布兰德.建筑愉悦的起源[M].马琴，万志斌，译.北京：中国建筑工业出版社，2007：16-19.

11 中国历史典籍中有大量关于远古穴居或巢居的记载，亦有相关文献进行了总结和梳理，如《周易·系辞下》中有"上古穴居而野处，后世圣人易之以宫室，上栋下宇，以待风雨，盖取诸《大壮》"；《礼记·礼运》中有"昔者先王，未有宫室，冬则居营窟，夏则居橧巢"等。

然而，对于该时期人类居住状态的推测并非只是"镜花水月"般不切实际，研究者还是可以尝试展开一些合理的想象，格朗特·希尔德布兰德（Grant Hildebrand）在《建筑愉悦的起源》一书中提出"人类对居住的需求在于两点——景观和避难所"[10]，即有较好的视野，以及有较安全的遮蔽。建筑史研究一般认为，人类居住的原始状态是穴居或巢居[11]。如要满足景观及避难所需求，显然巢居较穴居更容易实现。此时人类的活动以获取食物为主要目的，人类的身份只是食物采集者，对于自然则是绝对依赖关系。

尽管难于对该阶段的人类营造活动进行具象刻画，但不代表其于当下的意义是虚无缥缈的，对该阶段居住形式讨论的意义在于，由于其时间跨度极为漫长，人类的基底层思绪在此时完成"积淀"，形成共通的"集体潜意识"，并存续在之后出现的各地域人类的不同建筑"原型"中。

2. 文明生发与"原型"生成

人类在以万年计的时间阶段里以采集和狩猎为生，直至约一万年前迎来巨大变革，尤瓦尔·诺亚·赫拉利（Yuval Noah Harari）在《人类简史：从动物到上帝》中谓之"农业革命"，人们开始将生活的重心转移到种植和饲养几种特定的农作物或动物上，以获取更多的生命能量、繁育更多子嗣。

世界各地发生"农业革命"的时间有着明显的差异，东亚地区大致在公元前 7000 年于黄河中下游平原地区开始，这里气候及土壤条件适宜耕作，为世界三大原始农业起源地之一。这一时期的人类组织形态正值母系氏族社会向父系氏族社会转型的过渡阶段。过渡完成后，阶级意识伴随着贫富差距出现而显现，这导致了部落形态发生显著变化。在一些自然条件较好的地区，聚落密度迅速提高。人口的剧增导致农耕经济时期古人需要面临较以往更为复杂的生存问题：共同决策难以产生，社会分工出现，部落间开始频繁产生冲突，原始崇拜开始孕育。这些变化会深刻地影响聚落的形态，如在聚落周边出现防御性的壕沟，聚落的中心出现有别于一般建筑的独特"大房子"。此时，中国古典建筑原型已经孕育出现，其传承了诸多形成于上一阶段的"集体潜意识"，其主要特征为：材料及结构体系为木构架，形成院落空间，门、堂并置，出现"轴线"，重要建筑已具有明显的台基等。

3. 原型"稳定"期的变与不变

自中华文明诞生，直至近代工商业文明侵入之前的"漫长"历史进程中，中国社会一直为匹配占据主导的农耕经济而不断演进，发展为极为精致且运转有序的农业社会模型。故而，中国古典建筑"原型"自生成后，一方面，由于外部条件（始终被农耕经济模式主导）相对稳定，其中存续的文明前阶段的"集体潜意识"亦得以较完整的保留，并在之后规定了具有"共性"的建筑形态的生成，此为"不变"之处；另一方面，随着经济的发展，人力资源、社会整合能力和营造技艺不断提升，"原型"又在不同历史阶段展现不同的建筑形态，以适应不同社会环境之所需，这是其"变化"之处。

"国家"概念的出现使得社会组织架构更为复杂，一些规则成为人与人或部落与部落交往的基础，这些规则成为最初的"礼"。周朝建立后，分封列国，所谓的"国"就是城圈，"国"占据了最适宜耕作的土地，但这些"国"并不相连，它们之间是牧民活动的区域。此时中国历史的大趋势是牧民活动的区域被逐步挤压[12]，"国"的势力范围逐步扩大。为了有效组织更为复杂的社会关系，一种在普遍崇拜之上的对于"天"的信仰产生了，大规模的祭祀活动成为维护政权稳定的需求，王城和王城中的核心建筑开始被强化和凸显"仪式性"或"纪念性"[13]。为了营造这种"形象"，"原型"的某些特质面临转化——核心的建筑有了更高的台基，更具"层次感"的布局，以及更严整的秩序[14]。建筑形态因社会的需求更为丰富，如人们在凤雏村发现的西周"四合院"。

施展提出，中国在经历秦及汉初的动荡，直到汉武帝时进入了帝国时期的前期阶段——豪族社会[15]，在该历史阶段，豪族世家把控了中国政治长达千

12 钱穆先生称这个时期为"农民集体的武装垦殖的获得时期"。城（或称为"国"）内居住的是耕织之民，城外是游牧之人，这种生存方式古已有之，只不过从事游牧之人逐步被驱逐或被同化。详见：钱穆.中国经济史[M].叶龙，整理.北京：北京联合出版公司，2014：13.

13 巫鸿.中国古代艺术与建筑中的"纪念碑性"[M].李清泉，郑岩，等译.上海：上海人民出版社，2009：99.

14 中国古典建筑在商代之前开间数多为偶数，如四间或八间，奇数开间应开始于周代。详见：李允鉌.华夏意匠：中国古典建筑设计原理分析[M].天津：天津大学出版社，2014：136.

15 统一的秦帝国使北方的各游牧民族南下劫掠的难度增加，使其联合为部落联盟。汉武帝时，汉帝国国力已得到恢复，于是开始对匈奴进行反击，长期战争导致国内户口损失过半。这里的户口损失不单是战争导致的人口大量死亡，而是因军费剧增导致税负增加，大量的人口成为流民，他们不得不依附于豪族，豪族势力与地方官吏结盟，共同对抗中央，是为"豪族社会"。详见：施展.枢纽：3000年的中国[M].桂林：广西师范大学出版社，2018：151-154.

年之久，这是研究这一时期建筑形态不应被忽视的宏观社会背景。秦汉时城市的建设开始尝试与"内含天下"的概念相协调，但其空间逻辑依然发展自"原型"。都城成为帝国的祭典中心，是东亚大陆上建设的最为恢宏的区域。然而，历代帝都吸引了学界过多的目光，在辽阔的中华帝国的其他区域，实际上更应被人们所关注——在豪族社会中，那些世族大家的居住状态应是中华帝国该阶段的代表性建筑类型，其生发是时代大势所趋，有着清晰的脉络——汉武帝时，连年征战导致不堪重税的流民激增，与此同时，商人和地方豪强大肆购买土地，流民别无出处只能依附于他们成为雇工或农奴，各地形成了众多中小型的庄园[16]。随着西汉末年的动荡，一些规模相对较大的豪族庄园成为战时的避难所，史书亦有所记载；到东汉时期，豪族的庄园已"俨如王国"，不仅占据耕地，更占据山林川泽，形成可以自给自足的小型社会集团[17]，庄园四周修筑围墙和深沟，形成坞堡，这样的形象在汉画像砖和明器中多有体现。

豪族社会是中国历史进入帝国制后的前期形态，匹配于农耕经济模式。故尽管坞堡的建筑形态独特，但其依然基于中国古典建筑"原型"而生发。"安史之乱"终结了中国的豪族社会，开始转型步入古代平民社会[18]。宋代一般被认为是非常富裕和开明的时期，在很多艺术史的著作中，宋代的文化、艺术均得到极高的评价。对于城市而言，一个突出的变化是宋代商品经济的发展使"里坊制"被打破，城市空间与以往大不相同。在城市之外，最显著的改变是宋代的庄园与前朝相比已俱不相同，因宋时的庄园并非兼并他人土地而来[19]，"主户"和"客户"相对平等的关系取代了之前豪族社会的"主奴"关系。平等关系使得宋代人们的生活更为丰富，亦有了更多的需求，建筑类型呈现出"多样化"。一个重要且有趣的事实是，中国现存的所有木构建筑遗存均建于"安史之乱"后，而它们也是当今中国建筑史研究最为关注的对象，这可能是造成中国古典建筑分期断代困难的重要因素之一。此外，通过上文的论述可见，如果仅将视野局限于这一历史时期，则更类似于直接观察中国古典建筑"原型"稳定后的"完成态"，而无法对其生发的根本动因和轨迹进行深究。伊东忠太曾做"中国建筑配置形式比较图"，经过比对，他得出了"（中国）宫殿、佛寺、道观、文庙、武庙、陵墓、官衙、住宅，大体以同样之方针配置之"的结论，并坦言此为"天下之奇迹也"。

综上可见，自中华文明生发的"原型"生成之后，中国古典建筑在此后数千年的时间里不断发展以适应不同时代之所需，但其内核却并未发生"位移"——中国历代的匠人始终以原初的材料和技艺不断地在"原型"上雕琢，产生了具有"同一性"的建筑形态。这一过程本可能稳定持续下去，但近代工商业文明的传入使其突然"终止"。

4. 文明更迭下的"原型"危机

东亚大陆诞生文明以来的数千年间只遭遇过两次外来文化"侵入"。第一次是佛教文化传入，由于其产生于印度次大陆，亦是以农耕经济为主的大河文明，因此，佛教文化在与中原文化的融合过程中，显得极为温和，随着唐代大量佛家经典被译为汉语，其与中原文化完成"合流"，诞生了可被称为佛教"新

16 这里所指的"中小型的庄园"是对比同时期欧洲罗马帝国的豪强庄园，汉代文献记载的最大家族庄园所拥有的土地不及罗马豪强大族土地面积的十分之一。详见：陆威仪 . 早期中华帝国：秦与汉 [M]. 王兴亮，译 . 北京：中信出版集团，2016：118.

17 《后汉书》中记载南阳樊氏家族在西汉末年赤眉军起义时，带领宗族成员修筑大型堑壕堡垒，避难于此的家庭超过 1000 户之多。《后汉书·王充王符仲长统列传》记载了豪族大家的宅邸景象："豪人之室，连栋数百，膏田满野，奴婢千群，徒附万计。船车贾贩，周于四方，废居积贮，满于都城。琦赂宝货，巨室不能容；马、牛、羊、豕，山谷不能受。妖童美妾，填乎绮室；倡讴伎乐，列乎深堂。"东汉崔寔所著《四民月令》记载，庄园可以自定刑法，"有不顺命，罚之无疑"；一些庄园甚至训练私人武装，有"部曲"和"家兵"。详见：钱穆 . 中国经济史 [M]. 叶龙，整理 . 北京：北京联合出版公司，2013：108-109.

18 "古代平民社会"一词出自施展先生著作，相对应的是"现代平民社会"。进入平民社会的原因是"安史之乱"爆发导致了中国北方豪族社会的崩溃，不同于"五胡乱华"，"安史之乱"爆发前中原正值均田制时期，豪族经济濒于崩溃之际，且"安史之乱"爆发突然，南迁者并没有足够的时间组织行动，只能零星南迁，社会结构被打散，被动向平民化社会转型。详见：施展 . 枢纽：3000 年的中国 [M]. 桂林：广西师范大学出版社，2018：203.

19 宋代的庄主也属于平民，当时的户口分为"主户"和"客户"，"客户"即替庄主种田的人，亦能成为富人阶层。详见：钱穆 . 中国经济史 [M]. 叶龙，整理 . 北京：北京联合出版公司，2013：249-250.

教"的本土化教派——禅宗。这一过程也体现在中国的佛教建筑演化上，特别是窣堵坡（stupa）转变为中国古典建筑语汇之佛塔。第二次即为近代以来的工商业文明传入，这次文明传入由于双方文化的兼容性不佳，其磨合至今尚未完结，这也导致了今日中国建筑的种种矛盾和问题。西方学者曾以"语言"和"词汇"的比喻来说明近代以来西方文化对中国固有文化的冲击，他们认为，外来文化和思想对旧有体系的塑造效果，在于它们可以在多大程度上使原有社会脱离既定轨道，而不在于它们能独立于旧体系之外而"独善其身"的发展；只要旧有社会生产方式没有被新的社会生产方式所颠覆，"外来的思想就只能够作为某种新'词汇'为原有的思想环境所利用"，只有外来文化的冲击对原有社会达到颠覆性的影响，则发生改变的就不仅只是"词汇"，而是"语言"本身。

中国传统文化是匹配和维护中国农耕经济模式的，在思想上处于"前神学"时期，而当工商业文明伴随着科学之思想到来后，必然会与工商业文明产生激烈的冲突，这是东西方文化冲突的根源。而作为匹配于中国农耕经济模式的中国古典建筑"原型"，也必然遭遇危机，"危机"是全方位的，会体现在不同维度的建筑形态之中。关于这场"危机"，梁思成曾有这样一段论述：

> 如加强中国旧有建筑以适应现代环境，必有不相符合之处。总之，今日中国之建筑形式，即不可任凭各国市侩工程师之随意建造，又不能用纯粹中国旧式房屋牵强附会。[20]
>
> ——梁思成

20 梁思成.梁思成全集：第2卷[M].北京：中国建筑工业出版社，2001：33.

"原型"危机始于近代史开始之后，其至今尚未完结。当西方工商业文明以战争之暴烈形式传入，给中国社会带来根本性变革，中国古典建筑"原型"遭遇危机与挑战，必然面临转化，而东西方文化兼容性不佳，使得转型过程极为困难，至今尚未完成（图3）。

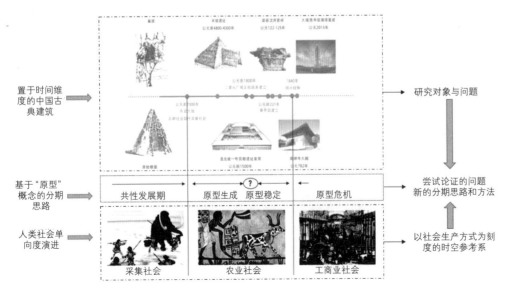

图3 中国古典建筑的生发演进历程

四、结语

基于人类社会模式演进的过程"回看"中国古典建筑的生发演化历程，通过"原型"的引入，将中国古典建筑的演化历程划分为 3 个阶段：以中国古典建筑"原型"出现前的人类共性发展期为第一阶段，对应采集社会；在东亚大陆爆发"农业革命"，社会形态向农业社会转型后，受自然及其他社会因素共同作用，中国古典建筑"原型"逐步生成，并在之后漫长的历史阶段保持"稳定"（原型生成和稳定期）为第二阶段；第三阶段为近代工商业文明传入后，"原型"稳定发展进程被"打断"，中国社会面临深度转型，中国古典建筑固有的模式亦难以为继，此即原型危机期。

参考文献

[1] 戴蒙德 . 枪炮、病菌与钢铁 人类社会的命运 [M]. 谢延光，译 . 上海：上海译文出版社，2014.

[2] 葛兆光 . 宅兹中国：重建有关"中国"的历史论述 [M]. 北京：中华书局，2011.

[3] 韩茂莉 . 中国历史地理十五讲 [M]. 北京：北京大学出版社，2015.

[4] 赫拉利 . 今日简史：人类命运大议题 [M]. 林俊宏，译 . 北京：中信出版社，2018.

[5] 侯仁之 . 历史地理学四论 [M]. 北京：中国科学技术出版社，1994.

[6] 侯幼彬，李婉贞 . 中国古代建筑历史图说 [M]. 北京：中国建筑工业出版社，2002.

[7] 侯幼彬 . 中国建筑美学 [M]. 北京：中国建筑工业出版社，2009.

[8] 李允鉌 . 华夏意匠：中国古典建筑设计原理分析 [M]. 天津：天津大学出版社，2014.

[9] 刘敦桢 . 中国古代建筑史 [M]. 2 版 . 北京：中国建筑工业出版社，1984.

[10] 刘致平 . 中国居住建筑简史：城市，住宅，园林 [M]. 北京：中国建筑工业出版社，1990.

[11] 鲁西奇 . 中国历史的空间结构 [M]. 桂林：广西师范大学出版社，2014.[12] 潘谷西 . 中国建筑史 [M]. 6 版 . 北京：中国建筑工业出版社，2009.

[13] 施展 . 枢纽：3000 年的中国 [M]. 桂林：广西师范大学出版社，2018.

[14] 孙大章 . 中国古代建筑史（第五卷）：清代建筑 [M]. 2 版 . 北京：中国建筑工业出版社，2009.

[15] 王贵祥 . 东西方的建筑空间：传统中国与中世纪西方建筑的文化阐释 [M]. 2 版 . 天津：百花文艺出版社，2006.

[16] 王鲁民 . 中国古典建筑文化探源 [M]. 上海：同济大学出版社，1997.

[17] 吴庆洲 . 建筑哲理、意匠与文化 [M]. 北京：中国建筑工业出版社，2005.

[18] 赵汀阳 . 惠此中国：作为一个神性概念的中国 [M]. 北京：中信出版社，2016.

显隐并存——浅析近代高校教育建筑群的模因演变 [1]

Explicit and Hidden Coexistence — An Analysis of the Memetic Evolution of Modern Higher Education Buildings

刘　洋 [2]　张　卫 [3]　徐　钦 [4]　石东浩 [5]

LIU Yang　ZHANG Wei　XU Qin　SHI Donghao

摘要：近代中国东西方文化交融碰撞，近代建筑成为这段历史的直接见证者。其建筑形态体现了东西方建筑文化的碰撞杂糅。模因论作为一种文化传播的研究理论，成为解释这种现象的途径之一。研究以近代教育建筑群为对象，选取六处分布于不同文化区的近代教育建筑群样本，在模因的视角下分析其形态演变的特征与规律，并总结其显性与隐性特征，归纳近代建筑文化融合吸收的过程及其对当代中国建筑文化建构的思考。

Synopsis：The fusion and collision of Eastern and Western cultures in modern China have made modern architecture a direct witness to this period of history. Its architectural form reflects the collision and fusion of Eastern and Western architectural cultures. Memetics, as a research theory of cultural dissemination, has become one of the ways to explain this phenomenon. The study focuses on modern education buildings, and selects six samples of modern education buildings distributed in different cultural areas, analyzes the characteristics and laws of their morphological evolution from the perspective of memes, summarizes their explicit and implicit characteristics, summarizes the process of integration and absorption of modern architectural culture, and reflects on the construction of contemporary Chinese architectural culture.

关键词：模因论；近代教育建筑；建筑形态；建筑模因；演变
Key Words：memetics; modern education building; architectural form; architectural memes; evolution

1 【基金资助】国家自然科学基金项目："基于多标记学习的历史建筑智能上色方法研究"（61572524）。

2 刘洋，湖南省交通规划勘察设计院有限公司；172631342@qq.com。

3 张卫，湖南大学建筑与规划学院。

4 徐钦，湖南省交通规划勘察设计院有限公司。

5 石东浩，湖南省交通规划勘察设计院有限公司。

一、研究概述

在东西方文化交融杂糅的近代，近代建筑充分展现了东西方文化从强势介入、顽强抵抗到逐渐吸收、相互融合的矛盾过程。近代教育建筑是庞大的近代建筑类型中的一个群体。相比其他建筑类型，近代教育建筑常经过系统的规划与设计，具有相对严密的逻辑与对位关系；且大部分近代教育建筑处于持续的使用当中，保存状况较为完好，具有相对完整的建筑遗传信息；除此以外，部分近代教育建筑与中国古代书院同处一地，多处近代教育建筑群保留了古代、近代、现代等不同时期的建筑本体，表现出一脉相承的建筑文化特点。因此，近代教育建筑能够较好地反映近代建筑文化介入与吸收的过程，且对当代建筑文化的研究具有一定的借鉴意义。

本文以六处分布于不同地理文化分区、近百年来持续使用全国重点文物保护的近代建筑群作为研究对象（表1），分析其在不同文化影响下建筑群形态特点演变与发展的成因、模式、规律。

表1 研究对象

文化区	建筑群名称	文物等级
燕赵文化区	清华大学早期建筑群	全国重点文物保护单位
中原文化区	河南大学早期建筑群	全国重点文物保护单位
荆湘文化区	武汉大学早期建筑群	全国重点文物保护单位
吴越文化区	南京大学早期建筑群	全国重点文物保护单位
八闽文化区	厦门大学早期建筑群	全国重点文物保护单位
巴蜀文化区	四川大学早期建筑群	全国重点文物保护单位

二、理论背景

本文试图利用在生物学与语言学中已具有一定研究成果的"模因论"作为研究的理论基础。与生物学上的基因类似，模因是一种携带文化信息的单位[6]。不断得到复制与传播的口头语言、书面文字、习俗观念，甚至是社会行为等都属于模因。它常被描述成为一种"思维病毒"，通过感染人类的大脑而"寄生"在宿主的大脑中[7]，这位宿主又将这种"思维病毒"传播给他的下一代或者更多人（图1、图2）。模因具有变异性、选择性、遗传性三个特征[8]，在长期的传播过程中，模因最好以一种看得见或听得到的载体得到传播[9]，从而具有稳定性。本文以"模因"作为融合近代建筑文化的介质，研究近代建筑文化的传播与发展。

三、近代教育建筑群模因特点

20世纪初期，随着列强入侵，中国古典书院教育体制逐渐融合吸收西方教育体制，表现出多元化的特征。这种特征体现在校园规划、建筑形态等方面，形成了一种独特的近代建筑文化特征。

6 道金斯.自私的基因[M].卢允中，张岱云，陈复加，等译.北京：中信出版社，2012.

7 清华大学校史研究室.清华大学九十年[M].北京：清华大学出版社，2001.

8 布莱克摩尔.谜米机器[M].2版.高申春，吴友军，许波，译.长春：吉林人民出版社，2011：20-21.

9 AUNGER R. Darwinizing culture: The status of memetics as a science[M]. Cambridge: Cambridge University, 2000: 163-173.

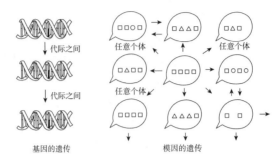

图 1 模因的特点　　　　　　　　　图 2 模因与基因比较

1. 校园规划模因特征

中国古典教育建筑以书院与贡院等建筑类型为主。这类建筑在选址环境上，沿袭了中国传统文化与建筑天人合一、道法自然的环境思想，习惯将建筑选址在依山面水、负阴向阳的场地环境；在规划布局上，则将儒家教育思想中"礼制"这一等级观念作为教育伦理与规划设计的准绳，古代书院的讲堂、藏书楼、祠堂一般都设置在中轴线上，以体现尊师重学的含义，而斋房、园林等附属建筑则分立在中轴线两侧，形成众星拱月的态势，构建出相互组合、层层递进的空间模式（图 3）。西方近代教育建筑在工业革命的发展下，迅速形成专业独立、开放自由的校园规划布局模式，根据实际需要采取不同模式的校园布局形式，其中，方院式、草陌式等校园布局形式成为主流（图 4）。

图 3 岳麓书院鸟瞰 图片来源：http://www.hnu.edu.cn.　　图 4 弗吉尼亚大学鸟瞰 图片来源：http://www.virginia.edu.

东西方不同的文化教育理念影响着校园规划设计，左右着近代中国教育建筑的校园规划。清华大学近代校园规划历经三次主要设计。第一次在 1914 年由美国建筑师亨利·墨菲（Henry Killam Murphy）所做的规划设计，采用美式校园"草陌式"布局，以大礼堂为核心，两侧布置建筑，围合出中央广场空间，体现美式单向性的校园中心[10]（图 5），由美式建筑模因控制校园规划。1930年由杨廷宝主持的校园规划则重新组织了校园道路系统与空间层次，蕴含了较多的纵向与横向层层展开的空间序列（图 6），具有明显的中国传统书院空间格局特点，使得中国园林旷奥兼用的空间特色在墨菲校园规划的基础上得到了升华。第三次由沈理源先生主持的设计，在杨廷宝先生的校园规划基础上进行了更多空间层次的延展。

河南大学与武汉大学的近代校园规划更多地体现了中国古典书院建筑模因与传统哲学模因的作用。河南大学在河南贡院的基础上兴建而成，规划将大

10 冷天. 墨菲与"中国古典建筑复兴"：以金陵女子大学为例 [J]. 建筑师，2010（2）：83-88.

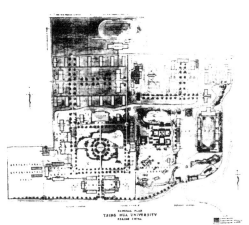
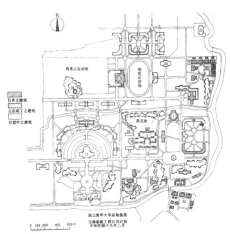

图 5 清华大学 1914 年版校园规划 图片来源：张复合 . 北京近代建筑师 [M]. 北京：清华大学出版社，2008.

图 6 清华大学 1930 年版校园规划 图片来源：杨廷宝，南京工学院建筑研究所 . 杨廷宝建筑设计作品集 [M]. 北京：中国建筑工业出版社，1983.

11 陈宁宁 . 黉官圣殿：河南大学近代建筑群 [M]. 开封：河南大学出版社，2006：50.

12 李传义 . 武汉大学校园初创规划及建筑 [J]. 华中建筑，1987，5（2）：68-69.

礼堂置于校园中轴线北端，将斋房置于中轴线两侧，南端则是传统牌楼式校门（图 7），将传统书院空间层层递进的模式体现得淋漓尽致 [11]。武汉大学拥有独特的地理位置，位于东湖湖畔与珞珈山麓，地势高低缓急、起伏有致，湖、光、山交相辉映 [12]。校园规划本着"轴线交错、主次分明、中央殿堂、四隅崇楼"的思想，采用"远取其势，近取其质"的手法（图 8），把环境、地形、建筑融合在一起，充分表达了中国传统思想物我一体的自然模因思想与环境模因思想。

南京大学与四川大学则将近代传播福音的教会思想及教会建筑模因体现在校园建筑之中。两所学校均将钟楼或具有钟楼功能的建、构筑物置于校园空间轴线顶端，以钟楼的功能性与象征性时刻彰显着校园建筑的精神属性，让教会建筑模因从物相到精神都在持续传播（图 9、图 10）。

2. 建筑形态模因特征

中国传统建筑以官式宫殿建筑占据建筑体系的主要话语权，地方民居建筑与其他类型建筑也展现了精妙绝伦的建筑意匠。传统建筑从比例到细节充满着古代匠人的哲思与奇技，其中最突出的是建筑屋顶的组合方式，庑殿、歇山、悬山、卷棚、抱厦等屋顶形式的组合带来了多种多样的古代建筑艺术，辅以灵活多变的鸱吻走兽、精妙绝伦的云纹照壁等细节处理，为建筑增添了一分灵气。

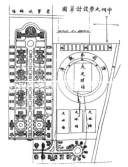

图 7 河南大学 1922 年版校园规划 图片来源：张宏志 . 河南大学近代教育建筑研究：从书院到大学的演变过程 [D]. 西安：西安建筑科技大学，2005.

图 8 武汉大学全貌 图片来源：http://www.whu.edu.cn.

图 9 南京大学北大楼　　图 10 四川大学钟楼

西方古典建筑自古罗马时期开始则更偏重理性、比例、母题，在大多数西方古典建筑中，通常都以柱式作为控制建筑主立面的重要构件，当其传播至近代中国，柱式仍然是一种重要的建筑模因。在近代教育建筑形态上，东西方传统与古典建筑模因相互吸收、相互影响，形成了具有独特风貌的形态特点。

清华大学建校基础资金部分来自 1904 年美国《减免部分拳乱赔款，资助清国留学美国》的建议书。1908 年清政府成立"留美培训学校"，这也成为清华大学的前身。建校初期，美式校园思想成为校园基础设施建设的主流，最著名的"四大建筑"——图书馆、科学馆、大礼堂、体育馆（图 11），则基本上以西方古典复兴建筑特征为主，爱奥尼柱式、装饰艺术风格、折中主义装饰主导了"四大建筑"的立面形式。在后期的建设中，由中国建筑师杨廷宝、沈理源等主导建设，在西方古典建筑与中国传统建筑之间找到一种平衡的设计风格，以此来对抗西方文化模因的强势入侵。

图 11 清华大学"四大建筑"

河南大学与武汉大学在动乱的近代之中兴学，代表了国民政府对国家教育的殷切希望。两所大学在校园建设过程中，虽然或多或少受到西方建筑师的影响，但是其校园空间布局、建筑主要形态却充分体现了中国传统文化思想与传统宫殿建筑。河南大学大礼堂主体部分为重檐歇山顶，门厅部分为单檐歇山顶，两侧楼梯间部分为卷棚歇山顶，在细部上以中国传统建筑装饰点缀，屋顶与屋身之间以垂花门与彩画进行过渡（图12），展现了官式建筑的主要特点。武汉大学将图书馆置于珞珈山巅，俯瞰整个校园，成为校园文脉的象征，建筑中部为八角歇山单檐，屋顶上立七环宝顶（图13），四周为单檐双歇山式塔楼。中央大屋顶南面两角立有云纹照壁，其间的护栏因左右的勾栏和中央的双龙吻脊形成"围脊"的效果，屋顶组合方式丰富多彩。

南京大学与四川大学校园建设则是近代教会建筑在中国的代表。南京大学北大楼在传统歇山屋顶的中部嵌入一座高耸的钟楼，钟楼顶部设计十字脊歇山屋顶，这种强行组合的方式，体现了浓厚的教会建筑模因的影响。

厦门大学近代校园建设是爱国华侨陈嘉庚先生耗费毕生心血的巨作，建筑以闽南地区传统建筑"三川脊"作为屋顶控制因素（图14），以古典柱式作为立面控制因素，将"民族复兴"式的建筑思潮、西洋古典复兴建筑风格、福建民居建筑工艺相互融合，达到圆融自洽的美感（图15）。

图12 河南大学大礼堂

图13 武汉大学图书馆

图14 闽南地区传统建筑

图15 厦门大学群贤楼群

四、近代教育建筑群模因规律

中国古典大学经历了两千多年的发展后，在19世纪初中国近代剧烈的社会变革中逐渐发生改变，这种改变并非自然发展的结果，而是在国家"内忧外患"的情势下的"突变"。在经历了战争的惨败后，政府和民众被迫学习西方的经验与模式。以"人文"为取向的中国古典大学，逐渐向以"科学"为价值导向的近代大学过渡,直至转变为现代大学[13]。

13 冯刚,吕博.中西文化交融下的中国近代大学校园[M].北京:清华大学出版社,2016.

在这一转变的近代历史进程中,中国政治体制多次变革,社会背景的混乱加上战乱频繁,导致中国近代高校创立的历史背景出现了多样化的特征。一方面,这些不同的时代因素与创立背景造成了校园规划与建筑形态的差异化;另一方面,建筑文化也成为一支潜藏的力量在深层控制着建筑师的思想,左右着建筑师的决定。

1. 时代因素差异造成显性形态变化

在近代动乱不安的社会背景下,中国高校办学背景错综复杂,导致了建筑形态的多样性。首先是庚款建筑群,以清华大学为代表。如前文所述,庚子退款展现了以美国为首的西方国家试图通过教育的手段控制国民思想的意图。在教育思想与校园建设方面,美式校园的精神在清华大学的前期建设过程中起到了不可磨灭的作用。因此,在建筑形态上采用西洋古典式也就成了顺理成章的事情。西洋古典式的特点较为明显地表现在清华大学"四大建筑"上,古典建筑语言控制着主立面的比例尺度以及细节装饰。

其次是教会建筑群。在西方,宗教作为一种社会力量由来已久,现代大学起源于欧洲中世纪大学,而中世纪大学则具有浓厚的宗教背景。西方传教士来华传教过程中带来的宗教文化与中国本土文化碰撞、冲突、融合,在建筑上则表现为传统复兴式建筑加上钟楼这种新的建筑组合形式。基督教的"文化模因"与中国传统建筑载体相结合虽然在构图上略显别扭,但也不失为一种独特的文化融合尝试。19世纪以来,基督教以及天主教在中国设立了包括金陵大学、华西协和大学、燕京大学、长沙雅礼大学、之江大学等在内的多达17所教会大学,大部分校舍建筑均表现出明显的宗教性质。

最后是国府建筑群。近代中国虽然战乱不断,执政政府几经更易,但是中国传统文化中崇文重教的思想传统没有改变。晚清政府、北洋政府、国民政府,在执掌政权过程中都积极发展教育。其中,以武汉大学、河南大学为代表。在这一批高校的校园规划中,轴线关系十分明晰,礼堂或图书馆成为校园建筑中的控制性节点,校园空间层次丰富,建筑立面比例严谨,既体现了传统书院氛围,又符合传统建筑构图,也加入了西方古典建筑细部。

在中国近代大学的创建过程中,还有一个非常重要的群体,那就是倾其所有以教育报国的爱国志士,他们的贡献形成了近代中国的华侨教育建筑群。例如马伯相建立的复旦大学、张伯苓建立的南开大学以及陈嘉庚建立的厦门大学。爱国华侨海外生活的经历深刻影响了他们在建校办学过程中的选择,这一批校舍的建筑风格,相比其他办学背景的建筑群来说,更加轻松与自由、浪漫与杂糅,将兼容并包、兼收并蓄的文化气质体现在建筑中。

2. 建筑文化思潮导致的隐性设计思考

中国历史上文化思想百家争鸣,汉代以来,儒家独尊,儒学对中华民族文

14 李泽厚. 中国古代思想史论 [M]. 北京：生活·读书·新知三联书店，2008：312.

化的发展有着重要的影响 [14]，儒学中的"天人合一""礼乐相成"的思想更是在多方面影响着中国传统文化与传统建筑，而这种文化模因也遗传到近代教育建筑中，影响着近代教育建筑的布局与设计。与此同时，西方文化随着战争、宗教、科技等途径传播至中国，在一定程度上使传统建筑产生"变异"。两种文化作为一种看不见的势力在深层影响着近代教育建筑的风格与演变。

在中国近代教育建筑群中，多数建筑群都是在古代建筑遗迹周围建立起来的，清华大学、河南大学、湖南大学都是如此。古代建筑中的文化内涵也在一定程度上影响着近代建筑。以湖南大学为例，湖南大学校内的岳麓书院位于山脚，处于岳麓山两座山峰之间的峡谷地域，岳麓山的水流汇集于此。每到夏天，泉水叮咚，清风徐至，书院的建设充分利用了清风峡的风景与小气候。湖南大学校园建筑在近代建设过程中由于战乱等因素几经更迭，加之受地形限制，没有形成明显的轴线对位关系。但正是因为建设时间长并受到地形限制，湖南大学校园形成了一种以书院为核心的"形散神聚"式布局，校园建筑掩映在山林之中，清幽宁静，与自然融为一体。

西方建筑文化传入中国以后，多以古典建筑形式植入近代教育建筑，这和西方文化极致的理性思维、严谨的哲学思辨、精确的建筑模数、典雅的建筑气质不无关系。西方文化将理性、思辨的思维模式投射在建筑上，形成了严谨的比例、精确的母度。西方建筑文化模因以柱式作为最直接的语言影响着中国近代教育建筑，多立克柱式与爱奥尼柱式搭配大屋顶常常成为近代教育建筑主立面的控制性因素，以柱式的直径与高度作为建筑形态比例协调的基础，并影响着建筑单体与建筑群其他部位的设计。这体现了西方文化对数理与精度的追求，也展示了西方文化对中国近代建筑文化的移植与影响。

五、结语

近代中国社会环境风起云涌，政权更迭与战乱频繁造成了社会的动荡不安与文化的交错融合，东西方文化在这一时期相互碰撞杂糅，在建筑上形成了一种新的建筑风格，近代教育建筑作为近代建筑的一种类型，由于具有稳定性与延续性的存在特点，成为研究近代建筑较好的样本，也直观地展现了这一时期近代建筑融合西方建筑文化、树立中国建筑文化的路径。

当前，面对百年未有之大变局，时代变迁、技术更新、疫情阻隔等一系列新挑战、新风险、新问题，笔者认为，当代中国建筑在研究与继承近代建筑发展脉络的基础上，应该建立起更强大的文化自信，以近代建筑文化的发展路径作为楔子，以传统文化为魂，将中国传统哲学道法自然、天人合一的环境观吸收消化；以地域文化为骨，扎根地方特色、地域特色与地理特色；以当代文化为身，回应现实，直面需求，建立起更具意涵、更具特色、更具力量的当代中国建筑文化体系。

参考文献

[1] 布莱克摩尔 . 谜米机器 [M]. 高申春，吴友军，许波，译 . 长春：吉林人民出版社，2011.

[2] 陈宁宁 . 黉宫圣殿：河南大学近代建筑群 [M]. 开封：河南大学出版社，2006.

[3] 道金斯 . 自私的基因 [M]. 卢允中，张岱云，陈复加，等译 . 北京：中信出版社，2012.

[4] 冯刚，吕博 . 中西文化交融下的中国近代大学校园 [M]. 北京：清华大学出版社，2016.

[5] 冷天 . 墨菲与 "中国古典建筑复兴"：以金陵女子大学为例 [J]. 建筑师，2010（2）：83-88.

[6] 李传义 . 武汉大学校园初创规划及建筑 [J]. 华中建筑，1987，5（2）：68-69.

[7] 李泽厚 . 中国古代思想史论 [M]. 北京：生活 ·读书·新知三联书店，2008.[8] 清华大学校史研究室 . 清华大学九十年 [M]. 北京：清华大学出版社，2001.

[8] AUNGER R. Darwinizing culture: The status of memetics as a science[M]. Oxford: Oxford University Press, 2000.

融入自然的和谐共生——傈僳族传统民居演进与调适 [1]

Harmonious Coexistence with Nature — The Evolution and Adaptation of Lisu Traditional Houses

施 润 [2]

SHI Run

摘要：本文以三江并流区域傈僳族传统民居为研究对象，调研三种典型傈僳族民居的基本特质，提取传统民居建筑属性特征，借助建筑的空间可视化呈现，对傈僳族民居的建筑文化及与之相关的人类学、社会学、民族学观点进行叠置分析，从而在结构化层面探究多民族地区的傈僳族传统民居建筑的交流、交会、交融。本文结合自然环境与迁徙历史以生计方式变迁演变作为切入点，考察了傈僳族民族建筑文化的历史演进，为探究多民族地区传统民居建筑的共性与分异及复杂与矛盾性的研究提供借鉴。

Synopsis： Taking the Lisu traditional houses in the Three Parallel Rivers region as the research object, this paper investigated the basic qualities of three typical Lisu houses, extracted the characteristics of the traditional houses' architectural attributes, and, with the help of the spatial visualization of the buildings, superimposes analysis of the architectural culture of the Lisu houses and the anthropological, sociological, and ethnological perspectives associated with them, so as to explore the communication intersection, and integration of the traditional houses of Lisu houses in multi-ethnic areas at a structural level. This paper examines the historical evolution of the Lisu ethnic architecture culture by combining the natural environment and migration history with the evolution of livelihood changes as an entry point. It provides a reference for the study of the commonalities and differences, complexity, and contradictions of traditional residential architecture in multi-ethnic areas.

关键词：傈僳族；生计方式；自然和谐；交流交融
Key Words：Lisu; livelihood; natural harmony; communication and integration

1 【基金资助】云南省哲学社会科学艺术科学规划项目"三江并流地区傈僳族传统村落保护与发展对策研究"（A2017QS26）。

2 施润，天津大学建筑学院；150922111@qq.com。

　　傈僳族是一个历史悠久的古老民族。傈僳族拥有自己特色鲜明的社会文化、语言和文字，支系较多，跨界、跨境居住。傈僳族人最早的信仰属于原始宗教，相信万物有灵论，崇拜自然，对自然界的一草一木、一山一河都怀以敬畏之心。傈僳族建筑文化也独具特色，与其他文化交融共通。系统、全面、完整地研究一个民族的建筑文化及与之相关的人类学、社会学、民族学观点是目前民族建筑史学的热点。

　　傈僳族史就是傈僳族人的迁徙史，也是傈僳族的发展史。傈僳族民居建筑的变迁、演化、发展生动地反映了历史本身是一个不断进化的过程[3]。传统民居建筑发展阶段的演进能充分反映发展变化的各种因素[4]。影响民族发展的因素既有内因也有外因，包括自然、人、社会、政治、文化、经济、技术等各种因素，傈僳族民居建筑是这些因素集中、全面、系统的表达。傈僳族人在特定的时间、特定的地域、特定的层次创造了不同的建筑环境，在不同时期、不同地区遗存不同的营造方式。本文以三江并流区域傈僳族主要聚居地为研究范围，对主要民居进行深入调研与测绘，建立了基本的傈僳族传统民居数据库，并收集整理了一些较为分散历史资料，通过对现有研究成果进行综合整理，对这些分散的聚落和建筑进行系统研究，在现代建筑学理论的指导下进行归纳研究。

　　傈僳族迁徙生活于复杂的山水地形环境中。对于民居而言，山水地形不仅是建筑的物质空间环境基底，也在历史过程中与民族的文化表现、经济发展、社会组织等有着复杂互动。傈僳族迁徙文化与山川地形的关系较大，也受到生计方式的演进与更替等多种因素影响，随着时代发展而动态演变，其立体而完整的典型特征具备丰富的学术内涵。将民族建筑在社会变迁的历史和现实中对其生计方式的转换进行讨论，将迁徙和游动与生计方式变迁联系起来讨论族际交往、族群关系与民族认同对民族传统民居变迁的影响[5]，以生计方式变迁演变作为切入点来考察傈僳族民族建筑文化的历史演进，是研究以傈僳族为代表的为数众多的中国少数民族的发展史所特有的研究视角，能够触及少数民族建筑史研究中未触及的历史现象[6]。传统民居建筑是傈僳族特征最突出、历史积淀最丰富的人类学遗存。本文既考察建筑学意义上的传统民居演化发展，也关注傈僳族传统民居在不同时期对人类学、民族学诠释方式的变化，希望用结构化的建筑学来探讨这种变化背后的时代状况与社会观念的转换。

一、采集与狩猎：自然资源养育的傈僳族基本建筑形式

　　傈僳族居住于峰峦重叠、百川汇流的三江并流区域。独龙江、怒江、澜沧江分流其间，形成南北走向的闻名于世的高山峡谷区。这里是著名的世界自然遗产"三江并流"核心地区。全面研究傈僳族传统民居建筑演化发展过程就是研究三江并流核心区的人文、自然变化发展过程。傈僳族分布较广且较为分散，具有形式多样的传统民居形制或形态，具有独特的自然地理环境、特殊的社会发展历史以及多元化的民族文化特征。

3 欧光明.中国傈僳族[M].银川：宁夏人民出版社，2012：13-14，120-121，327.

4 杨大禹，朱良文.云南民居[M].北京：中国建筑工业出版社，2009：11，71，93.

5 黄育馥.20世纪兴起的跨学科研究领域：文化生态学[J].国外社会科学，1999（6）：19-25.

6 罗康隆，何治民.论民族生境与民族文化建构[J].民族学刊，2019（2）：14-21.

1. 傈僳族传统民居：融入自然的营造技艺

傈僳族传统民居营造是崇尚自然、天人合一的完美表达。傈僳族依山而居，择林而住，山林为傈僳族人提供了生产生活资料，木材、竹材、泥土和石头自然成为傈僳族人的主要建筑材料。不同地区的傈僳族民居使用不同的建筑材料，傈僳族民居基本模式也被不同建筑材料之间的结构关系与搭建的模式固定。随着时代变迁，在居住地的差异中，傈僳族民居形成了特色鲜明的外观形态和地域建筑特征，其融入自然的营造技艺和基本模式被深深地刻入民族文化基因（表1）。

表1 三江并流地区傈僳族建筑差异

怒江流域	澜沧江流域	金沙江流域
怒江傈僳族自治州 大兴地镇鲁奎地村	维西傈僳族自治县 叶枝镇同乐大村	德钦县拖顶乡大村

怒江流域、澜沧江流域、金沙江流域三地的傈僳族传统民居由不同形式、不同材料建造而成，但都表现出十分明确的傈僳族文化基因原点与遗传密码，都具有顺应自然条件变化而变化的适应性特质，随地理条件变化而变化的因地制宜特色，这正是傈僳族自然传统建筑生命力强劲的一个重要体现。这种合成而来的作用模式凝聚了傈僳族深厚的自然崇拜文化和民族体验，而这种民族体验并没有随着时代的发展与变迁而淡化，也没有因聚居、散杂居在民族交流交融中的变迁而淡化。

搭建傈僳族传统民居的建筑材料、营造技艺在不断变化，但是三种基本形态始终是经典的民族标识符号，深深地印刻在世代傈僳族民族的心中。

2. 傈僳族传统民居：自然与人的和谐民居形制

傈僳族崇拜自然，依山傍水，选择坡地顺山势搭建民居。傈僳族传统民居按照基本的建造模式，用预先准备好的材料可以在很短时间内建成，其在不同的地区环境下，既表现出许多的共同特征，又存在各自的差异。

傈僳族民居作为一种传统民族建筑，起源于迁徙流动先民对居住的需求，但是它又不是单一的居住类建筑。傈僳族民居具有极强的功能多样性。经济社会发展的家庭需要更多的房间和更大的院落从事生产生活。随着生产力发展原有空间形态无法满足新的生产方式以及随之带来的生活方式的变化。空间进行了更细的划分，相似性较高的行为被集中，差异性高的行为被分离。形制演变主要体现为水平和垂直方向的扩张。变异及类型的选择主要受自然条件和生产方式等因素的影响。

演化过程大体为：民居单元体平面形式从独栋式、多栋式到一半开敞式院落或合院式院落[7]。正房平面形式由单开间到多开间，并向双层至多层发展。

7 施润.历史文化村落的地域文化表征及营建规律比较研究：以同乐大村、兴蒙乡为例[D].昆明：昆明理工大学，2014.

演化的主要方式包括：1）从单体到合院的变化实现了人畜分离和主要空间与辅助空间在空间上的分离。2）生活方式的改变实现了食寝分离、就寝分离、家庭规模扩大后公私分离的住居空间形态演化。3）家族公共空间和私人空间功能独立且各自完善，为居住的文化功能形成提供了条件。4）不同地区的聚居、散杂居形式受到周边民族的影响，平面组合、结构体系、细部构件等因素产生变异现象。演化使居住空间布局的功能更加完善和合理。

二、自然与建造：迁徙文化影响的傈僳族民居建筑及其特点

傈僳族是古代从青藏高原迁徙而来的氐羌民族与西南民族融合而成的民族[8]。南迁至滇西北地区的羌人在长期分化发展中，一部分融入乌蛮、白蛮等部落，分布在怒江、维西等地区定居生活，成为中国少数民族傈僳族的先民。一部分向西南方向迁徙，沿着怒江翻越高黎贡山到达缅甸北部克钦邦地区，在恩梅开江和迈立开江流域之间定居生活，成为缅甸傈僳族的先民，进而达到泰国北部。还有一部分继续向西迁徙，途径缅甸克钦邦北部翻过那加山脉到达印度的阿萨姆邦地区定居，成为部分分布在印度的傈僳族人。

8 高志英，余艳娥.傈僳族的跨国迁徙与藏彝走廊空间拓展述论[J].民族学刊，2020（2）：53-61.

1. 迁徙文化影响傈僳族建筑

傈僳族的迁徙是经历游走、半定居再到定居的过程，也包含傈僳族传统民居的渐变特征。傈僳族沿袭的刀耕火种的粗放的耕种方式导致其收获不足，仅靠采集、狩猎补充生活来源并不能他们的满足日常需求。其居住生活需要在定居点和不同的游居点之间切换，效率低下的生产方式决定了傈僳族始终保留随地迁徙的特性，也形成了特色鲜明的傈僳族民居。傈僳族传统民居有着十分清晰的建造模式，其特征十分符合傈僳族迁徙特性。

1）迁徙路径与发展模式的影响

综合考虑傈僳族的迁徙历程可见，环境影响因素主要导致傈僳族传统民居形成3种典型建筑模式，怒江傈僳族民居和维西傈僳族民居支持了这一观点。怒江峡谷中，基本上没有较大的平坝，河谷边分布着面积大小不等的冲击堆，傈僳族常居住在这些冲击堆坡地上，房屋纵长顺坡修建，对原地形不挖填平整，于其上立长短木柱将居住的楼面调成水平，形成坡地上的干栏式建筑——千脚落地房。维西是高山林区，林木资源丰富，垛木房、木楞房是其典型代表，所建房屋具有简易和易于搬迁的特点，这种特点与游牧的蒙古族帐篷、彝族的窝棚相似。两地同一民族呈现了不同建筑模式。受高山阻隔，这两地傈僳族的语言也存在明显差异。向北的四川省阿坝藏族羌族自治州、云南省迪庆藏族自治州德钦县的海拔和年平均气温，决定了两地需要具有较强防寒能力的民居形式，土墙房成为这些地区傈僳族的主要居住形式。

2）迁徙对居住和生产空间的影响

受迁徙文化的影响，傈僳族依靠自然资源立基建屋。聚落的增长扩散与分

化消减同时进行，或快速增长、自然发散、扩大规模形成大村，或快速分裂、渐次发展形成一系列小村。傈僳族的民居建造模式适宜地形变化，倚山建屋相互连接衍生，环山分布并顺势蔓延拓展。

2. 迁徙文化反映傈僳族建筑空间特征

建筑人类学认为建筑形式是生计方式的重要表达，可以从不同方向来解读其物质情景，即物质性，通过物质呈现的方式反映人与社会、环境的表现或意象、流动或转移。建筑的物质呈现方式可以随时间流逝，以迥然不同的方式发生变迁，发挥作用。傈僳族迁徙文化影响下的建筑会给人类学思想带来新的意义。

迁徙文化影响下的傈僳族民居建造模式灵活方便，自然和谐（表2）。住宅单元空间原型以家庭为单位，里外套间是典型的户内结构，以长幼关系获取住屋，并根据家庭组合与拆分的需求进行改造。相邻住宅或相连或独立，可分可合。在形制用材与空间组织方面会出现不同衍生体。

表2 三江并流区域傈僳族建筑差异

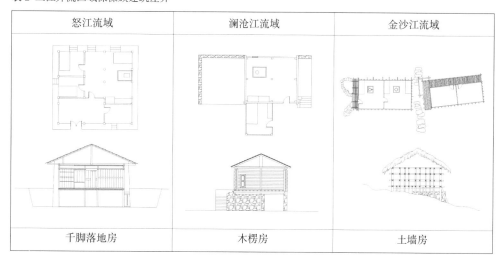

怒江流域	澜沧江流域	金沙江流域
千脚落地房	木楞房	土墙房

在傈僳族民居的连接和分区中，连廊有重要的作用和表达。连廊连通上下，区分人居与牲畜区域。连廊让人在不同区域中穿行，参与各类活动，并且对其他区域不造成影响。连廊既形成上与下、私人与公共、内部与外部的区别，又构成连接的通道。连廊使得主人房和子女房既独立又可连接，既固定又可扩展，是家庭关系维系具体的形式体现。连廊分隔和连接了家庭和社会，保护了私密空间，联系了公共空间。傈僳族三种模式的房屋中连廊都构造了傈僳族民居的静止、稳定的核心，形成一个个以家庭为单位的中心。这种联系不受地形、房屋形式、结构影响。连廊既是对建房基础受力边缘利用的结果，也是基础的重要部分。连廊的特征体现在它的过渡性、轻质性，是力的转换过程的联系构件。连廊具象化地体现出家庭关系的具象化联系，将空间与建筑环境串联起来，成为家庭空间中的过渡和连接体，构成了一种自然的宜居关系，是傈僳族民居建筑的构成要素。

三、交流与交融：多民族关系互动影响的傈僳族传统民居

傈僳族既是他称也是自称。唐人樊绰在《蛮书》中称傈僳族为"栗粟"，认为"栗粟"是当时"乌蛮"的一个组成部分[9]，和彝族、纳西族在族源上关系密切。无论是金沙江流域，还是澜沧江流域的傈僳族，其主要生计方式都处于游猎和采集经济的阶段，民族迁徙是为了寻找经济资源。傈僳族所处的三江流域因独特的地理位置和地形地貌，交通极不发达，导致傈僳族相对远离内地，影响生产力变革的动力不足，使其不断从人口较为稠密的金沙江流域往地广人稀的澜沧江、怒江高山谷深，以及自然资源丰富的其他三江流域地带迁徙。民族建筑在生计方式的转换、社会变迁的历史和族际交往、族群关系中演化发展。

1. 迁徙、流动造成了傈僳族传统民居的差异化特征

一部分傈僳族族群在怒江地区和大小凉山地区与纳西族、彝族、哈尼族、怒族、独龙族等族群世代杂居生活，少部分傈僳族在滇西北的丽江以南、楚雄以西、临沧以北地区与汉族及其他少数民族杂居生活，还有一小部分迁徙定居到缅甸、泰国、印度的傈僳族则多处于散杂居状态。

傈僳族与其他兄弟民族混居在一起，相互影响、相互同化、相互融合。不同地区的傈僳族形成了各自具有一定当地特色的同时受到当地其他民族文化影响的傈僳族建筑文化，这使得各地傈僳族的建筑形态、营造技艺、民居形制和建筑材料具有了一定的差异化特征。但是这种形态上的变化和区别只是有一些地域性的印迹而已，总体上各地傈僳族传统民居在文化、生活、习俗、技艺等方面表现出更多的相同性、互通性和一致性。这种地域性的差异，形成了傈僳族民居的地方特色，成为傈僳族传统民居与其他民族交流交融的表征。

2. 民族间的相互影响促成了傈僳族传统民居演化的多样性

从历史的角度来说，族群的迁徙、流动、定居与散居是一个长期、动态的历史过程。从民族关系的角度来看，傈僳族族群从迁徙、流动到定居的过程本质上就是与特定区域民族交往、交流、交融的历史过程[10]。同一民族文化的特征虽然一脉相承，但因不同外部地域特征而演化发展，形成一种新的地域民族特色。

对傈僳族传统民居的例证研究说明，傈僳族发展就是一个多民族关系互动、逐步提升和深化的缓慢的历史过程，是中华民族多元一体历史进程的重要缩影，深刻体现了我国多民族发展的大趋势与民族交往交流交融的基本特点，具有一定的个性特征与普遍意义。

四、结语

本文对傈僳族传统民居的基本模式、形制、营造进行调查、梳理。首先，在生态环境、社会文化的历史背景下，基于傈僳族民居的纵向变迁与横向发展研究，探析多民族关系互动影响的傈僳族传统民居依山傍水的基本建筑形式、

9 方国瑜.中国西南历史地理考释[M].北京：中华书局，1987.

10 卢成仁.怒江傈僳族基督教信仰下传统文化变迁：以云南省福贡县娃底村为例[J].民族研究，2017（3）：59-68.

傈僳族迁徙文化影响下的传统民居特点。其次，通过傈僳族民居与生计方式和经济生活、民族习惯、民族文化、民间信仰等社会文化的缓慢转型与时空变化，总结多民族交流、交会、交融的主要方式、基本规律和主要特征。本文基于结构化的建筑学，对我国傈僳族传统民居展开研究，希望可以为少数民族传统民居研究提供新视角和新个案，同时本文的研究作为多民族交往交流交融理论的典型个案和有益补充，希望可以为建构民族建筑学和推动民族学的应用发展提供借鉴和参考。

参考文献

[1] 方国瑜 . 中国西南历史地理考释 [M]. 北京：中华书局，1987.

[2] 高志英，余艳娥 . 傈僳族的跨国迁徙与藏彝走廊空间拓展述论 [J]. 民族学刊，2020（2）：53-61.

[3] 黄育馥 . 20 世纪兴起的跨学科研究领域：文化生态学 [J]. 国外社会科学，1999（6）：19-25.

[4] 卢成仁 . 怒江傈僳族基督教信仰下传统文化变迁：以云南省福贡县娃底村为例 [J]. 民族研究，2017（3）：59-68.

[5] 罗康隆，何治民 . 论民族生境与民族文化建构 [J]. 民族学刊，2019（2）：14-21.

[6] 欧光明 . 中国傈僳族 [M]. 银川：宁夏人民出版社，2012.

[7] 施润 . 历史文化村落的地域文化表征及营建规律比较研究：以同乐大村、兴蒙乡为例 [D]. 昆明：昆明理工大学，2014.

[8] 杨大禹，朱良文 . 云南民居 [M]. 北京：中国建筑工业出版社，2009.

传统营造学建制的研究[1]

Research on the Establishment of Traditional Architecture

王 发 堂[2]　陈　铭[3]

WANG Fatang　CHEN Ming

摘要：本文提出设立一门新的本科专业或学科即传统营造学。本文首先分别从文化传统、建筑材料、设计原理和思维方式等4个方面，对西方建筑学和传统营造学异同进行阐述，得出传统营造学与西方建筑学不可通约性，同时指出传统营造学的他律性。其次，对传统营造学的建筑的必要性和内容进行阐述。最后，指出传统营造学建制可以借鉴国学专业建立经验。

Synopsis：This paper proposes the establishment of a new undergraduate major or discipline, namely Traditional Architecture. This paper firstly elaborates on the similarities and differences between Western architecture and traditional architecture from four aspects: cultural tradition, building materials, design principles, and ways of thinking. It concludes that traditional architecture and Western architecture are incompatible, and at the same time points out the heteronomy of traditional architecture. Secondly, the necessity and content of traditional architectural studies are elaborated. Finally, it is pointed out that the traditional architecture establishment can draw on the experience of establishing traditional Chinese studies.

关键词：传统营造学；建制；异同；不可通约性；他律性
Key Words：traditional architecture; establishment; similarities and differences; incommensurability; heteronomy

1 【基金资助】湖北省社科基金资助项目"传统与激进的融合——矶崎新建筑思想研究"（HBSK2022YB551）。

2 王发堂，武汉理工大学土建学院；gawft@whut.edu.cn。

3 陈铭，武汉理工大学土建学院。

中国古代没有建筑学，而只有营造学。在很多人包括建筑学学者的印象中，营造学就是一种中国古代的建筑学。或者可以这样来表述，传统营造学就是与西方建筑学相对应的中国建筑学，它属于西方建筑学学科的一个旁支或者支流。

如此一来，就把传统营造学消融在西方建筑学之中。目前，关于中国传统营造学的研究基本上散落在以西方建筑学为框架而建立起来的中国当代建筑学体系中。中国建筑学理论和教育发展的尴尬在于，一直没有找到自己的建筑学的根和平台。由于没有找到这个平台，中国建筑学发展必然会出现全盘西化的思路。假设我们找到了自己建筑文化的根即传统营造学，就可以在传统营造学的枯枝上嫁接西方建筑学的新芽，如此便可以发展属于中国当代建筑学。目前的状况是，在抛弃了传统营造学的基础后，在一个全新的平台上按西方现代建筑学的思路发展中国的当代建筑学。如果我们果断地抛弃传统，致力于完全按西方的思路来发展建筑学，也是可以做出成就来的。但是，问题在于中国当代并没有完全西化，传统文化思想在中国当代文化的下意识潜流中又涌动不已。这样必然造成，中国当代建筑学在发展的过程中，一方面不能够完全放下传统文化的包袱，像日本建筑界那样全身心地致力于西方式建筑学的发展，另一方面又没有很好地清理传统营造学，想在传统营造学基础上发展当代建筑学，但却根本找不到传统营造学的根。如此，中国建筑学界在一步三回头地或者说左顾右盼地向前挪动，总显得好像心事重重、心神不定的样子。这样的一种状态肯定没有信心也不可能发展好中国当代建筑学这个宏伟的事业。

中国建筑学界要发展好中国当代建筑学，绕道而越过传统营造学是行不通的，目前的建筑界的状况是最好的证明。传统营造学似乎是一个必须面对且无法回避的现实，中国建筑学界应该致力于挖掘和整理传统营造学，先把自己的基础平台清理干净，然后来谈发展中国当代建筑学。但是挖掘和整理好传统营造学，如何开头？本文提出一个思路，就是在建筑学的框架下设置一门传统营造学的专业，通过学科建制强化在这方面的科学研究和后备人才的培养。如果仅是为了发展中国当代建筑学，而盲目地设置一个传统营造学专业，那么肯定是在违背科学规律，最终必然是搬起石头砸自己的脚，最后还会被人戴上"盲目的民族主义情绪"的帽子。之所以提出传统营造学学科建制，是因为研究发现传统营造学在学科基础和思维方式上与西方建筑学存在着很大的差异，这样就为传统营造学学科建制提供了理论依据。

为了更好地阐述传统营造学学科建制的问题，先对与传统营造学相关的概念进行明晰。本文把建筑学分为 4 个部分：西方传统建筑学、传统营造学（中国）、西方现代建筑学和中国当代建筑学[4]。本文根据建筑学学科的特点拟从文化传统、建筑材料、设计原理和思维方式等 4 个方面来分别对西方建筑学和传统营造学异同进行阐述。

一、文化传统

中华文明被称为"黄色文明"，起源于黄河流域，东面靠海的内陆式的地理环境使中国获得了良好的生存状态，满足这种状态的人们不想走出去，因而几乎处于与世隔绝的状态，从而使自身文化保持很强的独立性和历史延续性。这种独特的自然环境造就了中华民族独有的文化传统和社会心理，诞生于半封闭大陆自然环境的传统文化形成重视人道、礼治、伦理和直觉感悟，而轻视天

4 西方传统建筑学和传统营造学可以合成为传统建筑学，西方现代建筑学和中国当代建筑学可合成现代建筑学。本文认为西方传统建筑学的基本原理建立在封建宗教礼仪和理性控制的基础上，而传统营造学的基本原理是建立在封建礼制和象征（感性）的基础上。西方现代建筑学的基本原理建立在功能分析和理性构图形式的基础上；中国当代建筑学说起来比较复杂，既有西方现代建筑学理论的底盘，又混有中国传统营造学的象征手法。如果从内在逻辑关系来讲，西方传统建筑学、西方现代建筑学和中国当代建筑学可以划为一类，它们有着相同谱系关系和内在构成的连贯性。西方现代建筑学是在西方传统文化系统中生长出来的，西方传统文化与中国传统文化之间的差别就是西方传统建筑学和传统营造学之间最基本的差别。西方传统文化与在工业革命洗礼下成长起来的西方现代文化之间也存在某种断裂，但这种断裂是表面的，在内部还存在思维方式的一致性。而西方文化（包括西方传统文化和西方现代文化）与中国传统文化之间的差别是根本的，是真正断裂的。这也是西方建筑学与传统营造学的不可通约性的根本原因。

道、法治、个体和理性思维的文化传统。

西方文明被称为"蓝色文明"，作为其源头的古希腊与古罗马均处在半岛之上，多面临海，海上交通发达，航海贸易繁荣，这使得这些国家形成了开放且竞争的社会。频繁的贸易往来、险象丛生的海洋和动荡混乱的社会变革，形成其开放和冒险的文化品格，铸就其灵活、勇敢、进取、协作的民族精神，倡导艰苦奋斗和自强不息。西方文化可以概括为竞争性、功利性、宗教性、自由性和高度理性的文化。

西方建筑学是西方传统文化的分支，深得西方传统文化的真传。西方建筑学强调理性思维，以此作为支点形成竞争式、功利化和高度理性的宗教建筑文化。西方传统建筑学一直依附于宗教之上，在空间规模和结构高度上，以极大的热情和勇气在不断地与前人相竞争。建筑的选址也透露出征服自然的雄心和气魄。西方现代建筑学摆脱了宗教和权力的依附而自律起来，西方建筑文化的能量便在建筑的高度和理论的深度方面与历史展开了竞争。

传统营造学是中国传统文化的变体，一直依附于政治皇权和社会伦理。中国传统营造学志在服务于权力和伦理道德的扩张，强调象征式（感性或非逻辑）思维，以此作为支点形成被动、墨守成规和刻板的皇权建筑文化，窝身在一种封闭的依附奴才心理之中。中国传统营造学最大的特色是在以牺牲自身的自由独立的代价来换取政治皇权和社会伦理的垂青。即使是中国当代建筑学似乎也无意摆脱对权力和资本的依附，中国建筑师为争夺有限的设计资源时的百般媚态，似乎根本没有流露出发展独立品格的一丁点儿意象。

二、建筑材料

中国传统营造学的材料以木材为主，以木构架结构作为技术支撑体系。西方传统建筑学的材料以石材为主，以拱券结构或骨架券为技术支撑体系。西方现代建筑学以混凝土和玻璃两种材料为主，分别以框架结构和钢结构为技术支撑体系[5]。

西方传统建筑学和西方现代建筑学的材料，表面上分别以石材和混凝土为主。但是如果把混凝土当做某种具有塑性或流动性的石材，就可以统一起来。众所周知，古希腊建筑强调建筑雕塑性的体量感和兼有雕塑感和理性比例的古典柱式，古罗马建筑则在继承古希腊建筑的体量感和古典柱式的基础上拓展了虚化空间的表现力。哥特式建筑在罗马风的基础上提升了古罗马建筑的精细品质，建筑的雕刻变精美了，建筑的体量变宏伟了，建筑的空间变复杂了。文艺复兴时期的建筑在哥特式建筑所取得的技术基础上，恢复到古罗马的形制中，不过把古罗马的空间和体量推到了极致而已。不过值得指出的是，无论是从哥特式建筑还是文艺复兴时期的建筑中，从来没有断过木构件的身影，甚至还不时可以看到带有铁构件的局部构造。虽然建筑学发展到了西方现代主义，材料被替换为混凝土，结构转变为框架体系，但是注重空间和体量的建筑学的本质却很好地得到继承和转换。即使是密斯·凡·德·罗的钢＋玻璃结构，也还

5 前者以勒·柯布西耶的现代建筑探索为主，后者以密斯·凡·德·罗的现代建筑探索为主。

是从空间（如通用空间和流动空间）和体量上（国际式风格）来拓展他的建筑理论的。从这个意义上来讲，西方传统建筑学和西方现代建筑学，虽然存在基本材料上的差异，但在学理上和逻辑上却保持了高度的一致性。

中国传统营造学的材料以木材为主，以木构架结构为支撑体系。这与西方建筑学体系是完全不同的。要说明的是，虽然在民间，欧洲也有大量纯木结构住宅，但这不是西方建筑的主流，正如在中国古代也可以偶然找到纯砖石结构的建筑一样。大多数西方学者认为西方建筑在古希腊之前还是木结构体系，而且在希腊建筑的梁柱关系上还存在着木结构建筑的痕迹 [6]，但总的来说，西方建筑学还是在木结构之外发展起来的，是与中国传统营造学迥异的建筑体系。西方的砖石结构和混凝土框架结构注重体量和空间的特质，而传统营造学在平面上注重开间和进深的近乎模数的处理手法和在造型上注重过分刻板的象征对应关系，都在彰显两个体系之间的巨大差异性。木梁的跨度不足带来木结构柱距的细密，必然催生出传统营造学的模数制，限制中国古代建筑中的大空间发展的可能性。木结构榫接和木柱的受压极限，必然遏制了中国古代建筑体量的竖向拓展。中国传统营造学的重规划、轻单体的思路，应该是与木结构建筑的这种内在结构特征存在着必然的关系 [7]。

从基本建筑材料维度来讲，传统营造学与西方建筑学的不同并不是大的差异，因为西方传统建筑学和西方现代建筑学也存在着材料的不同。但是由基本材料的内在特性的这一点上的微小差异，加上两者文化语境的不同而衍生和放大出来的设计方法、建筑造型和建筑体量上的巨大差别，导致了西方建筑学与传统营造学本质的不同。这些差别叠加起来，事实上已经足以使得传统营造学和西方建筑学成为两个完全不同的学科，虽然它们有着一个共同的研究对象即建筑。

三、设计原理

西方现代建筑学的平面组织是由功能内部的流线逻辑关系推导出来的。而功能的确定来自该建筑物的类型和功用。比如，别墅平面的组织以它的功能逻辑关系为依据来设计，而别墅的功能则根据别墅作为高级住宅的功用而推导出来。西方现代主义提出过"形式服从功能"的口号，它表明了现代主义的建筑形式是由功能推导出来的。在这里，可以发现西方现代建筑学的核心概念即功能，现代建筑学的所有理论都以功能作为逻辑原点而展开。以功能作为核心，现代建筑学企图摆脱西方传统建筑的宗教文化的依赖和控制，这也是西方现代建筑学由过去的他律迈向自律而成为一门独立学科的挣扎和奋斗。正是"功能"概念的介入，使得建筑的平面、立面和造型有了逻辑依据，现代主义流派最终把建筑学从宗教中拯救出来，同时给建筑学披上一层科学的外衣。之所以说是科学的外衣，是因为现代主义的几个主要理论基础都并不牢靠和坚固，至少是不全面的。比如说"形式服从功能"，后现代主义和解构主义的反叛都在诉说着对"形式服从功能"的诋毁。建筑形式的依据可以是功能，也可以是建筑的社会职能，如传统营造学的象征，也可以是建筑材料的"内在欲望"，如路易

6 在西方建筑界，支持古希腊建筑起源于木结构的理论是主流，但是反对这种说法的理论也从未停止过。

7 对于传统营造学与西方建筑学的造型差别，可以参见：王发堂. 范式与建筑美学深化研究 [J]. 武汉理工大学学报，2008（3）：106–109.

斯·康（Louis Isadore Kahn）所主张的那样，甚至可以是设计师的主观臆想。没有任何根据断定或优先断定，形式必须服从功能。还有根据功能或流线组织平面的思路，也不是绝对的，决定平面的方式同样多种多样，可以是建筑的功能，也可以是象征（如拉丁十字的教堂平面），还可以是建筑的社会职能和建筑的意义等等。如此一来，现代主义建筑的科学性其实并不科学，不管怎么说，真中有假，假中有真，真真假假，反正西方现代建筑学凭此迈进科学的殿堂却是不争的事实。

西方传统建筑学的平面组织并不是基于功能分析，而是基于一种模式和象征的概念。从历史上来说，古希腊庙宇的典型平面有几种固定的模式，例如圆形、端柱式、列廊式和列柱围廊式等等。这些具有固定模式的平面决定方式，是源于当时的技术和文化等各方面的限制。古罗马的庙宇遵循了古希腊传统，也是以矩形为主，不过在建筑的正面中用前廊式代替了过去的围廊式。古罗马在交易所和会场等大厅式建筑的基础上，总结发展出一种著名的平面形制——巴西利卡，这种平面形制在哥特建筑中得到了继承和发展。哥特式教堂平面是拉丁十字式，它基本上是中世纪教堂的固定模式，拉丁十字作为耶稣受难的十字架的象征，彰显出基督教的忍让和救赎精神。文艺复兴时期的教堂建筑平面仍沿用中世纪的拉丁十字式平面，这个传统基本上延续到现代主义建筑兴起之前的 20 世纪初。部分住宅建筑甚至也采用这种象征的手法来主导平面的布置，如帕拉第奥设计的圆厅别墅，采取了四向对称的平立面。

西方传统建筑学的形式组织并不像现代主义建筑那样认为"形式服从功能"，而是有着与功能无关的其他依据。总体上来说，古希腊建筑从体量上强调雕塑感，强调比例控制。分开来讲，古希腊庙宇的古典柱式，按照维特鲁维的说法来自人体美，即多立克柱式仿男体，爱奥尼柱式近女体，甚至在一些古希腊建筑中直接以男子雕像置换多立克柱式，以女子雕像代替爱奥尼柱式[8]。建筑立面上的三角形山花源于木结构的遗风，建筑立面上的雕塑内容则是与庙宇相关的神话人物的故事和功绩。古罗马建筑发明了拱券，从而拓展了建筑内在空间的表现力，但建筑形式并没有抛弃而是发展了古希腊的传统，探索出古典柱式和拱券之间有机结合的形式，大大推动了西方传统建筑的发展。哥特式建筑的形式有着两方面约束：一方面是在正立面上固定的钟塔对称模式，这在早期的哥特建筑中尤为明显；另一方面，利用骨架券技术营造建筑向上的动势，似乎要把建筑弹射至美丽的天堂[9]。显然哥特式建筑的形式约束来自教堂的宗教意蕴，文艺复兴时期的教堂折过身来，回复到古典建筑的形制上。固守纵三段、横三段统一对称的稳定坚固感的古典主义建筑，已经走向用理性比例来控制抽象的形式。巴洛克矫揉造作的动感建筑形式则源自强烈的视觉冲击力。综上所述，西方传统建筑形式依据虽然五花八门，但有着稳定强制性。

中国传统营造学基本上没有功能的概念，它的平面组织和形式布局与功能没有惯常的联系。传统营造学的平面是一种典型的模数制，以开间和进深来控制。在大式建筑中，开间可以在 5—11 间范围内变动，进深则可多至 11 檩。大式建筑一般以建筑类型来选择合适的斗拱的大小和出跳的数目，以此作为依

8 陈志华.外国建筑史：19 世纪末叶以前 [M].3 版.北京：中国建筑工业出版社，2004：41.

9 陈志华.外国建筑史：19 世纪末叶以前 [M].3 版.北京：中国建筑工业出版社，2004：113-114.

据便可推算出开间面阔和断面进深。像《营造法式》中提到的金厢斗底槽、满堂柱式、单槽、双槽和分心槽等平面组织模式都是由开间和进深经纬交错而形成的。不考虑功能，宫殿、坛庙和寺庙建筑都遵循同一个平面模式。就像中国古代典型服装长袍，无论是官员的制服、和尚的服装或者一般富贵人家的服装都一样由同样的思路生发出来，具有同构性。

传统营造学形式的决定因素也不在功能，而是木结构技术和封建礼制相结合的产物。古代传统建筑立面由台基、墙身、斗拱和屋顶等部分组成，这几部分的划分依据来源于木结构技术的限制。屋顶的形式、斗拱的出挑数量、彩画类别和台基形式都由封建礼制和伦理道德决定。传统营造学把自己形式的大部分依据搁在营造学自身体系之外，而形成他律性的构造。大屋顶的形制如庑殿、歇山、悬山、硬山和屋顶单双数构成了一个传统营造学中象征性的等级制度。同时，斗拱、开间、进深、台基和彩画等作为同一个等级制度中的象征物都有与大屋顶的形制相对应的固定形式。

传统营造学与西方传统建筑学一样，都是他律性的。前者依附在封建礼制上，后者依附在宗教传统上。但是西方传统建筑学虽然是由象征作为控制形式的手段之一，但是，它在体量的塑造和空间体验上也取得重要成就，这些重要成就成为西方现代建筑学的根基，以及现代建筑学重要理论组成部分。因此西方传统建筑学与西方现代建筑学是一脉相承的，正是从这个意义上来讲，西方传统建筑学与西方现代建筑学可以合称为西方建筑学。西方现代建筑学找到了自己的理论依据，同时，它也可以说是西方传统建筑学的理论依据。因此，从单方面来看，西方传统建筑学是他律性的学科，但是由于与西方现代建筑学"联姻"从而避免了不完整的状态。从某个意义上来讲，经由西方现代建筑学，西方传统建筑学获得了它存在的合法性和牢靠性。

西方建筑学成为一门完整的科学体系，是在西方现代主义出现之后的事情。现代主义中"功能"的概念的引入，把建筑学科学化了，它同时也失去了作为艺术的资格，沦落为实用科学。建筑学科学化意味着体系化，即理论内部能够自圆其说。因此，建筑的平面由功能来控制，建筑形式意义也由功能来确定，凭借着内部概念之间的逻辑关系就可以构筑起建筑学理论大厦。在西方传统建筑学和传统营造学中，其平面和形式的意义不是来自传统建筑学内部，而是分别来自外部的宗教意味和封建礼制制度。而传统营造学没有自己的核心概念，因此很难依靠自身而构成完整体系。如果要成为完整体系必须纳入其他相关知识才能成立。

四、思维方式

所谓的人类思维方式，其实就是人脑中作为主观思维法则的逻辑算法或结构，一般而言就是对外在的某种客观现实的摹写或者模拟[10]。人类思维方式，就目前来说分为两种：非逻辑思维和逻辑思维。非逻辑思维其实就是大脑一种自发的本能，它能够由此及彼地在不同事物之间建立某种"虚拟"联系。逻辑

10 参见：付小红．中医学的科学性及当今的理论建构[J]．中南大学学报（社会科学版），2008，14（6）：760–765．

思维是大脑在外在生存压力下被迫形成的对必然关系或因果关系的觉知，与外在客观世界的内在结构同构的思维方式，逻辑思维内在结构就是客观世界的内在结构。

西方传统建筑学对总体造型的比例尺度的控制是一种抽象的理性思维，这种关系基于数学之间的比率关系，是必然的关系。比例控制的源头是古希腊的哲学家和数学家毕达哥拉斯，他既然认为数是万物的本原，那么建筑的造型也就可以转化成数学关系。比例系统从古希腊时期开始控制西方传统建筑的造型，直至到古典主义。另外，石结构的拱券和穹顶的建造历史也是不断迫近科学理性思考的过程。从技术上来讲，石结构的连接必须遵循科学规律，否则就会因为建筑物的坍塌而否定这种连接。在西方历史上，一个教堂的建设周期之所以长达数百年，就是花费在摸索科学的规律上，一些部位如钟塔和穹顶的屡建屡塌向世人证明了这一点。正是因为在造型控制和结构技术上的逻辑思维，为后来的现代主义体系化建筑学埋下了伏笔。当然，也必须注意到，不能否认在西方传统建筑学中也存在大量的非逻辑思维，比如在平面和形式上的象征手法都是基于非逻辑思维，拉丁十字平面与宗教含义之间的关系是偶然的，这是因为"十字架"仅是一种符号而已，符号与对象的关系是任意性的关系。也就是说，"十字架"与宗教含义之间是某种虚拟关系。总而言之，西方传统建筑学在总体造型控制和结构技术方面强调逻辑思维，在其他细枝末节中也穿插着非逻辑思维。

传统营造学把基于非逻辑思维的象征用到了极致，屋顶、斗拱、台基和彩画等都与外在的封建等级制度挂上了钩。这种关系不是必然的，或者说是偶然的，更准确地说，这些建筑构件的处理手法仅是封建等级制度的符号而已。在建筑材料的连接方面，如木结构的榫接大多数由木匠凭经验来处理，而且也不存在一个对木结构的科学规律认识深化过程，反而越到后期如明清时期，结构越不合理，斗拱不仅没有受力反而成为结构的累赘。虽然木结构中包含有一定的科学成分，但是传统营造学并没有有意识地探索结构受力规律，反而满足于近似科学模糊把握，没有发展出木结构的科学认识。这与传统营造学过分关注象征等非逻辑思维形式而忽视了逻辑思维的方式不无关联性。

在城市规划上和风水学上，阴阳五行说是主要的思维模式。阴阳理论，其实就是阴阳平衡，以事物整体的状态或者说整个系统良好运作为前提，在事物部分之间或者系统的元素之间维持某种均衡或正常的关系。阴阳理论来自古人对白天与黑夜、生与死等外在客观世界深刻的洞察，是在实践中总结出来的，在目前现实生活中仍具有积极指导意义。阴阳理论可以说企图用阴与阳两个元素来构建一个世界，阐释世界在空间维度上的运动和时间维度上的变化，模拟世界的运动和变化。至于五行学说，则以金、木、水、火、土等五个元素来模拟和建构世界的运动和变化。从理论上来说，五行学说应该比阴阳平衡理论要精细得多，在解释世界运动和变化上就应该有着更多的合理性。五行学说的提出也不能说完全脱离于对客观世界的观察，春、夏、秋、冬或东、南、西、北中的循环应该是这种思维的原型。但五行却是一种错误的思维方式，金、木、水、火、土以相克或相生的关系连接起来，而这种关系是建立在具象的经验之上。或者说，五行学说充其量是对现实的某种近乎真实的描述，抽象程度太低，远远没有达到作为思维方式如阴阳学说或因果关系的所需要的高度抽象程度。五行关系由于抽象程度不够，只能解释为具象的金、木、水、火、土的关系。当它被牵强运用来解释其他现象时，必然漏洞百出，在事物之间用相克或相生来建立起虚假的关系。五行学说之所以被打入历史的冷宫，应该自有它的道理[11]。

11 西方的科学思维方式实质就是因果关系的思维方式，事物之间的联系通过原因和结果先后相继性来描述。阴阳理论，指出阳阴互补，阳极必阴。在这里阳是因，阴是果；阴极必阳，阴是因，阳是果。在这里可以看出阴阳理论部分与因果关系吻合，证明阴阳理论某种程度的合理性。而阴阳平衡相当于黑格尔哲学中的度，用来描述量和质之间关系的转换，也有一定的合理性。但是必须看到，黑格尔的量变和质变是对因果关系的内在转换的一种细化说明，也就说，因果关系具有比量变和质变更为高级的逻辑规律。而五行的关系则是指出元素或事物转换之间的相克相生的关系，相克相生其实就是阴阳平衡延伸或推论，仅仅是因果关系中的一种特例，而对于因果关系，大卫·休谟（David Hume）在《人性论》指出原因和结果的接近关系（空间上）和接续关系（时间上），而没有再指出因果的其他具体的关系，而五行学说则把原因和结果的关系缩小并具体到相克相生的关系，抽象程度不够，必然在解释现实时捉襟见肘，牵强附会。

由上所述，传统营造学以非逻辑思维作为自己思维的基础，而西方传统建筑学虽然有非逻辑性的思维方式，但逻辑思维还在起着重要作用。到了西方现代主义建筑流派，非逻辑思维已经被驱逐出建筑学领域了。虽然后来的后现代主义，又请回了一些非逻辑思维（如隐喻），逻辑思维成为西方现代建筑学的主流也是不争的事实。

五、传统营造学建制

传统营造学与西方建筑学（包括西方传统建筑学和西方现代建筑学）在文化传统、建筑材料、平面形式和思维方式等诸多方面都存在着巨大的差异，这表明传统营造学与西方建筑学是两个不可通约的学科，如果说它们还有共同点的话，就是它们的研究对象都是一种叫做建筑的实体。但是西方建筑与中国传统建筑从外观上看就存在着巨大的差异，也就说同一个"建筑"的名称还是掩盖了差异，这也是人们产生把传统营造学当做西方建筑学同构体的错误起点之一。

厘清了西方建筑学与传统建筑学之间存在不可通约性，就可以发现目前用西方建筑学理论来研究传统营造学必然造成驴唇马嘴的问题。在西方建筑学对传统营造学进行研究之前，首先必须用西方建筑学理论和概念对传统营造学进行肢解，等到开始研究时，传统营造学就已经遭到破坏而变得面目全非。摆在西方建筑学视野中的永远是经过西方建筑学修理过的传统营造学，而不是原生态的传统营造学。打个比方来说，西方建筑学是红玻璃，传统营造学是绿玻璃，从红玻璃中看绿玻璃，无论怎么看，永远是看到带有红色的绿玻璃，而根本无法看到真正的没有被红色污染的绿玻璃。要想看到真正的绿玻璃只能通过白玻璃或移去一切玻璃，也就说，在研究传统营造学时，不能有其他成见或其他不同理论体系作为前提。因此，把传统营造学从西方建筑学剥离出来刻不容缓。

但是，必须看到传统营造学由于理论上无法自圆其说，自身并没有独立性，必须依附在传统文化上，才能拼凑出一个完整的图景。如果把传统营造学的研究范围锁定在传统建筑和规划上，并不能构成一个自律或完整的学科。因此，要使传统建筑学获得学理上存在的基础，部分与建筑相关的传统文化也必须被纳入进来，才可能使传统营造学成为一个独立的体系。换而言之，传统营造学要建制为一门学科，势必要增加它的研究内容和扩大它的研究范围。

传统营造学的研究内容首先应该包括单体设计和城市规划，其次是中国封建礼制文化。没有封建礼制文化的传统营造学，基本上就是一个空架子，只见形式而没有内容，这一点必须引起重视。中国传统文化作为一种实用文化，已经渗透到社会生活的方方面面，凡是实用型文化或学科都绕不过它。从这个角度上来讲，封建礼制文化作为传统营造学的基础，在传统营造学中占有相当大的比重。至于选择封建礼制文化中哪部分内容，如何选择，这应该根据传统营造学的内在理论建设的要求而定。

建筑风水（景观）作为城市规划或建筑基地选址的学问，毫无疑问应被纳入进来。与传统营造学相比，古典园林无论在设计手法和设计原理上，还是在指导思想上，都相差甚远。但是分析后，便可以发现它们之间存在内在亲缘关系和互补性。传统营造学中的礼制文化更多地属于儒家思想，古典园林中的学理基础是道家思想。在中国传统文化语境中，儒道互补，这暗示着传统营造学与中国古典园林在文化层面上得到统一。也就是说，把古典园林纳入传统营造学不是一种盲目而莽撞的行为，而是理论发展的必然性结果。也只有从这个角度，才能还原出原生态的古典园林，构筑出一个没有受到传统营造学理论屏蔽和扭曲的古典园林理论。显然，从西方建筑学的角度来看，古典园林就会被当做景观建筑学的近亲，而且，目前大多数人也是这样理解的。西方景观建筑学与古典园林无论在指导思想、设计原理和社会作用都有着巨大的不同，古典原理与西方景观建筑学不可能是近似或相似的学科，这一点是必须指出的。在日本，古典园林称为造园学，也不是从属于景观建筑学的。

六、结语

中国目前大多数学科建制是根据西方学科的建制范式建立起来的，比如物理学、化学和数学等等。另外一些学科，由于文化传统上的差别，而形成与西方学科建制中的某些学科相对等的学科，如中医学和西医学、西方哲学和中国哲学等等。而与西方传统建筑学相对等的学科就是传统营造学，这是因为西方建筑学理论并不能够把传统建筑学包容进去。

中医学，虽然这些年来不断受到西医学的打压和排挤，而且西医一直想把中医吞并掉，但总是无法得逞，就本文观点认为，这是因为西医学理论根本无法把中医学的某些理论全部包容进来。当然，不可否认的是，中医学还处于不断的发展中。近年来，一些大学纷纷设置国学本科专业，同时申报国学硕士和博士点[12]，这表明一些知识分子开始认识到西方文化并不具有普适性，它仅是众多文化之一。当代中国更加应该弘扬传统文化，不要在西方文化的海洋中丧失自我，迷失方向。当代中国应该让民族文化传统烽火传承下去，不要因为我们这一代迷茫和困惑而导致传统文化的覆灭。

传统营造学的建制，不是应不应该的问题了，而是如何开设的问题。本文认为传统营造学的建制应该学习国学专业的经验和教训。首先在有条件的大学，如老四校中成立传统营造学实验班，以"学科交融、实事求是"作为教育理念，由几个相关学院如历史学院、艺术学院、土木学院和哲学学院等联合培养，

12 武汉大学在 2001 年在全国率先开设国学试验班，设立了国学本科专业。之后中国人民大学国学院、厦门大学国学院、首都师范大学国学班、复旦大学国学班等国学教育机构相继成立，形成了一股"国学潮"。武汉大学国学试验班的创办是我国大学培养国学人才的有益尝试，也是培养跨学科人才的重要举措。但是，由于国学学科的特性，学生的学习和研究有其特定的系统性和连续性，因而硕士、博士点作为国学专业配套的设立势在必行。2007 年由武汉大学哲学学院牵头，整合文学、历史、哲学等各院系力量，经学校审核批准，自行增列了国学专业博士点，2008年上报国务院学位委员会备案，并于 2009 年正式对外招生。

最终授予文学学位。在此基础上，筹建传统营造学的硕士点和博士点，以防止传统营造学专业的学生毕业后无法就业，为他们中有前途的青年的深造和成才提供一个快速通道。至于传统营造学人才培养方案和学生就业问题，应该由国内相关专业的顶级专家联合商讨，根据科学规律和教学目标合理制定，这当然超出了本文主题，同时也是本文不敢加以妄议的。

传统营造学的建制不仅将在建筑学领域产生影响，也将有助于对传统文化的挖掘和整理，乃至于有可能为传统文化的复兴起到推波助澜的作用。当然，作为建筑工作者，更愿意它有助于当代建筑学的发展，说不定还能为当代中国建筑学的发展摸索到切实可行的未来之路。

参考文献

[1] 陈志华. 外国建筑史：19 世纪末叶以前 [M]. 3 版. 北京：中国建筑工业出版社，2004.

[2] 付小红. 中医学的科学性及当今的理论建构 [J]. 中南大学学报（社会科学版），2008，14（6）：760-765.

当代中国历史建筑保护管理的智能化趋势

The Intelligent Trend of Conservation and Management of Historic Buildings in Contemporary China

郑 越[1]　陈 立 维[2]

ZHENG Yue　CHEN Liwei

摘要：针对当代历史建筑保护资源不足的状况，本文就历史建筑保护的智能化的形成背景和发展趋势进行分析和总结，从评估标准的系统整合需求、保护方法的创新发展途径、保护资源的合理优化配置三方面，探讨历史建筑保护管理智能化发展的牵引动力和必然需求；总结了历史建筑保护管理智能化发展面临的主要困难，归纳了需要突破的核心技术；从评估、决策、验证三个方面提出了建筑历史建筑保护管理的智能化发展构想，有助于探索新时代历史建筑保护未来发展的路径。

Synopsis：In view of the insufficient resources for the conservation of contemporary historical buildings, this paper analyzes and summarizes the background and development trends of the intelligent conservation of historical buildings, and discusses the traction of driving force and inevitable demand for the intelligent development of historic buildings conservation management from three aspects: the system integration needs of evaluation standards, the innovative development path of conservation methods, and the rational optimal allocation of conservation resources. The main difficulties faced by the intelligent development of historic buildings conservation are presented, and the core technologies that need to be broken through are summarized. the intelligent development concept of architectural historic buildings conservation and management is put forward from three aspects: evaluation, decision-making and verification, which is helpful to explore the future development path of historic buildings conservation in the new era.

关键词：历史建筑；保护；管理；智能化
Keywords：historic buildings; conservation; management; intelligent

1 郑越，天津大学建筑学院；392327828@qq.com。

2 陈立维，天津大学建筑学院。

一、研究背景

在大数据时代，物联网、云计算和云存储等新一代信息技术的发展，赋予了公共决策新的认知和手段。在遗产保护领域，在社会经济迅速发展\城市化进程逐步加快的同时，我国的建筑历史建筑保护存在资源不足的状况，而历史建筑保护的制度和方法尚不完善使得该问题愈加凸显。2020年的新冠疫情使得一些城市的经济受创，间接影响了可用于历史建筑保护的资源，从而使得保护资源进一步受限。同时，对保护资源的分配缺乏科学管理的现象普遍存在，从而导致大量历史建筑在面对资金匮乏、人力短缺等资源不足的状况时缺乏良好的应对措施[3]。在信息化的后疫情时代，如何借助数字化手段，利用有限的资源使保护效果最大化，从而优化历史建筑保护工程实施，促进开发运营，提升文化影响，是亟待解决的问题（图1）。

3 单霁翔 .20 世纪遗产保护的发展与特点[J]. 当代建筑,2020(4)：11-13.

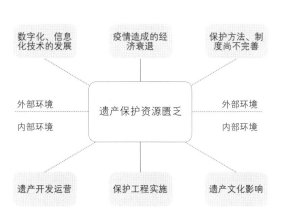

图 1 我国遗产保护资源匮乏所面临的状况和造成的影响

当前我国历史建筑保护的背景主要存在制度、机制和实施三方面的问题。首先从制度上看，我国历史建筑缺乏统一的评估标准；其次从机制上看，影响保护效果的各个因素之间的相互作用关系还有待进一步厘清；最后从实施上看，大部分项目科学管理意识不足，对资源的分配缺乏科学管理，导致在面对资金匮乏、人力短缺等资源不足的状况时缺乏良好的应对措施。

针对当下问题和未来发展，亟须转变传统思维模式以应对复杂的全球性挑战和急速城市更新背景下历史建筑保护的桎梏，以探索一条历史建筑保护持续发展的可能路径。

二、评估标准的系统整合需求

历史建筑智能化保护的基础是对历史建筑的评估。从制度上看，历史建筑评估体系的优化，是历史建筑评估标准的系统化整合需求。2021年1月发布的《住房和城乡建设部办公厅关于进一步加强历史文化街区和历史建筑保护工作的通知》，提出加强历史建筑的普查认定，特别是对历史建筑数量偏少的市县的普查认定力度。通知明示了我国大量普通历史建筑登录不全的现状，而登录亟须一个指导评估和保护的导则。目前，我国仅有北京、上海等少数几个地区制定了历史建筑保护条例，大部分省/自治区/直辖市的保护导则制定还处于探索阶段。在现有的地方保护条例或者导则中，对保护的建议主要集中于定性建议，对于现存问题总结并提出有针对性的建议、对具体的问题提出定量的解决问题的方法，以及详细的图例解析等，弹性条款都还有所欠缺（表1）。

国家层面的历史建筑保护统一标准对各地保护导则的制定有着指引作用，还有待进一步探讨[4]。

4 郑越.亚洲遗产保护发展趋势研究：基于 UNESCO 亚太遗产保护奖看亚洲遗产保护的发展 [M]// 王立雄，栗德祥.建筑新技术 7.北京：中国建筑工业出版社，2016.

表 1 各地区历史建筑保护条例关注重点总结

地区	已经制定的条例或导则	要素分类	问题总结	定性建议	图例解析	定量建议	弹性条款
北京	《北京老城保护房屋修缮技术导则（2019 年版）》	●		●	●		
	《北京旧城历史文化保护区房屋风貌修缮标准》	●		●			
	《北京历史文化街区风貌保护与更新设计导则》	●	●	●			
	汇总	●	●	●	●		
上海	《上海市历史文化风貌区和优秀历史建筑保护条例》			●			●
天津	《天津市历史风貌建筑保护条例》			●			●
武汉	《武汉市历史文化风貌街区和优秀历史建筑保护条例》			●			

所以，对历史建筑评估体系进行优化，挖掘历史建筑保护各个相关要素之间相互的关联，揭示历史建筑保护的运行机制，对于国家层面保护标准的制定和地方层面保护导则的制定具有参考意义，对历史建筑保护的智能化发展形成了基本保障。

三、保护方法的创新发展途径

历史建筑智能化保护的核心是保护方法，而选择保护方法依靠的是保护决策。从机制上看，实现历史建筑保护决策的智能化，顺应了信息时代智能化的趋势，呼应了我国遗产保护的科技创新发展需求。在信息时代，物联网、云计算和云存储等新一代信息技术的发展，改进了以往依靠管理者的经验和领导意志的决策方法，赋予了公共决策新的认知和手段，基于大数据的多属性决策开始成为一些发达国家遗产管理现代化的一项重要选择。

"决策"（decision-making）一词作为管理学的术语，于 1930 年代被美国管理学研究者提出。斯蒂芬·罗宾斯（Stephen Robbins）在《组织行为学》中提出决策就是决策者"在两个或多个方案中进行选择"[5]。决策的基本属性有预见性、选择性和主观性，是人类（动物或机器）根据自己的愿望（效用、个人价值、目标、结果等）和信念（预期、知识、手段等）选择行动的过程[6]，在本质上是社会公共权威对社会资源和社会利益的权威分配过程[7]。结合历史建筑保护工程的实践特征，决策是指为了达到保护目标而制订保护方案并进行实践的整个过程，历史建筑决策受到多种因素影响，并处于动态发展之中。耶鲁大学教授丹尼尔·埃斯蒂（Daniel Esty）提出"数据驱动决策"的概念，将使政府更多地在事实基础上做出判断，而不是主观判断或者受利益集团干扰进行决策。当代历史建筑保护项目的复杂性特点使得传统的项目管理理论无法解决项目管理面临的各种问题，项目决策将逐渐从传统的依靠直觉判断和主观经

5 ROBBINS S P. Organizational behavior: Concepts, controversies, applications: 7th ed[M]. 影印本.北京：清华大学出版社，1997.

6 HASTIE T, TIBSHIRANI R, FRIEDMAN J. The elements of statistical learning 2001[J]. Journal of the Royal Statistical Society, 2004, 167（1）: 192.

7 陈振明.政策科学：公共政策分析导论 [M]. 2 版.北京：中国人民大学出版社，2003.

验的模式向数据驱动决策模式转变。如今，基于大数据的多属性决策开始成为一些发达国家历史建筑管理现代化的一项重要选择。

《国家文物局 2022 年工作要点》第 21 条提出，推动革命文物保护利用片区工作规划编制和实施省级以下革命文物保护工程。而省级以下文物多属于一般建筑遗产的范畴，所以对于普通历史建筑保护的资源分配研究有着充分的研究必要。第 27 条指出："加强文物科技创新。推动出台《关于加强文物科技创新的意见》……加强文物保护标准化建设。"因此，在信息科技飞速发展的时代背景下，历史建筑保护的智能化管理，有利于应对历史建筑保护所面临的资源困境与方法桎梏，对文物科技创新提供有力支撑。

传统的历史建筑保护以保护项目为中心，价值链呈单向线性，建筑师一般先制订出保护方案，然后再进行招标、采购、保护施工（图 2）。在此以后，建筑使用者才对历史建筑进行使用和运营，最后，公众才能享受到修缮改造之后的历史建筑资源。虽然有公众参与到历史建筑保护过程的先进做法，但是在中国这种情况并不常见。由于我国的大部分传统历史建筑保护模式在工程实施过程中缺乏建筑使用者和公众的反馈，所以保护资源分配决策需要按照既往的经验进行。但是由于各个项目的实际情况千差万别，在保护资源有限的情况下，难以在工程实施的有限周期内，基于项目的具体合理情况调整有限的资源配比，并且难以对资源分配的情况进行实时的监测，以满足不同项目的个性化需求。

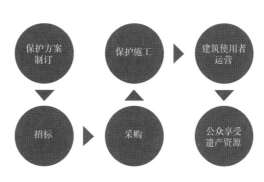

图 2 传统的历史建筑保护过程

日益成熟的自动化、大数据以及人工智能等技术使历史建筑保护越来越有可能自主地配置保护资源，针对保护的关键需求，合理分配保护资金，安排保护人员，进行文化宣传，并以经济模型的方式加以呈现。因此，建立新的数字化系统上的历史建筑保护决策平台，高效率、低成本地整合各种资源，将有限的人力和物力匹配历史建筑保护项目最迫切的需求，实现从传统的部门界限和功能分割、相对封闭的保护决策体系到全面感知、系统整合、协同运作的智能化保护决策架构转变，是当代中国历史建筑保护的大势所趋。

四、保护资源的合理优化配置

从实施上看，如何平衡有限的资源分配，制订最有效的历史建筑保护决策方案，并获得保护的最优结果，是我国当前历史建筑保护亟须探讨的问题。

联合国教科文组织发布的遗产报告表明，重点文物修缮占据了 70% 的修缮经费，大量的普通历史建筑缺乏保护资源，从而导致遗产流失严重。随着人

图 3 山西晋城李寨乡陟椒村刘家大院被废弃的民居

图 4 山西晋城李寨乡陟椒村刘家大院无人居住坍塌的民居

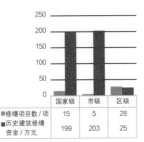

图 5 重庆万州 2000—2020 年历史建筑修缮资金和项目数

	国家级	市级	区级
修缮项目数／项	15	5	28
历史建筑修缮资金／万元	199	203	25

们生活水平的提高，历史建筑的性能不能满足使用需求，从而遭到空置和损毁，如广州老城区内许多历史建筑被居民翻建。而对于一些不能拆除的保护建筑，人们选择搬离建筑，老建筑遭到空置，从而加速了建筑的损毁。又如山西晋城李寨乡陟椒村刘家大院为市级历史保护建筑，存在政府划拨的修缮资金不足、建筑由于空置坍塌严重的情况（图 3、图 4）。当前我国的重点文物修缮占据了大部分的修缮经费，而大量的普通历史建筑缺乏保护资源，从而导致历史建筑流失严重。以重庆万州 2000—2020 年的历史建筑修缮资金情况为例（图 5），区级文物单体修缮资金仅为国家级文物修缮资金的 1/8。而未登录的历史建筑则面临修缮资源更加匮乏的状况。

建立在数字化系统之上的智能化历史建筑保护模型能够高效率、低成本地整合与历史建筑保护相关的各种资源，匹配历史建筑保护的关键需求（图 6），从而缓解有限的保护资源和大量的保护需求之间的矛盾。

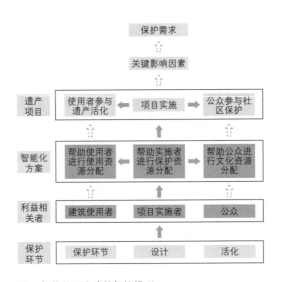

图 6 智能化历史建筑保护模型

智能化历史建筑保护模型的基础是历史建筑的保护环节，包括设计、施工和活化过程。历史建筑保护环节的核心是保护的资源分配方案，该方案的利益相关者包括了建筑的使用者、保护项目实施者以及公众[8]。故历史建筑保护的智能化方案包括以下 3 方面的内容：对于建筑使用者而言，历史建筑保护的智能化方案可以帮助使用者进行使用资源的分配，包括对融资、申请税费减免和贷款的精力投入；对于项目实施者而言，历史建筑保护的智能化方案可以帮助实施者进行保护资源的分配，包括保护资金的配置，涉及在保护评估、保护设计、技术保障投入、工程管理、数字化保护等方面的资金投入倾斜，保护人员的分配，保护工期的阶段性控制等；对于公众而言，方案可以帮助公众进行文化资源的分配，包括居民参与保护工作、参与遗产教育培训、参与社区传统文化建设建立的选择等。方案的产出有 3 类：一类是历史建筑保护项目的实施，一类是建筑使用者参与历史建筑活化，一类是公众参与历史建筑的社区保护。

8 郑越，张颀. 世界遗产保护发展趋势下我国建筑遗产保护策略初探：基于 UNESCO 亚太文化遗产保护奖研究 [J]. 建筑学报，2015，12（5）：33-37.

而利益相关者的互动也会对历史建筑保护的关键影响因素产生影响。关键影响因素的确定有利于帮助项目实施者确定保护需求，以此开展精准的历史建筑保护资源匹配和智能化保护。图6中虚线箭头是各利益相关者在各相关因素中不和保护项目直接发生关系的部分。

随着移动互联、物联网和云计算等技术的发展，当代的企业运营都向着智能化的方向发展。历史建筑保护的过程从本质上讲和企业运营有类似之处，因而传统历史建筑保护模式有了升级的挑战和机遇，而升级的理念核心就是满足保护最迫切的关键需求。因此，在历史建筑保护的过程中识别保护的关键因素有着充分的必要性。

由图6可知，模型的原型实际上基于传统的保护行为，只是传统的保护行为受到信息壁垒的限制从而无法使得保护的效力得到最大化发挥。模型受助于数字化技术，在项目实施者、建筑使用者和公众之间开展信息联通和交互，从而探讨历史建筑保护的关键影响因素。因此，智能化历史建筑保护模型也是历史建筑保护运作过程的一种数字化模拟，是保护过程的演变。

智能化历史建筑保护模型的建立取决于数学模型的选择和样本积累。在众多的数学模型中选择适应的匹配历史建筑保护现状的数学模型，取决于判断的需求导向，这也是智能化历史建筑保护模型建立的难点之一。随着样本数量的增加，智能化历史建筑保护模型对于历史建筑保护的关键影响因素的预测会越来越准确，从而对于保护决策的资源分配建议也会越准确。该模型不仅可以降低传统保护运作过程的资源成本，而且还可以增强保护效果，并产生积极的网络效应，从而应对带来资源有限情况下的历史建筑保护桎梏。

值得一提的是，模型的建构是利益相关者各方信息资源共享的结果，项目实施者无法脱离建筑使用者和公众独自完成保护智能化平台的搭建，需要围绕保护的关键需求建立保护资源、使用资源和文化资源的整体系统，不仅有利于历史建筑保护相关资源的有效配置，而且也可以提供保护和再利用之外的价值来源，为历史建筑保护的自给自足带来长期的供给渠道。

五、历史建筑保护智能化决策面临的主要困难

虽然智能技术近年来取得了很大的突破和进展，但是要真正实现历史建筑保护决策的智能化还有非常大的距离。其困难与挑战主要体现在以下4方面：第一，历史建筑保护系统的智能决策需要模拟历史建筑保护建筑师的决策行为，这个过程与人工智能、信息处理等多学科领域密切相关，需要实现各相关学科的相互协调、深度融合，是一个长期发展的过程。第二，历史建筑保护系统的智能决策是一项关于历史建筑评估、资源分配的复杂系统，其运行机理尚有待进一步厘清，需要信息、技术两方面的共同支撑。决策者对保护需求的认知和决策是在个人经验和客观评估综合作用下的结果，近年来工程管理领域决策科学的发展揭示了突破的可能性。第三，智能决策的发展需要庞大的样本数据

作为支撑，目前国内尚缺乏一个统计评价标准的历史建筑评价数据库。第四，智能决策的方法需要有正确的决策机理作为支撑，指导资源分配的决策指南还有待制定，决策模型构架的方法还有待探讨。

六、历史建筑保护智能化需要突破的核心技术

从以上分析可以看出，历史建筑保护决策智能化受到多种因素制约，需要长期、多方位地进行探索，做好基础研究是关键。立足于现有历史建筑保护决策的智能化水平，结合保护的特点，历史建筑保护智能化决策分为决策评估、决策模型、决策验证 3 方面。在决策评估方面，根据扎根理论（Grounded Theory, GT）进行编码的词频研究方法被越来越多地采用。扎根理论是一种自下而上的定性研究的方法，在管理学领域常见于确定成功因素[9]。在决策模型方面，建立历史建筑保护的决策模型，应在众多相关因素中识别并分析关键成功因素（critical success factor, CSF），并通过对少数几个关键影响因素的观察和分析对项目决策形成有效指导。确定关键因素和模型优化阶段，需要对因素进行赋权，常见的赋权方法有主观评价法和客观评价法。主观评价法的样本来源于专家对评价指标的重要程度进行打分，打分专家的经验等隐性知识。管理学领域常用的主观评价法有最小二乘法、层次分析法（analytic hierarchy process, AHP）、网络分析法（analytic network process, ANP）、决策实验室分析法（decision-making trial and evaluation laboratory, DEMATEL）[10-11]。客观评价法是样本来源于不同项目的实际评分，并通过建立数学模型求取因素的权重，常见的客观评价法有模糊综合评价法、平均影响值法（mean impact value, MIV）[12]。组合赋权法是一种兼顾主观和客观评价法优点的方法[13]。采用此种方法可以利用数据求取关键影响因素，挖掘资源分配模式。在决策验证方面，决策验证的方法有层次分析法、主成分分析法、模糊评价法、博弈论法、数据包络分析法（data envelopment analysis, DEA）等。针对项目的相对效率比较问题，数据包络分析法是比较有效的数学分析方法，在欧美的历史建筑保护领域有广泛的运用，从而对保护决策进行实时的修正和反馈。

七、建筑历史建筑保护的智能化趋势

信息时代，建立历史建筑保护的决策指南及多属性决策机制可分为 3 个步骤：在资源配置阶段，先建立决策指南，基于关键影响因素确定保护策略的量化选择机制。再在决策指南建立的基础上建立多属性决策模型。为证实历史建筑保护决策的效率，可以通过建立效率验证模型对其进行检验。未来的历史建筑保护管理可以从评估、决策、验证 3 个方面加以进一步探究，最终建立历史建筑保护决策的机制，以快速根据项目类型属性得出具体的、量化的保护策略建议，指导资源有限情况下的普通历史建筑保护。在智能化的大背景下，利用信息化手段，实现从传统保护决策体系到智能化保护管理决策转变，对推进历史建筑保护理论的发展有着积极意义。

9 A X S, B Y S. Unpacking the process of resource allocation within an entrepreneurial ecosystem[J]. Research Policy, 2022, 51(9): 104378.

10 蒋楠. 基于适应性再利用的工业遗产价值评价技术与方法[J]. 新建筑, 2016（3）: 4-9.

11 GIGOVI L, PAMUAR D, BOŽANIĆ D, et al. Application of the GIS-DANP-MABAC multi-criteria model for selecting the location of wind farms: A case study of Vojvodina, Serbia[J]. Renewable Energy, 2017, 103: 501-521.

12 LV X X, DONG C, LIANG Z F, et al. Contribution analysis of influential factors for wind power curtailment caused by lack of load-following capability based on BP-MIV[C]// 2019 IEEE 3rd International Electrical and Energy Conference（CIEEC）. Beijing, China. IEEE, 2019: 1556-1560.

13 荀志远，张丽敏，赵资源，等. 基于组合赋权云模型的装配式建筑成本风险评价[J]. 土木工程与管理学报, 2020, 37（6）: 8-13.

参考文献

[1] 陈振明.政策科学：公共政策分析导论 [M].2 版.北京：中国人民大学出版社，2003.

[2] 蒋楠.基于适应性再利用的工业遗产价值评价技术与方法 [J].新建筑，2016（3）：4-9.

[3] 苟志远，张丽敏，赵资源，等.基于组合赋权云模型的装配式建筑成本风险评价 [J].土木工程与管理学报，2020，37（6）：8-13.

[4] 单霁翔.20 世纪遗产保护的发展与特点 [J].当代建筑，2020（4）：11-13.

[5] 郑越.亚洲遗产保护发展趋势研究：基于 UNESCO 亚太遗产保护奖看亚洲遗产保护的发展 [M]// 王立雄，栗德祥.建筑新技术 7.北京：中国建筑工业出版社，2016.

[6] 郑越，张颀.世界遗产保护发展趋势下我国建筑遗产保护策略初探：基于 UNESCO 亚太文化遗产保护奖研究 [J].建筑学报，2015，12（5）：33-37.

[7] A X S, B Y S. Unpacking the process of resource allocation within an entrepreneurial ecosystem[J]. Research Policy, 2022, 51(9): 104378.

[8] GIGOVI L, PAMUAR D, BOŽANIĆ D, et al. Application of the GIS-DANP-MABAC multi-criteria model for selecting the location of wind farms: A case study of Vojvodina, Serbia[J]. Renewable Energy, 2017, 103: 501-521.

[9] HASTIE T, TIBSHIRANI R, FRIEDMAN J. The elements of statistical learning 2001[J]. Journal of the Royal Statistical Society, 2004，167（1）：192.

[10] LV X X, DONG C, LIANG Z F, et al. Contribution analysis of influential factors for wind power curtailment caused by lack of load-following capability based on BP-MIV[C]// 2019 IEEE 3rd International Electrical and Energy Conference（CIEEC）. Beijing, China. IEEE, 2019: 1556-1560.

[11] ROBBINS S P. Organizational behavior: Concepts, controversies, applications: 7th ed[M].影印本.北京：清华大学出版社，1998.

当代中国历史街区再生设计研究——
以厦门市中山路为例

Research on the Regenerative Design of Contemporary Chinese Historical
Blocks — Taking Zhongshan Road in Xiamen as an Example

李　雪[1]

LI Xue

摘要：随着我国城市化进程的不断加快和城市规划建设的不断深入，老城区历史街区面临被"边缘化"的现状，人地矛盾逐渐凸显。本文以厦门市中山路历史街区为例，以历史街区的文化要素为基本框架，思考将传统建筑文化融入当代建筑创作语境，为历史街区赋予新生命。

Synopsis：With the continuous acceleration of urbanization and the deepening of urban planning and construction in our country, historical blocks in old urban areas are facing a situation of marginalization, and the contradiction between people and land is gradually becoming prominent. Taking the Zhongshan Road Historical Block in Xiamen as an example, this paper takes the cultural elements of the historical block as the basic framework, and considers integrating traditional architectural culture into the context of contemporary architectural creation, giving a new life to the historical block.

关键词：历史街区；再生设计；厦门中山路；文化思考
Keywords：historical blocks; regenerative design; Zhongshan Road in Xiamen; cultural thinking

引言

　　随着我国城市化进程的不断加快和城市规划建设的不断深入，我国城市建设面貌在得到极大改善的同时，也面临着老城区的历史街区逐渐被"边缘化"的现状。作为典型案例，在近现代城市建设延伸扩张中，厦门市中山路历史街区的肌理脉络受到挤压蚕食，再加上居民对居住品质的要求导致的翻新、违建、

1 李雪，厦门大学建筑与土木工程学院；25220201152156@stu.xmu.edu.cn。

加建、新建等现象，人地矛盾逐渐凸显，中山路历史街区急需再生设计，融旧立新、重新焕发老城活力。

一、当代中国历史街区再生设计研究基础

1. 历史街区

"历史街区"的概念最早源于1933年8月国际现代建筑协会在雅典通过的《雅典宪章》，《雅典宪章》指出："对有历史价值的建筑和街区，均应妥为保存，不可加以破坏。"1986年，随着第二批国家级历史文化名城的公布，我国正式提出"历史街区"这一概念："对一些文物古迹比较集中，或能较完整地体现出某一历史时期传统风貌和民族地方特色的街区、建筑群、小镇、村寨等也应予以保护，可根据它们的历史、科学、艺术价值，核定公布为当地各级'历史文化保护区'。"其中的"街区"逐渐发展演变为"历史街区"概念。综合多个相关论述，可以将历史街区归纳为"历史发展中留存下来的能反映城市特色和风貌并有居民生存活动的成片的建筑群体"[2]。本文以厦门市中山路历史街区为研究对象，希望通过挖掘该街区的历史脉络，为当前存量建设进程中面临的再生设计提供理论依据。

2. 再生设计

《辞海》中关于"再生"的表述为："再生现象可以分为两类：在正常生命活动中进行的再生，如羽毛的脱换、红血细胞的更新等，称为生理性再生；损伤引起的再生，称为病理性再生、创伤后再生和补偿再生。通常的伤口愈合，或骨折后的重新接合，都包含再生过程。"[3]本文借用"再生"的概念，深入剖析历史街区的文化要素，旨在将传统建筑文化融入当代建筑创作语境，为历史街区赋予新生命。

二、厦门中山路历史街区现状问题与再生设计研究必要性

1. 当代中国历史街区现存问题

1）空间肌理

从1920—1930年代厦门第一次大规模的城市建设开始，厦门基本保持着相似的城市空间结构，其中，中山路历史街区肌理脉络清晰、层次分明，呈现出以中山路为一级骨架、两侧街巷为二级骨架的鱼骨状街道平面格局[4]（图1）。近百年来，随着厦门城市建设持续性的扩张发展，在不断完善城市基础建设的同时，居民对居住空间的品质需求日益提高，伴随着许多居民自发性的翻新、加建、违建、新建等建设活动无规律性的加入，人地矛盾在陆地面积本就狭小的自然条件下日益显现。中山路历史街区位于厦门旧城区的核心区域，这一矛盾表现得尤为突出：街区建筑密度不断升高，空间肌理受到严重的挤压、破坏（图2），街区整体风貌亟待提升。

2）道路交通

厦门中山路历史街区交通结构呈现为三种街道空间尺度，由大到小分别为

2 阮仪三.历史街区的保护及规划[J].城市规划汇刊，2000（2）：46-47，50-80.

3 陈相.江苏省泰州历史文化街区保护与再生设计的探索研究[J].设计，2019，32（2）：96-98.

4 尤舒蓉，龙元.厦门市中山路历史街区的空间保护与文化传承研究[J].中外建筑，2013（10）：70-72.

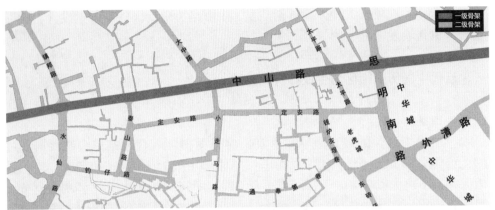

图1 中山路鱼骨状街道平面布局

图2 中山路历史街区局部脉络图 图片来源：厦门大学LT工作室资料图

骑楼商业街、小型商业街、生活性街巷（图3）三级。其中，一级骑楼商业街空间尺度较为连续开敞，三级生活性街巷空间尺度较为曲折狭窄，二级小型商业街空间尺度则是处于骑楼商业街与生活性街巷之间的过渡型街道。三种街道空间互相交织，使得街区内部的基础交通条件较差，支路宽幅多为1 m，通行空间狭窄，停车空间匮乏，不规范的违建、加建进一步降低了街道的通达性，再加上近年来"一层皮开发问题"突出，使得中山路历史街区缺乏现代商业街区与传统生活街区的一体化、整体性设计，最终导致与中山路核心商业区联系不紧密，难以将商业街外来游客人流引入生活性街道，同时也难以将内部原住居民的日常生活融入外部街道，呈现"两级分化"的现象。

3）公共空间

公共空间在历史街区中主要指居民进行日常生活和社会生活所需的室外

图3 骑楼商业步行街（左）、小型商业街（中）、生活性街巷（右）

空间，包括院落空间、街巷空间、广场、公园等。中山路骑楼商业街尺度较大，且开发力度较大，具有较为完善的停留与休憩公共空间，而主街道向内的小型商业街与生活性街巷尺度渐小引发的街巷空间狭窄（图4）、巷内日照不足，以及户外场地不足、公共设施陈旧，导致街巷公共空间活力不足等问题，缺乏供社区居民与外来游客聚集的开敞空间、缺乏具有地域特色的公共空间节点，进一步导致在"道路交通"难以"吸引人"的同时更加难以"留住人"。

4）建筑风貌

厦门中山路历史街区的建设年代久远，整体建筑质量较差（图5），建筑结构薄弱，建筑安全性低；建筑面积在 50 m² 以下的户型占比较大，人均居住面积为 14.6 m²；对闽南传统建筑、近现代骑楼建筑、民国风貌建筑等的保护力度不足，存在大量翻新、违建、加建、新建等现象（图6），破坏了原本的建筑风貌特征……综合建筑质量、建筑结构、建筑面积、风貌特征等多方面因素，中山路历史街区缺失真实完整、原汁原味的建筑风貌，"一层皮开发"加剧了风貌发展不平衡问题。

5）功能业态

作为一级骨架的中山路骑楼商业街在近现代的发展中，保持了较为完整、丰富的购物、旅游、美食等商业业态；二级骨架两侧及内部的功能业态层次较低，主要为小卖铺、小吃店、日用品店等商铺以及缺乏统一管理的地摊摊位。二级骨架两侧主要服务人群为街区内部的原住居民，辐射范围较小，业态发展动力明显不足，且现有的功能业态欠缺地域特色，难以与传统文化挂钩，对外来游客的接纳度较低（图7）。

图4 生活性街巷中的公共空间　　图5 质量差的典型房屋建筑　　图6 违建、加建现象严重　图片来源：厦门大学LT工作室资料图

图7 骑楼商业街业态（左）、小型商业街业态（中）、生活性街巷地摊（右）

2. 当代中国历史街区再生设计研究必要性

通过对空间肌理、道路交通、公共空间、建筑风貌、功能业态5方面的问题识别，可以发现中山路历史街区的发展现状矛盾已趋向于将其割裂为2个明显的层次，即以街区主骨架两侧为界，主骨架外侧是骑楼商业街，主骨架内

侧是闽南传统街巷，居民"出不去"、游客"进不来"，导致闽南地域文化失去了整体性的传承与发展。因此，充分汲取中国传统建筑文化中的精髓，将历史街区传统建筑文化融入现代建筑语境，对作为中国旧城区历史街区代表性案例的厦门中山路历史街区进行再生设计实践研究迫在眉睫。

三、厦门中山路历史街区再生设计原则

1. 文化自觉

习近平总书记在 2021 年考察福建时指出："保护好传统街区，保护好古建筑，保护好文物，就是保存了城市的历史和文脉。对待古建筑、老宅子、老街区要有珍爱之心、尊崇之心。"历史街区承载着城市的历史遗迹、文化古迹、人文底蕴，它们都属于城市生命的一部分。文化自觉是对包括历史街区在内的文化层面的自我觉醒、自我反思和理性审视。中华民族的文化自觉就是对中华传统文化的反思和审视，有了文化自觉，我们才具备了将一座城市的文化遗产保护好、处理好文化遗产的继承与发展的关系、协调当代建筑创作与历史环境历史建筑之间关系的内在动力[5]。

5 单霁翔、王忭.城市建设需要文化自觉与文化自信[J].美术观察，2018（5）：8-10.

2. 文化自信

文化自信是主体对自身文化的认同与坚守，建立在文化自觉的基础之上。城市建设的文化自信体现在守护好自己的文化遗产和文化特色上，具体而言，即在再生设计思想指导下，以历史街区为载体，将尊重历史文脉、弘扬城市精神文化、走可持续发展道路作为保护与更新的目标。

四、厦门中山路历史街区再生设计策略

1. 文化梳理

通过文献调研、实地走访，对建筑现状进行清晰化梳理（图 8）。一方面，对建筑风貌及建筑质量进行分类识别，保留文保建筑、传统风貌建筑（包括骑楼建筑、闽南大厝、闽南红砖建筑）的完整风貌。另一方面，对重要区域的违建、加建建筑恢复原本肌理，在梳理建筑肌理的同时疏通道路可达性，使街区整体脉络更加清晰，有利于外部游客的引入、内部居民的引出。

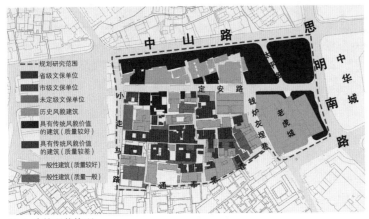

图 8 建筑现状梳理

2. 文化整合

1）整合活化点要素

在建筑现状分类梳理的基础上整合活化点要素。首先对影响街区整体风貌较为严重的翻新、违建、加建建筑进行针对性修整，提升建筑质量较差的风貌建筑的安全性，形成以有较高历史风貌价值的建筑为一级节点、有一定风貌价值但质量有待针对性提升及功能置换的建筑为二级节点、有一定历史价值但风貌较差急需改善的建筑为三级节点的三级节点联立的建筑风貌点要素辐射圈。其次在提升建筑质量的基础上，采取传统文化与现代生活相结合的功能置换，如博物馆、文创店、民宿、茶馆、手工艺品店等，即在完善生活型业态的基础上增加商业及文化等旅游型业态，全面活化街区功能业态，提升对外来游客的接纳度。最后，通过对以建筑风貌、功能业态为主的点要素（图9）的整合，利用点辐射圈全面激活空间，带动街区内部与外部共同发展，形成具有真实性、完整性的街区建筑风貌。

图 9 点要素文化辐射圈

2）整合活化线要素

将骑楼商业街、小型商业街、生活性街巷三者作为一个整体，形成一级、二级、三级街巷共同组成的三元一体化道路交通模式（图10），打通因违建、加建等因素导致可达性弱的道路，使道路交通结构清晰化，实现"原住居民出得去，外来游客进得来"的路径基础，以线串联点要素，形成结构主要骨架，带动街区线性再生；同时在主街道对内部街巷进行有效引导，树立街巷牌，并对能够体现街区历史文脉的街巷名加强标识说明，不断强化信息符号，增强文化输出，形成外来游客与本地居民相适应的共同集体记忆。

3）整合活化面要素

将点要素与线要素相联立，共同形成街区空间肌理面状再生结构（图11），重新构建能够体现历史街区传统空间特征的街巷骨架，延续厦门旧城区原有的自然形态。在点要素周边局部辐射、线要素路径两侧辐射的基础上全面铺开激活街区活力，强化街巷空间格局，保持肌理脉络完整性，完善街区空间连续性，提升街巷整体风貌。在此基础上，通过保持街巷原有的线形、走向、宽度、空间尺度与比例来延续街区历史界面，从而保持街巷风格。

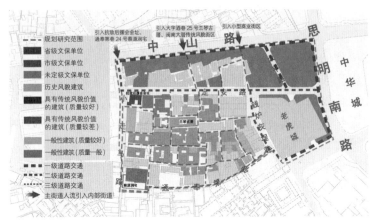

图 10 线要素三元一体化道路交通模式

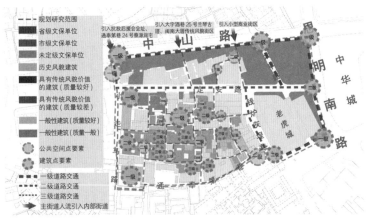

图 11 空间肌理面状结构

3. 文化织补

1）织补形成网要素

在街区空间肌理面状结构的基础上，对点要素、线要素、面要素三类空间特征重新糅合、串联织补，形成由街区多重要素所牵引的原住居民与外来游客紧密关联的辐射面更广、联结更紧密的历史街区空间关系网状结构（图12），达到整体盘活历史街区的最终目标。

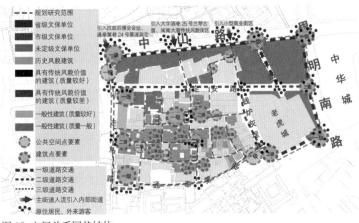

图 12 空间关系网状结构

五、结语

本文在城市化进程持续加快和城市规划建设不断深入的背景下，从再生设计的视角出发，着眼于原住居民与外来游客两个群体，对厦门中山路历史街区的历史文脉和空间特征进行解析，提出了"梳理—整合—织补"的历史街区保护发展策略，对于历史街区保护与更新的整体性发展具有一定的理论和实践指导意义。

参考文献

[1] 陈相.江苏省泰州历史文化街区保护与再生设计的探索研究[J].设计，2019，32（2）：96-98.

[2] 阮仪三.历史街区的保护及规划[J].城市规划汇刊，2000（2）：46-47，50-80.

[3] 单霁翔，王忬.城市建设需要文化自觉与文化自信[J].美术观察，2018（5）：8-10.

[4] 尤舒蓉，龙元.厦门市中山路历史街区的空间保护与文化传承研究[J].中外建筑，2013（10）：70-72.

乡村标志物适宜性营建策略——
以花瑶聚居区白水洞村村牌为例[1]

Construction Strategy for the Suitability of Rural Landmarks — Taking the Village Sign of Baishuidong Village in Huayao Residential Area as an Example

王 天 驰[2]　张 月 霜[3]

WANG Tianchi　ZHANG Yueshuang

摘要：乡村标志物是乡村意象的重要构成，也是乡村人居环境建设中不可忽视的一环。本文从乡村标志物的发展概况入手，总结其类型及特点，进而分析花瑶聚居区标志物的现状问题，提出乡村标志物的适宜性营建策略，并以白水洞村村牌为例，从设计定位、文旅协同、在地实践3个层面总结乡村标志物营建经验，试图为乡村人居环境建设提供新视角和新方案。

Synopsis：Rural landmarks are an important component of rural imagery, and they are also a part of the construction of rural living environment that cannot be ignored. This paper summarizes the types and characteristics of rural markers from the general situation of their development, then analyzes the current situation of landmarks in Huayao settlements, and proposes appropriate construction strategies for rural landmarks. Taking the village sign of Baishuidong Village as an example, it summarizes the construction experience of rural landmarks from three aspects: design orientation, cultural tourism coordination, and local practice, in an attempt to provide new perspectives and new approach for the construction of rural living environment.

关键词：乡村标志物；花瑶聚居区；村牌；适宜性；营建策略
Keywords：rural landmark; Huayao residential area; village sign; suitability; construction strategy

1 【基金资助】湖南省自然科学基金面上项目"作为健康农宅关键技术的农户厨房设计方法研究"（2021JJ30117）。

2 王天驰，湖南大学建筑与规划学院；2804772488@qq.com。

3 张月霜，湖南大学建筑与规划学院。

　　乡村的蓬勃发展促使乡村由于传统村落向现代化乡村过渡。标志物作为乡村意象的重要元素，对人们认知乡村面貌至关重要，能一定程度反映出乡村的经济发展和乡风文化。当前，乡村建设正朝着特色化、高质量方向迈进，但乡村标志物缺乏相应的标志性及品质，且与文旅发展的关联较弱，人们对乡村标志物的关注与认知亟须提升。本文以白水洞村村牌营建为例，探讨乡村标志物的适宜性营建策略，以期加强乡村微型节点的综合示范效益。

一、乡村标志物

1. 乡村标志物概念

4 林奇.城市意象[M].方益萍，何晓军，译.北京：华夏出版社，2001.

城市意象理论明确了标志物是观察者的外部观察参考点，一般为简单的有形物体，具有唯一性、导向性、象征性、可识别性、局部对比性5个特征[4]。随着城市意象理论在我国的传播，有学者提出了乡村意象理论，乡村意象是人们头脑里对乡村的"共同的心理图像"，具有"可印象性"和"可识别性"的特点[5]。乡村

5 熊凯.乡村意象与乡村旅游开发刍议[J].地域研究与开发，1999，18（3）：70-73.

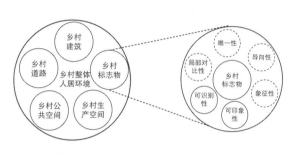

图1 乡村标志物概念及特征

标志物作为乡村意象的重要构成，是乡村人居建设中不可忽视的一环，对认知乡村和描述乡村起到了至关重要的作用，是地域特色与乡风文化的一种表现，也是观赏乡村的可视窗口（图1）。

2. 乡村标志物发展概况

乡村标志物是长期存在于乡村的有形物体，反映了社会经济文化的发展，具有时代特征。社会发展早期，人们以大树、巨石、山峦等自然事物作为部落的标志物，具有一定可识别性，且兼具庇护功能；当社会发展到一定时期，乡村中衍生了牌坊、庙宇、祠堂等具有文化属性的标志物，具备纪念性与象征性；乡村快速发展过程中，乡村面貌发生了根本性的改变，传统村落逐步消失，现代材料与技术的引入使得乡村标志物数量激增，其形式与功能更加多样，但逐渐丧失其独特性[6]。

6 卢健松，郭秋岩，苏妍，等.自建住宅的空间理性：紫薇村民居立面更新[J].城市建筑，2018（34）：74-77.

3. 乡村标志物类型及特点

当前，乡村标志物主要包括导视型、纪念型、观览型、休憩型及祭祀型。其中导视型标志物有路牌、路标及村牌等，具备指向与分界功能，形式较为单一；纪念型标志物、祭祀型标志物作为传统时期存留下来的乡村标志物，表现了当地村民的精神信仰、文化传承，随着文化自信的提升，逐渐发展成为乡村中重要的景观节点；观览型标志物、休憩型标志物大多存在于人群聚集场所与重要交通节点，呈现出较为丰富的形式，反映了乡村意识形态的多元化发展（图2）。

乡村标志物的类型受到社会、经济、文化发展的影响，其形式与功能也与使用人群的行为活动密切关联，乡村标志物的多元化程度可以反映出乡村发展的活跃性。

a. 永州上清涵村村牌；b. 金华上包村牌坊；c. 金华上包村土地庙；d. 长沙鹿芝岭村雕塑；e. 怀化坪坦村休息亭
图2 乡村标志物类型及其特点　图片来源：a.-c. 张月霜摄；d. 王天驰摄；e. 吴薇摄

二、花瑶聚居区标志物

花瑶是湖南西南腹地的瑶族的一个分支，因其服饰独特、色彩多样艳丽，故被称为"花瑶"[7]。花瑶聚居区位于溆浦与隆回两县交界之地，是典型的丘陵地貌，平均海拔约1 300 m，整体地势落差大。

7 卢健松，苏妍，徐峰，等.花瑶厨房：崇木凼村农村住宅厨房更新 [J].建筑学报，2019（2）：68-73.

1. 标志物现状问题

花瑶聚居区标志物的发展历程大致分为自然形成、自发建造及旅游发展3个阶段。早期标志物初具纪念和祭祀功能，近代开始，当地自发建造了村牌等标志物，但多用于村子内部的导视与分界。2011年，政府对花瑶聚居区的道路、电力等基础设施进行了持续完善，依托旅游规划建造了一批具有休憩功能、形式简易的标志物，为游客提供简单的休息场所，但并未完全解决当地使用需求及旅游发展滞后的问题，急需新的契机与媒介予以推动（图3）。

a.巨石；b.大树；c.古寨牌坊；d.-f.休憩型标志物
图3 花瑶聚居区标志物发展历程　图片来源：a.-b.金泽宇摄；c.张月霜摄；d.-f.陆伟杰摄

花瑶聚居区现有标志物在选址、形式和技术上存在的主要问题包括：1）选址地点内向。地理位置内向不够开放，导致标志性及导视性特征不够显著。2）形式同质，功能单一。形式多沿袭传统，趋于同质化，缺乏地域特色，且功能的单一性无法满足使用者需求。3）建造技术粗糙。工匠以传统建造经验为生，使得传统木构体系与现代材料技术的融合较差，手法也较为粗糙。

2. 适宜性营建策略

针对花瑶聚居区标志物现存问题，本研究在选址、形式、功能及技术等方面提出了突出标志性、强调象征性、回应文旅需求及示范建造技术等系列适宜性营建策略。

1）突出标志性。适宜的选址对增强标志性至关重要。设计前期应打破原有单一、内向的选址方式，合理利用地势高差、特色景观等周边要素，使标志物与地理环境产生更为紧密的联系，加强局部对比性，提高视觉冲击与影响范围。

2）强调象征性。形式新颖、象征性强的标志物有利于加深乡村印象。花瑶是地处山区、民族文化鲜明的部落，花瑶人服饰色彩艳丽、饱和度高，具有较高的辨识度与代表性，标志物的形式应彰显标志物地域及文化特色[8]；此外，在材料选取上应符合本土气候与审美，融入本村整体环境。

8 袁雪洋.2013—2020花瑶聚居区乡村发展中建筑创作介入的方法[D].长沙：湖南大学，2021.

3）回应文旅需求。标志物的设计应结合乡村文旅发展，进行整体考量，置入兼具本土与旅游属性的模块与功能，如文化宣传、休憩场所、拍照打卡等，针对不同选址及其周边环境进行功能配置，还可借助互联网技术拓展乡村标志物的宣传功能。

4）示范建造技术。建造技术的优劣决定标志物的整体品质。乡村施工队参差不齐的技艺难以完成乡村节点的整体布局与更新，在营建过程中增加适当的在地服务和技术支持，可有效引导、纠正、规范施工人员的建造方式，确保建造技术高品质落实（表1）。

表1 花瑶聚居区标志物营造策略

设计目标	需求类别	基本设计策略
解决基础需求	1）选址方式	1）选址地点多样、外向；2）紧密联系环境
	2）导视功能	1）基本信息清晰明确
回应文旅需求	1）拍照打卡	1）基本形式创新；2）凸显地域文化性
	2）旅途休憩	1）置入模块，场地完善
	3）景观互动	1）应用互联网技术；2）打造多元体验感
提升本土技术	1）施工指导	1）在地协助当地工匠建造；2）引导、纠正、规范施工人员
	2）技术示范	1）材料选取与加工；2）完善建筑构造细部

三、白水洞村村牌营建实践

2017年起，湖南大学建筑与规划学院卢健松教授及其团队开始参与白水洞村人居环境建设，至2022年相继设计建造了三座村牌。其中团队成员张月霜、胡文通参与"村牌1.0—2.0"设计，苏妍、王天驰参与"村牌3.0"设计，湖南大学设计研究院当代乡建研究中心的苏妍负责施工图设计指导。团队从设计定位、文旅协同、在地实践三个层面总结出"规划花瑶地标、打造文旅窗口、在地助力营建"的乡村标志物营建经验（表2）。

1. 规划花瑶地标

由于白水洞村道路崎岖，村牌建造前并未明确村界位置，团队在前期规划中结合实际需求及当地旅游规划路线，以"定格峡谷风光"的设计原则分别为三座村牌进行选址。"村牌1.0"处于大托村与白水洞村交界处，并非旅游

表2 白水洞村村牌项目信息

项目信息	具体内容
项目名称	白水洞村村牌设计
项目时间	2017—2022 年
项目地点	湖南省隆回县虎形山瑶族乡白水洞村
方案设计	湖南有田建筑设计有限公司
主创设计师	卢健松
设计团队	"村牌 1.0—2.0"：苏妍、张月霜、胡文通； "村牌 3.0"：苏妍、王天驰
施工图设计	湖南大学设计研究院当代乡建研究中心
结构设计	康旦
施工负责人	彭南柳

路线的核心节点，主要用于两村分界及游客指引；"村牌 2.0"位于溆浦方向进村的路口，此处山脉相视、风景秀丽，是溆浦方向进村游客和村民的必经之处，也因此被设计成员称为"村口的守望者"；"村牌 3.0"是草原村与白水洞村的分界点，也是白水洞村以"红军长征精神路三十六弯"为名的盘山公路终点，人们在经过崎岖险峻的公路后便能抵达这片视野开阔的场地，俯瞰整个花瑶峡谷，仿若置身云端，是村民和游客最爱打卡的一处村牌。同时，为了增强村牌给游客和村民的印象，团队将村牌的基本形式确定为单柱马头墙木挑檐式，并将村牌的尺度刻意加大，赋予其鲜明的地域特色。村民米兰表示不仅游客喜欢在村牌位置拍照打卡，村民也经常拍摄村牌的照片和视频来进行宣传，可见三座标志性的村牌在白水洞村形成了以小见大的社会效应（图 4）。

2. 打造文旅窗口

在设计前两座村牌时，白水洞村旅游发展刚刚起步，团队更多地考虑到满足"实用、坚固、美观"的需求，而后为适应白水洞村旅游发展的新需求，团队在设计"村牌 3.0"时对村牌的定位、功能及文化彰显等方面进行了综合考量与优化，旨在打造独具匠心的文旅多功能窗口。

首先，赋予时代象征。为纪念 2012 年湖南大学定点帮扶隆回县及 2015 年湖南大学驻村帮扶白水洞村这两个时间节点，设计团队与帮扶干部共同协商将

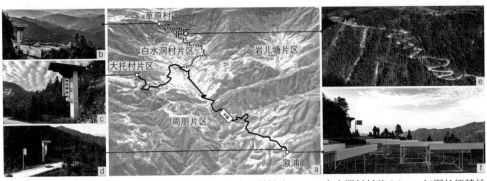

a. 白水洞村地理卫星图；b. 白水洞村村牌 3.0；c. 白水洞村村牌 1.0；d. 白水洞村村牌 2.0；e. 红军长征精神路航拍图；f. 村牌 2.0 周边文旅规划——露营基地

图 4 白水洞村村牌选址区位分析图　图片来源：b.、e. 许昊皓摄；c. 许茜婷摄；d.、f. 陆伟杰摄

村牌高度定为 12.15 m，赋予村牌更多纪念性。其次，融入复合功能。通过增加休息座椅、矮墙及种植池等模块，将休憩、展示及宣传等功能融入村牌设计中，使标志物具备更为多元的空间场景和活动体验。最后，宣传特色文化。在"村牌 3.0"矮墙上制作了两块介绍牌，南侧介绍牌主要展示"红军长征精神路三十六弯"的发展历史，北侧为花瑶山歌与白水洞村介绍二维码，人们可以扫码了解更多白水洞村的旅游信息，兼具宣传性与互动性（图 5）。

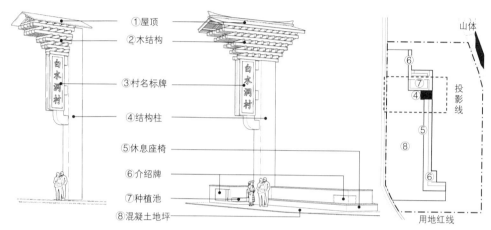

图 5 白水洞村"村牌 2.0"及"村牌 3.0"功能对比图

湖南大学驻村研究人员及当地施工队负责人均表示新一代村牌吸引了更多游客前来打卡，这是在营建前期所意想不到的，也因此引发了当地村民对村牌设计乃至旅游规划的踊跃思考和建议。

3. 助力在地营建

由于当地施工队大都由村民自发组建，建造行为往往缺少规范、法规的约束，建造过程充满偶然性，且施工人员缺乏对图纸的理解，很多细部构造无法精准完成[9]。团队坚持在客观条件允许下在地参与设计和建造的全过程，使设计图纸、构造做法、材料工艺等得以落地。经过几年的磨合，施工队的建造能力和规范性得到了改善，团队成员的综合设计能力也得到大幅提升。除此之外，团队坚持在技术与美学上进行探索与优化，"村牌 3.0"通过对主体结构整体支模、不锈钢包木梁头、黄泥稻草漆饰面等传统与现代材料的融合与构造改良，对结构稳定性、屋面防水、木梁防水、场地排水等构造进行系列优化。建造结束后，施工队负责人提出中肯的施工建议，方便了后续施工进一步优化，也体现了在地营建的方式促使工匠们不断地思考（图 6）。

白水洞村村牌营建经历了白水洞村精准扶贫到乡村振兴阶段的全周期，体现了设计团队、帮扶团队及村民互帮互助的坚持与守望。"村牌 1.0—2.0"作为在该村最早落地的项目，通过技术与美学示范为村庄注入希望，而"村牌 3.0"则通过结合新的时代需求，以多元化模块设计为该村人居环境建设与文旅发展注入可持续的动力。正如设计团队负责人卢健松教授所强调的，"设计本身就是把没有价值变得有价值，把有价值的东西变得更有价值"。

9 卢健松，张月霜，苏妍，等. 当代建筑教育的乡村应答 [J]. 新建筑，2020（4）：103-107.

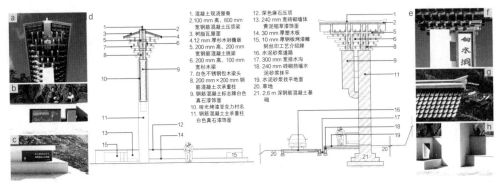

1. 混凝土现浇屋脊
2. 100 mm 高、600 mm 宽钢筋混凝土压顶梁
3. 树脂瓦屋面
4. 12 mm 厚杉木封檐板
5. 200 mm 高、200 mm 宽钢筋混凝土挑梁
6. 200 mm 高、100 mm 宽杉木梁
7. 白色不锈钢包木梁头
8. 200 mm×200 mm 钢筋混凝土次承重柱
9. 钢筋混凝土标志牌白色真石漆饰面
10. 哑光烤漆亚克力村名
11. 钢筋混凝土主承重柱白色真石漆饰面

12. 深色麻石压顶
13. 240 mm 宽砖砌墙体黄泥稻草漆饰面
14. 30 mm 厚塑木板
15. 10 mm 厚钢板烤漆雕刻丝印工艺介绍牌
16. 水泥砂浆道路
17. 300 mm 宽排水沟
18. 240 mm 砖砌挡墙水泥砂浆抹平
19. 水泥砂浆找平地面
20. 草地
21. 2.6 m 深钢筋混凝土基础

a.白水洞村"村牌3.0"木构架；b."红军长征精神路"介绍牌；c.白水洞村线上展示牌及矮墙座椅、矮凳细部构造；d.–e.白水洞村"村牌3.0"做法大样图；f.混凝土结构与木结构搭接方式；g.屋脊与屋面搭接方式；h.承重柱与矮墙交接形式

图6 白水洞"村牌3.0"实景图及做法大样图　图片来源：a.–b.、f.、h.陆伟杰摄；c.彭南柳摄；d.–e.自绘；g.许昊皓摄

四、结语

当前，村牌这类乡村标志物的建设规模小、成本低，在乡村发展的各个阶段都便于介入。而营建乡村标志物，不仅能改善当地乡村人居环境，发挥美学与技术示范作用，还能催生当地旅游发展的内驱动力，真正以点带面地产生经济与社会效益。此外，针对每座乡村特有的标志性和象征性，挖掘和彰显乡村的自我价值与文化传统、重塑乡村意象，进而激发村民对美好生活的向往，也是当代建筑师与规划师应肩负的使命。

参考文献

[1] 林奇.城市意象[M].方益萍，何晓军，译.北京：华夏出版社，2001.

[2] 卢健松，郭秋岩，苏妍，等.自建住宅的空间理性：紫薇村民居立面更新[J].城市建筑，2018（34）：74–77.

[3] 卢健松，苏妍，徐峰，等.花瑶厨房：崇木凼村农村住宅厨房更新[J].建筑学报，2019（2）：68–73.

[4] 卢健松，张月霜，苏妍，等.当代建筑教育的乡村应答[J].新建筑，2020（4）：103–107.

[5] 熊凯.乡村意象与乡村旅游开发刍议[J].地域研究与开发，1999，18（3）：70–73.

[6] 袁雪洋.2013—2020花瑶聚居区乡村发展中建筑创作介入的方法[D].长沙：湖南大学，2021.

时光雕刻——非遗传承类文化建筑实践与思考

Carving Time — Practices and Reflections on Cultural Architecture for the Inheritance of Intangible Cultural Heritage

郑 辑 宏[1]　彭 蓉[2]　汪 芳[3]

ZHENG Jihong　PENG Rong　WANG Fang

摘要：本文将非物质文化遗产传承类建筑置于蓬勃发展的中华优秀传统文化事业的背景下，对笔者近十年主持设计的荆楚非物质文化遗产技能传承院全过程设计实践进行回顾与总结，梳理出该建筑类型兼具叙事性线索、体验感场景、活态化展示、传承式研究、常态化教培、综合体运营的6个内在特质；尝试提出3个相互支撑的建设内涵：鲜活生动的非遗技艺传习平台、喜闻乐见的市民文化共享客厅、独具特色的外来游客流量景区，进一步探索荆楚非物质文化遗产技能传承院升级版的可行建设策略，以期为类似的文化建筑提供借鉴与参考。

Synopsis：Placing architecture dedicated to the inheritance of intangible cultural heritage within the vibrant context of China's excellent traditional cultural endeavors, this paper conducts a retrospective summary of the entire design process of the Jingchu Intangible Cultural Heritage skills Inheritance Institute, which has led in the past decade. The paper identifies six intrinsic characteristics of this architectural type: narrative clues, experiential scenes, dynamic displays, inheritance-focused research, normalized education and training, and comprehensive operation of the complex. This paper attemps to propose three interrelated construction connotations: a vibrant learning platform for intangible cultural heritage skills, an enjoyable cultural living room for the citizens, and a distinctive attraction for external tourists, further exploring feasible construction strategies for the upgraded Jingchu Intangible Cultural Heritage Skills Inheritance Institute, with the aim of providing insights and references for similar cultural architecture projects.

1 郑辑宏，长江大学城市建设学院；zhenjh@foxmail.com。

2 彭蓉，长江大学城市建设学院。

3 汪芳，长江大学城市建设学院。

关键词：非物质文化遗产；传承；全过程设计；文化建筑

Keywords：intangible cultural heritage; inheritance; whole-process design; cultural architecture

一、非遗传承类建筑的发展与困惑

作为地方高校设计工作室，笔者有幸以陪伴式设计的工作方式参与了长江艺术工程职业学院的新旧校区两轮建设，作为其学校特色的荆楚非物质文化遗产技能传承院（以下简称"荆州非遗传承院"）经历了近6年的建设、演化过程。笔者关注到该类建筑的3个发展趋势：有别于传统群艺馆、博物馆、美术馆的"文化多态"演绎；主动跨界的"共享多赢"演变；迈向新兴文化建筑类型的"建设内涵"演化。与此同时，包括荆州非遗传承院在内，近年来国内投资建设的各类非物质文化遗产传承类文化建筑（以下简称"非遗传承类文化建筑"），普遍存在形式丰富多样、主体功能依附性强、长期运营可持续性弱的特点。本文基于荆州非遗传承院的建设实践，从建筑师的角度总结近6年的设计与建造过程，探讨如何将地域性的非物质文化遗产与在地的建造环境因素相结合，转化成为能服务更多城市人群、为多方所共享的城市公共文化场所（图1）。

图1 荆州非遗传承院鸟瞰图 图片来源：赵奕龙摄

1. 现有非遗传承类文化建筑的比较分析

非物质文化遗产中的传统技艺往往因为时代变迁而面临市场缺失、后继乏人、濒临失传的困境，在国家重视文化自信和支持遗产保护的政策扶持下，一大批基于非遗保护传承的建筑形态不断涌现出来，成为一种新的文化建筑样式，其功能目的为相对集中建设非遗技艺的展示与传习场所，以放大特色、相互支撑、提升效益。

国内外非遗传承类建筑发展广泛，其空间形态多样，规模差异较大，从建筑设计的角度。依据非遗传承主体功能的依托方式，可将非遗传承类文化建筑分为独立建设、合并建设、街区建设、组合建设等四种类型。非遗传承类文化建筑的建设类型见表1。

表 1 非遗传承类文化建筑的建设类型

建设类型	组合特征	主要功能	运营性质	依托单位	典型案例
独立建设	非遗传承保护为单一功能或主体功能	展示、传习、研究、体验、销售	公益性	政府及公益性机构	荆州非遗传承院 / 首创湘西非遗工作站 / 苏州市非物质文化遗产博物馆 / 日本金泽卯辰山工艺坊
合并建设	非遗传承保护作为附属功能合并在其他公共文化建筑之中	展示、体验	公益性	—	—
街区建设	各个非遗工坊展厅相对集中地散布在城市的历史街区	展示、销售、体验、传习	经营性为主	企业	北京百工坊 / 广州永庆坊
组合建设	非遗传承保护作为主要或附属功能与其他经营性建筑类型组合建设	展示、传习、研究、体验、销售及其他经营性功能经营性为主	政府及公益性机构	企业	湖南雨花非遗馆 / 黔艺宝贵州风物馆 / 成都非物质文化遗产公园

2. 非遗传承类文化建筑与其他文化建筑的比较分析

非遗传承保护的基本任务是找到一条有效传承、提升应用、发扬光大的道路，相比其他文化建筑而言，非遗传承类文化建筑开放程度更高，展示方式更为生动有效，同时也需要承接更多的社会服务功能。非遗传承类文化建筑的主要功能包括展览展示、体验互动、商业销售、传习教学、研究开发等。与其他相近的文化建筑类型比较，其特征差异集中体现在公众参与度、经营需求性、主体功能依附性 3 方面（表 2）。

表 2 非遗传承类文化建筑与其他文化建筑比较分析

建筑类型	主要功能	公众参与度	经营性需求	主体功能依附性
非遗传承类文化建筑	展示、传习、研究、体验、销售及其他经营性功能	高	强	强
博物馆、美术馆、展览馆	展示、体验、研究	低	弱	弱
群艺馆、文化宫、艺术中心	展示、教学、观演	高	弱	强
保护机构、研究所	高水平研究、教学、开发	低	弱	弱
学校、培训中心	一般性教学、研究	高	弱	弱

二、荆州非遗传承院设计与建设实践

荆州作为首批入选中国历史文化名城的城市，历史文化资源丰富，非遗文化众多，故荆州非遗传承院自建设之初便引起了政府与社会各界的高度重视。整体项目持续五年分四期建成，院落空间形态丰富，传统韵味浓厚，非遗传承人入住踊跃，相关非遗项目的活态展示与传习研究持续不断。国家文化和旅游部（以下简称"文旅部"）在此设立了由清华大学美术学院牵头的传统工艺工作站，并举办了三届荆楚问漆国际学术研讨会，助推学校成功升级为民办职业专科院校。从建筑设计的角度梳理总结其设计经验，其设计策略可总结为以下 6 个特点。

1. 持续演变的建设过程与空间生长

荆州非遗传承院项目占地 3.20 万 m²，规划建筑总面积 3.28 万 m²，根据建设时序共分为五期，已建成四期约 1.29 万 m²。在政府的大力支持下，非遗传承院的建设从首期到四期历时 6 年，由最初的楚式漆器髹饰技艺项目，发展到楚式斫琴、磨鹰风筝、淡水贝雕、楚绣、郢城泥陶、楚简制作、榫卯木雕等多种非遗传承项目集聚的展示与传承基地（图 2）。建筑持续新建的同时，既有空间的改造腾挪，让整体的功能布局演绎更趋合理：原有的正门变成了后门，一期的库房变成了园区的摄影棚，传承人的工作室变成了展厅，报告厅变成了咖啡书吧，架空车库变成了木作工坊，老木屋变成了陶艺、牧鹰风筝的工坊等等。

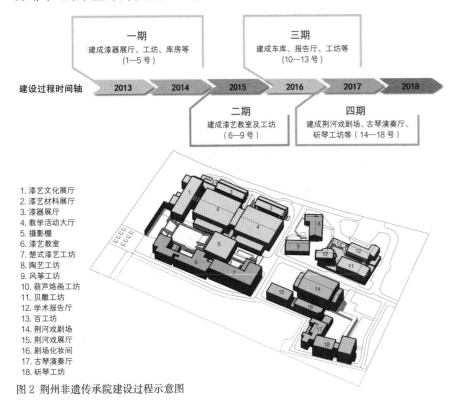

1. 漆艺文化展厅
2. 漆艺材料展厅
3. 漆器展厅
4. 教学活动大厅
5. 摄影棚
6. 漆艺教室
7. 楚式漆艺工坊
8. 陶艺工坊
9. 风筝工坊
10. 葫芦烙画工坊
11. 贝雕工坊
12. 学术报告厅
13. 百工坊
14. 荆河戏剧场
15. 荆河戏展厅
16. 剧场化妆间
17. 古琴演奏厅
18. 斫琴工坊

图 2 荆州非遗传承院建设过程示意图

　　荆州非遗传承院的设计特点在于它不是一次性建成，而是在时光的打磨中逐渐生长，其过程包括了业主的运营调整、传承人的规模发展、政策上的支持推动、社会辐射面的逐步扩大，以及建筑师在伴随设计的过程中预谋应变、因势利导。

2. 传统意象空间与建构的演绎

　　荆州非遗传承院的业主是民营职业技术院校，其投资建设非遗传承院的目的是希望培育一个特色和新的增长点，建筑师与业主有着密切的设计前期谋划，六年陪伴式设计的优势在于建筑师能从民营投资束缚的角度来思考设计路径，把握传统空间意象的营造。非遗传承院的主要建筑采用性价比高的混凝土框架结构重构传统木结构廊道和坡屋顶的意象，将不同尺度的庭院空间穿插于建筑之间，由此展开和再现贯穿整个设计主线的传统园林空间意境（图 3—图 6）。从恩施偏远山区迁建过来的已经废置了的木构老民居，通过改造重构实现了传统民居向公共非遗文化建筑的功能转型（图 7—图 10），其中的结构加固、部分墙体的保温构造和空调设置都尽量做到不显形、不露怯，与传统木结构浑然一体。

图 3 展厅出口游廊 图片来源：赵奕龙摄　图 4 游栏绑扎　图 7 贝雕工坊施工前

图 5 地面铺装一角　图 6 入口游廊 图片来源：赵奕龙摄　图 8 贝雕工坊施工后 图片来源：赵奕龙摄

图 9 陶艺工坊游客登览入口 图片来源：赵奕龙摄　图 10 陶艺工坊平台 图片来源：赵奕龙摄

3. 传承空间的拼贴与串联关系

　　随着一期到四期建设的展开，更多传承人及其工坊的入驻使非遗传承院的空间场景逐渐多元化，随时间沉淀的建筑设计创作，也在自然而然的过程中促成了空间与形式的多样性，在拼贴与串联的关系犹如地质断层般清晰可辨（图 11）。

图 11 散点非遗区鸟瞰

　　园区建筑呈现出不同的空间格局（图 12）、不同的构造方式（图 13）、不同的材料肌理（图 14）、不同的年代痕迹（图 15），它们拼贴混搭的同时，依托线性路径的起承转合与院落空间的嵌套组合，不同功能空间的交织过渡、不同传承工坊的串联组合、使传承院场景体验层次更为立体而生动。同时这种差异性又进一步拉长了时间的纵深，让传承院看起来更像是一个经历了沧桑的历史性环境，散发出大众熟悉的烟火气，强化了游客的场景体验感。

图 12 散点非遗区路径空间 图片来源：赵奕龙摄　　图 13 首座工坊与学术报告厅 图片来源：赵奕龙摄

图 14 报告厅立面处理 图片来源：赵奕龙摄　　图 15 改造后的吊脚楼和新建筑的结合 图片来源：赵奕龙摄

4. 活态展示的情景与场所营造

非遗文化遗产保护的核心是要解决后继乏人、市场缺失的问题，非遗传承类建筑应着力提供富有吸引力的传习场所和孵化环境，也因此需要呈现出有别于博物馆的情景塑造方式，静态展示、情景模拟和多媒体互动等大多数常态展示空间外，非遗传承院特别注重打造活态展示空间。对大漆与古琴的展示作为非遗传承院的重点比较全面完整地展示了生产制作过程，两条不同的动线区分开了游客与匠人，互不干扰又相互观望的场景让游客实现了沉浸式的体验。葫芦烙画、风筝、刺绣等小规模的工坊更是实现了完全开放，让游客可以现场体验、自由进出，使得互动与交流更加直接。非遗传承院的空间设计针对性地形成了平行展示、垂直展示、洄游展示、串联展示等四类活态展示模式（图 16）。

在场所营造上，设计的灵感则多来源于活动者的生活：首期建设的拜师广场有一个强烈的中轴线布局，因为校方希望传统的拜师仪式能成为传统技艺传承创新的起点（图 17）；首期建设的钢构厂房尽可能不太显眼地布置在非遗传承院中部，原本计划用做生产的空间改成了举办各类大赛、展览的灵活可变空间，出乎意料地成为一个好用且深受欢迎的场所（图 18、图 19）；古琴没有共鸣腔，在古代是作为三五知己之间自赏的雅乐。斫琴工坊的古琴演奏厅不大，低技的清水混凝土墙面成为琴声有效的反射面，增加了共鸣，形成余音

平行展示　　　　　垂直展示　　　　　洄游展示　　　　　串联展示

图 16 平行展示、垂直展示、洄游展示、串联展示活态展示模式示意图

图 17 拜师广场

图 18 学术大厅获奖作品展 图 19 学生技能比赛现场 图 20 古筝演奏厅 图片来源：赵奕龙摄

绕梁的效果。古琴演奏厅的形式源于一次传承人偶然对洞窟演奏的介绍给建筑师带来的启发（图 20）。

无论是场所还是情景的营造，都需要空间设计与确切发生的活动形成相互支持的对应关系。

5. 互补整合的空间与场所变化

非遗传承院最初的建筑目的是整合地区分散濒危的非遗项目，形成一个聚合互促的传承平台，从而促进供需市场对位，推动传承师徒对接，提升产品创意研发，嫁接文化关联业态，多样化功能的设计目标催生出具有高度复合化和包容度的空间形态。

从荆州非遗传承院中可以发现，在由外及内三个不同的空间环境层面存在的设计脉络：在建筑层面形成了服务空间（办公、教室、展厅、会议室与剧场等）与被服务空间（传承人工坊）的功能支撑关系（图 21）；在环境层面形成了院落与聚落两种组合方式，始终串联其间的有一条明显的线性路径，将建筑室内空间与院落、平台景观交织缠绕在一起（图 22）；在室内层面形成了空间的多义性和可变性，实现了实用功能与精神意涵的双重关照（图 23）、日常使用与大赛会展的功能转换。

室内空间与院落、平台景观交织缠绕使室内与室外的空间边界模糊渗透，配合空间场景等散布在场域中的视觉滞留点[4]，游览流线与传承空间交织嵌合，使游客与传承人、工匠的角色互换体验，不仅支撑了运营过程中的多样化功能与活动需要，也增强了游客、学生等外部人群在非遗传承院参观过程中的代入感与参与度（图 24—图 27）。

6. 备受赞誉的非遗传承之路

荆州非遗传承院建成至今，已成为荆州市非遗传承的代表性典型项目，非遗传承院以楚式漆器髹饰技艺为特色，在文旅部非物质文化遗产司的指导下与清华大学美术学院共建的驻荆州传统工艺工作站开展了常态化的日常研究与

4 周榕.向互联网学习城市："成都远洋太古里"设计底层逻辑探析 [J].建筑学报，2016（5）：30-35.

图22 漆艺文化与漆艺材料展厅连接空间 图片来源：赵奕龙摄

图21 荆河戏剧场与化妆间的连接 图片来源：赵奕龙摄

图23 漆艺文化大厅内的漆树意象小品 图片来源：赵奕龙摄

图24 磨鹰风筝展示

图25 楚绣工坊望游廊

图26 游客体验琴文化　　　图27 琴艺教学场景

培训工作，每年还会有多场大赛、活动吸引众多国内外的漆艺同行和非遗爱好者来此学习交流（图28—图30）。

图28 2018国际学术研讨会暨全国漆艺邀请展现场　图29 大师作品展　图30 教学大厅举办的漆艺研讨会会场

人们对非遗传承院良好的基础设施条件、浓厚的传统文化氛围、鲜明的非遗场所特质都表达了高度认同，也促使建筑师思考建筑界非常关注的中国传统文化的继承发扬问题。在这样的建筑实践过程中，建筑师好像找到了相似的传承路径：传统文化的继承实际上是一种综合性的扬弃过程，既不关乎符号，也不局限于风格，在建筑与环境中投射得更多的是意境与氛围（图31—图33）。

图31 漆胎阴晾间与展示空间的结合 图片来源：赵奕龙摄　图32 教学大厅回望游廊 图片来源：赵奕龙摄　图33 风筝工坊外 图片来源：赵奕龙摄

三、非遗传承类文化建筑设计的内在特质与运营特质

通过反思国内诸多非遗传承类文化建筑建设与运行的经验教训，总结荆州非遗传承院的设计实践，笔者归纳出非遗传承类建筑设计具有的三个内在特质：叙事性线索、体验感场景、活态化展示（图34）。非遗传承类文化建筑本身独具的故事性叙事特征、蒙太奇式的空间组织与场景拼贴，不仅可以形成建筑空间的串联线索，贴近传统工艺的生产、生活方式，还能够还原多样化的场景体验空间，非遗技艺传承人和工匠、学员的现场操作如同现场表演，与观众形成了可互动的活态展示方式[5]，共同演绎出一部三维立体的非遗文化展示"电影"，这三个内在特质促成了生动有效的非遗文化传播的内在活力。

5 郭文豪，张笑楠，马英.国内非物质文化遗产博物馆现状研究[J].遗产与保护研究，2018，3（10）：94-97.

推动非遗传承事业发扬光大还需要找到将非遗特色融入当代生活的路径，让非遗为当代人服务，一方面帮助大众了解、喜爱非遗，另一方面

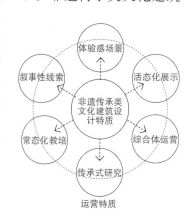

图34 非遗传承类文化建筑的设计特质示意图

帮助非遗传承机构良性发展、持续运行。笔者意识到非遗传承类文化建筑设计需要具备的另外 3 个运营特色：传承式研究、常态化教培、综合体运营。传承式研究是指以传承人为核心打造传统技艺的传承教学体系，以研发人为主体形成创意产品升级和应用市场拓展；常态化教培是统筹以兴趣培训为目的和以工匠职业为目的的教学，推动非遗文化从小众走向大众，于推广中获得发展新方向；综合体运营是以非遗传承类文化内容为媒介，结合其他多业态综合发展，改善非遗传承机构的生存环境，形成面向更多社会大众的新型城市文化综合体的供给。这三个运营特质可以促成非遗传承事业产生内外兼修、持久运营的内生动力。

四、非遗传承类文化建筑的发展方向与建设内涵

基于以上 6 个特质，荆州非遗传承院的设计实践还远称不上成功，可持续独立运行仍充满挑战。随着学校成功升级为民办职业专科院校后需建设新校区，依附于学校发展的荆州非遗传承院面临搬迁升级的新机遇。展望即将开始建设的非遗传承院升级版的目标和愿景，笔者提出以下三个相互支撑的非遗传承类建筑的建设内涵。

1. 鲜活生动的非遗技艺传习平台

非遗传承类文化建筑的首要任务是构建一个聚合高效的非遗技艺传习平台，吸引该地区的非遗传承人入驻，提供展示、生产、销售、传习的工作场所，为公众提供鲜活生动的基于多种体验方式的非遗认知场所和文化产品，为学生、学者和研发者提供体验文化现象、激发研究热情和开发灵感的学习交流场所。

2. 喜闻乐见的市民文化共享客厅

非遗传承机构应具备公共文化惠及民生的属性特质，强调社区参与和社会教育，更多地考虑传习活动空间，实现多样的社会功能[6]，从而削弱非遗与大众之间的壁垒，促进传统工艺融入现代生活，增强文化认同，创造当代价值[7]。从非遗传承依附性强这一特征延展，可实现市民在非遗类建筑中共觅艺术审美、共享城市静好、共赢生活喜乐的城市文化客厅功能。

3. 独具特色的外来游客流量景区

非遗传承机构虽然具有依附性强的优势，但是可持续性弱，难以稳定运行。社会发展的国潮契机以及人民生活水平的提高，使人们在旅游上更加强调不同于日常生活的体验内容以及精神文化熏陶。非遗类建筑是城市和地区历史发展及非物质文化的展示传播窗口，蕴含着深刻的非物质文化内涵，在营造非遗传承类文化建筑时应充分考量非遗街区的文化价值和商业价值[8]，推动非遗建筑及其相关文化内容成为当地旅游文化特色景点。

非遗类建筑要实现可持续独立营运，不仅应兼具展览展示、加工作坊、传习教学、群艺活动、研究开发等多样化的任务需求，还应兼容批发零售、特色餐饮、酒店民宿、演艺秀场、研学体验、旅游景区等多种商业业态，呈现"文

6 唐诗吟.非遗馆建设类型与形态探究 [J].文化创新比较研究，2019, 3（33）：142-143.

7 陈岸瑛.非物质文化遗产保护中的守旧与革新 [J].美术观察，2016（7）：11-14.

8 桂奕，陈思颖.广州非遗街区永庆坊保护传承现状及提升策略 [J].山西建筑，2021, 47（20）：21-23.

化搭台，经济唱戏"的混合经济特征。

五、结语

需要特别强调的是：设计是否成功并不等同于非遗传承类文化建筑的成功与否，也不等同于非遗传承机构运营的成功与否，但建筑与环境设计在这类文化项目建设中的重要作用不容置疑。

基于荆州非遗传承院的建设与运营实践，从建筑设计的角度梳理总结可见，荆州非遗传承院的设计策略呼应了非遗传承类文化建筑的内在逻辑，其塑造的建筑与环境将长期性地成为非遗传承机构运营的基础架构和底色。

非遗传承类文化建筑是一种新兴的文化建筑形态，其底层逻辑呼应了经济发展中的文化价值与文化建设的经济基础二者之间的辩证关系，同时与当代中国建筑传承与创新呈现相互关照和对应的脉络，值得继续探索研究。

参考文献

[1] 陈岸瑛 . 非物质文化遗产保护中的守旧与革新 [J]. 美术观察，2016（7）：11-14.

[2] 桂奕，陈思颖 . 广州非遗街区永庆坊保护传承现状及提升策略 [J]. 山西建筑，2021，47（20）：21-23.

[3] 郭文豪，张笑楠，马英 . 国内非物质文化遗产博物馆现状研究 [J]. 遗产与保护研究，2018，3（10）：94-97.

[4] 唐诗吟 . 非遗馆建设类型与形态探究 [J]. 文化创新比较研究，2019，3（33）：142-143.

[5] 周榕 . 向互联网学习城市："成都远洋太古里"设计底层逻辑探析 [J]. 建筑学报，2016（5）：30-35.